工程应用型高分子材料与工程专业系列教材
高等学校“十二五”规划教材

高分子物理教程

方征平　王香梅　编

化学工业出版社
·北京·

内容提要

本教材强调应用性，把知识点与实际相结合，重要的知识点通过案例分析强化理解。特设“专栏”和“例题”，用于介绍案例、重要成果、花絮等，以提高学生学习兴趣。重点阐述高分子与小分子的异同，为后续学习做好充分准备。主要内容包括：聚合物链的结构、聚合物溶液与共混体系、非晶聚合物的结构与热转变、结晶聚合物的结构与热转变、聚合物的变形与流动、聚合物的强度与韧性、聚合物的其他性能等。

本教材属于“工程应用型高分子材料与工程专业系列教材”之一，适用于高分子材料与工程专业，也可供材料科学与工程、应用化学、材料化学、化学工程与工艺等专业选用。

图书在版编目（CIP）数据

高分子物理教程/方征平，王香梅编. —北京：化学工业出版社，2013.9（2024.8重印）

工程应用型高分子材料与工程专业系列教材　高等学校“十二五”规划教材

ISBN 978-7-122-18102-2

Ⅰ.①高…　Ⅱ.①方…　②王…　Ⅲ.①高聚物物理学-高等学校-教材　Ⅳ.①O631.2

中国版本图书馆CIP数据核字（2013）第176786号

责任编辑：杨　菁　　　文字编辑：昝景岩

责任校对：徐贞珍　　　装帧设计：史利平

出版发行：化学工业出版社（北京市东城区青年湖南街13号　邮政编码100011）

印　　装：涿州市般润文化传播有限公司

787mm×1092mm　1/16　印张13　字数318千字　　2024年8月北京第1版第6次印刷

购书咨询：010-64518888　　　售后服务：010-64518899

网　　址：http://www.cip.com.cn

凡购买本书，如有缺损质量问题，本社销售中心负责调换。

定　　价：59.00元

前言

高分子物理是研究高分子的结构、性能及其相互关系的学科，它与高分子材料的合成、加工、改性、应用等都有非常密切的内在联系。只有掌握了高分子结构与性能之间的内在联系及其规律，才能有的放矢地指导聚合物的设计与合成，合理地选择和改性高分子材料，并正确地加工成型各种高分子制品。

高分子物理课程建立在物理化学、数理统计、固体物理、材料力学等课程的基础之上，同时又是高分子材料、高分子成型加工等课程的基础，是高等学校高分子材料与工程专业最重要的专业基础课程之一。

我国高校的高分子材料与工程专业大多数脱胎于化学化工类学科，其课程设置多数以化学类课程为主体，无机、有机、分析、物化这四大化学是必上课程，且学时数颇多，而数理统计、固体物理、材料力学等数理类课程或没有独立设置，或学时数偏少。由此导致高分子物理成为本专业难度最大的课程之一。尤其是21世纪初，我国高校大规模扩张，高考录取比例从1998年的34%提高到2012年的75%。在一些新升格的本科院校或独立学院，学生的学习能力和知识基础更是难以满足高分子物理的学习要求。同时，这些院校毕业生的就业主要面向技术服务和应用岗位，其所需要的知识结构与从事科学研究和技术开发为主的高水平大学也有一定区别。

2009年11月，教育部高分子材料与工程专业教学指导分委员会在浙江大学宁波理工学院主持召开了独立学院高分子专业建设研讨会，会中商定针对应用型高校学生的素质水平和未来就业目标定位，编写一套适合于应用型高校高分子材料与工程专业使用的系列教材。本教材属于该系列教材之一，适用于高分子材料与工程专业，也可供材料科学与工程、应用化学、材料化学、化学工程与工艺等专业选用。

本教材内容涵盖现有高分子物理的所有知识点，但针对培养应用型人才而编写，内容重点及编写风格与已有教材有一些不同，主要体现在以下几方面：

（1）强调应用性，尽可能把知识点与实际相结合，重要的知识点通过案例分析强化理解，而对理论模型的建立和具体的推导过程则予以弱化。

（2）特设“专栏”和“例题”，用于介绍案例、重要成果、花絮等，以提高学生学习兴趣，强化知识点的理解。

（3）加强绪论，重点阐述高分子与小分子的异同，将分子量及分子量分布的概念前移到绪论里介绍，以强化学生对高分子结构特点的了解，为后续学习做好充分准备。

（4）将高分子的高弹性、黏弹性和流变性合为“高分子的流动与变形”一章。高分子的高弹性、黏弹性和流变性三部分内容均为高分子松弛行为的反映，随着高分子学科的进展，这些内容越来越统一在一起，合为一章顺理成章。

本书编写过程中，参考了多部国内外优秀的高分子物理教材，也得到国内许多高分子物理同行的指教。教育部高分子材料与工程专业教学指导分委员会主任顾宜教授和秘书长赵长生教授一直关心本书的编写进程，北京化工大学励杭泉教授、中国科学与技术大学何平笙教授和张其锦教授、厦门大学董炎明教授、中山大学麦堪成教授、南京大学胡文兵教授、浙江大学徐君庭教授和宋义虎教授等都对本书提出了许多建设性意见和建议，在此深表感谢！

本书第 1、3～5、8 章由方征平编写，第 2、6、7 章由王香梅编写，全书由方征平统稿。由于编者的水平所限，书中疏漏和不足之处在所难免，恳请读者提出批评与建议，以便再版时改进。

方征平　王香梅

2013 年 4 月

目 录

第1章 绪论

高分子物理是研究聚合物的结构、性能及其相互关系的学科，是高分子科学的重要组成部分。高分子科学是伴随着人们对塑料、橡胶、纤维、涂料、胶黏剂以及功能高分子材料的制备和认识过程而发展起来的多学科交叉的科学，与化学、物理、化工、材料等领域都有密切的联系。高分子科学是一门年轻的学科，以1920年Staudinger发表“论聚合”为标志，高分子科学的诞生距今还不到一百年。

1.1 基本概念

1.1.1 聚合物的定义

聚合物(polymer)又称高分子(英文中没有相应的名称)，是由成千上万个结构单元以共价键重复连接而成的长链分子。其分子量(通常有几十万)和分子尺寸很大，因此，聚合物又被称为“大分子(macromolecule)”。

在聚合物的这一定义中有几个要素：首先，聚合物是由结构单元构成的，每个结构单元相当于一个小分子；其次，结构单元之间是以共价键(而不是任何次价键)连接的；再次，聚合物是长链分子，链与链之间能发生缠结(entanglement)，从而使之具有与小分子不同的特定性能。

严格地说，并不是所有聚合物都能被称为高分子，如果聚合度不够高，链长不足以使分子之间发生有效的缠结，则这种聚合物就不具备高分子的特性，只能称为低聚物或齐聚物(oligomer)。反之，如果链长足以使分子之间发生有效的缠结，则这种聚合物就具备了高分子的特性，为了与低聚物加以区别，有时特称之为高聚物。

虽然天然高分子材料的使用已经有很长时间了，但在1920年之前，人们对其化学结构的了解很少。由于用传统的蒸馏、重结晶等方法无法分离和提纯聚合物，以至于一些化学家对这些物质没有兴趣。早期科学家认为这些特定的物质属于胶体。胶体是分散得很细小的物质，每个微粒都足够小，从而表现为布朗运动，例如硫黄溶胶、肥皂胶束、细小的灰尘等。聚合物在溶液中的尺寸与许多胶体接近，也表现为布朗运动，因此早期科学家把聚合物与胶体混淆起来是很容易理解的。1920年，Staudinger提出了大分子的假说。他指出：这些物质实际上是由长链分子构成的，而胶体中，分子之间是以次价键结合起来的。大分子假说奠定了现代聚合物科学的基础，由此我们可以理解塑料和橡胶等聚合物材料为什么会具有不同于小分子的独特性能。

专栏 1.1　聚合物长链学说的诞生

早在1861年，胶体化学的奠基人，英国化学家Graham曾将聚合物与胶体进行比较，认为聚合物是由一些小的结晶分子所组成的，提出了聚合物的胶体理论。该理论在一定程度上解释了某些聚合物的特性，得到许多化学家的支持。他们拿胶体化学的理论来套聚合物物质，认为纤维素是葡萄糖的缔合体，即小分子的物理集合体。

在当时只有德国有机化学家Staudinger等少数几个人不同意胶体论者的上述看法。1920年Staudinger发表了“论聚合”的论文，认为聚合不同于缔合，它是分子靠正常的化学键结合起来的。天然橡胶应该具有线性直链的价键结构式。1922年，Staudinger进而提出了聚合物是由长链大分子构成的观点，动摇了传统的胶体理论的基础。

1932年，Staudinger总结了自己的大分子理论，出版了划时代的巨著《高分子有机化合物》，成为聚合物科学诞生的标志。从此以后，聚合物化学有了自己的理论基础和科学体系，逐渐地迈入了黄金时代，而这位享有聚合物科学奠基人盛名的科学家，也因此获得了1953年的诺贝尔化学奖。

1.1.2　从小分子到大分子

聚合物的行为实际上是一系列相应的小分子的行为在分子量很高时的延续。以直链烷烃为例

$$\begin{array}{ccc}
\begin{array}{c} H \\ | \\ H-C-H \\ | \\ H \end{array} &
\begin{array}{c} H\ \ H \\ |\ \ \ | \\ H-C-C-H \\ |\ \ \ | \\ H\ \ H \end{array} &
\begin{array}{c} H\ \ H\ \ H \\ |\ \ \ |\ \ \ | \\ H-C-C-C-H \\ |\ \ \ |\ \ \ | \\ H\ \ H\ \ H \end{array} \\
\text{甲烷} & \text{乙烷} & \text{丙烷}
\end{array}$$

这类化合物有以下通式

$$H\!\left(CH_2\right)_n\!H$$

其中，n是—CH_2—基团的数目，可以大至数千。表1.1列出了这类化合物的状态与性能随着n的变化。

表1.1　烷烃系列的性状与用途

链中碳的数目	材料的性状	用途
1～4	普通气体	罐装煤气
5～11	普通液体	汽油
9～16	中黏度液体	煤油
16～25	高黏度液体	油脂
25～50	普通固体	蜡烛
>1000	韧性塑性固体	聚乙烯瓶和容器

室温下，前四种烷烃是气体。戊烷在36.1℃沸腾，是低黏度液体。随着分子量的增加，黏度逐渐增加。含20～25个碳的直链烷烃在室温下是结晶性固体，即石蜡。需强调的是，即使碳原子数高至50，这种材料还远不是工业意义上的聚合物。

后面这些物质通常是一些分子的混合物。事实上，几乎所有聚合物都是不同分子量分子的混合物，也就是说，它们有分子量分布。对于小分子而言，由于熔点或沸点相差较大，很容易将混合物分离。而对于聚合物而言，要分离不同分子量的分子很难，一般只考虑平均分子量。

聚乙烯含1000个以上碳原子，其化学式如下：

$$\left[CH_2-CH_2\right]_{n'}$$

它是由乙烯单体 $CH_2=CH_2$ 的结构衍变而来的，从这一结构很容易看出其与烷烃系列的关系($n'=n/2$)。烷烃的端基是 CH_3，而多数聚乙烯的端基是引发剂的残基。

聚乙烯与石蜡之间最大的差别在于力学性能，石蜡是脆性固体，聚乙烯是韧性塑料。之所以如此是因为聚乙烯链很长，可以通过长链的折叠将晶片中的独立的“杆”连在一起，见图 1.1。而且，长链还贯穿不同的晶片并将它们连在一起。这种效应在晶片内和晶片间增加了强的共价键。反之，石蜡中只有范德华力维系各链。

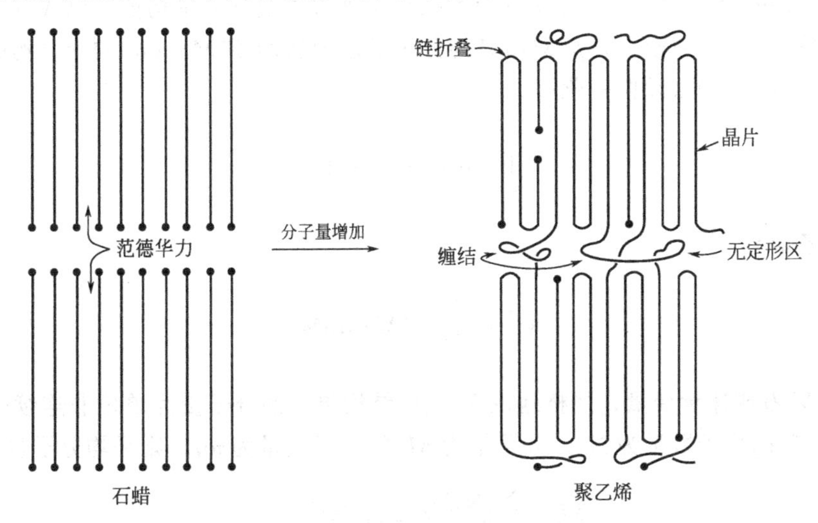

图 1.1 石蜡与聚乙烯的结构形态比较

另外，聚乙烯中有一部分是无定形的，这部分链是橡胶状的，赋予材料柔软性，而石蜡则是 100%结晶的。

长链结构导致缠结(见图 1.2)，缠结有助于受应力时将材料保持在一起。在熔体状态下，缠结使黏度显著上升。

图 1.2 所示的长链还显示了无定形聚合物的线团结构。高分子科学中有一种重要理论认为，无定形链的空间构象是无规线团，也就是说，链段的方向是随机的。

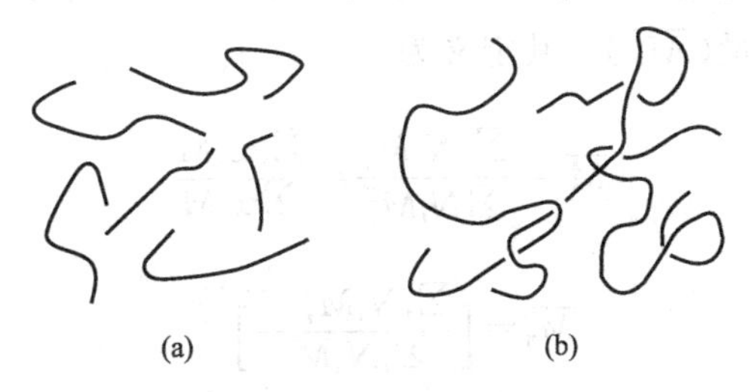

图 1.2 聚合物链的缠结

(a) 低分子量，无缠结；

(b) 高分子量，有缠结。两者的转变一般在 600 主链原子数左右

1.2 聚合物的分子量及其分布

1.2.1 聚合物的分子量及其分布的特殊性

与一般的小分子物质相比，聚合物的分子量有其特殊性：

① 聚合物的分子量很大，25000～1000000g/mol 甚至更高。

② 一般分子的分子量是固定的，如苯的分子量为78g/mol，与来源无关，而大多数聚合物的分子量很大程度上取决于制备方法。聚合反应通常得到各种分子量混合在一起的聚合物，而非均一分子量的聚合物。

③ 大多数聚合物的分子量具有多分散性，即聚合物中不止含有一种分子量的物质。

1.2.2 聚合物的平均分子量

平时我们讲的聚合物的分子量实际上是按照某种方法统计的平均值。以 M 代表分子量，引入分布函数 $p(M)$ 为数密度，$p(M)\mathrm{d}M$ 为分子量范围从 M 到 $M+\mathrm{d}M$ 的聚合物的分数，作为分布函数，对 $p(M)$ 必须归一化

$$\int_0^{\infty} p(M)\mathrm{d}M = 1 \tag{1.1}$$

平均分子量为

$$\overline{M_n} = \int_0^{\infty} p(M)M\mathrm{d}M \tag{1.2}$$

这里把 M 看成连续变量，严格地说 M 是以结构单元的分子量为单位非连续变化的。假定分子量为 M_i 的分子数量为 N_i，分子量为 M_i 的分子质量为 w_i，则平均分子量为：

$$\overline{M_n} = \frac{\sum_i N_i M_i}{\sum_i N_i} = \frac{\sum_i w_i}{\sum_i (w_i/M_i)} \tag{1.3}$$

这是以分子的数量为权重进行的平均，故称为数均分子量。如果以分子的重量为权重进行平均，则称为重均分子量，其表达式为：

$$\overline{M_w} = \frac{\sum_i N_i M_i^2}{\sum N_i M_i} = \frac{\sum_i w_i M_i}{\sum w_i} \tag{1.4}$$

数均分子量($\overline{M_n}$)和重均分子量($\overline{M_w}$)是最常用的两种平均分子量。此外，还有 Z 均分子量($\overline{M_z}$)以及黏均分子量($\overline{M_\eta}$)，其定义为：

$$\overline{M_z} = \frac{\sum_i N_i M_i^3}{\sum N_i M_i^2} = \frac{\sum_i w_i M_i^2}{\sum w_i M_i} \tag{1.5}$$

$$\overline{M_\eta} = \left[\frac{\sum_i N_i M_i^{1+a}}{\sum_i N_i M_i}\right]^{1/a} \tag{1.6}$$

其中，黏均分子量是指采用黏度法测定的平均分子量，式(1.6)中指数 a 是 Mark-Houwink 方程(见第3章)中的指数，其范围是 0.5～0.8。几种平均分子量之间的相互关系为：$\overline{M_n} < \overline{M_\eta} < \overline{M_w} < \overline{M_z}$。

1.2.3 聚合物的分子量分布

要准确描述聚合物的分子量，除了给出平均分子量之外，还应该给出分子量分布。表征分子量分布的方法主要有分布曲线法和多分散指数法。图1.3是某种聚合物分子量分布的微分重量分布曲线。

多分散指数(或称分布宽度指数，d)定义为重均分子量与数均分子量的比值。

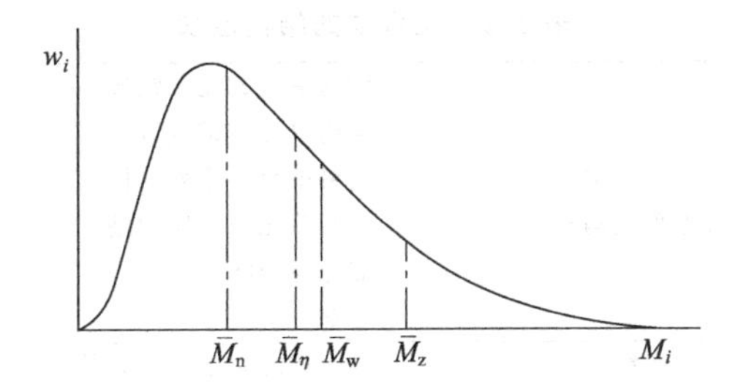

图 1.3 分子量分布曲线和各种统计平均分子量

$$d=\frac{\overline{M_w}}{\overline{M_n}} \tag{1.7}$$

d 值越大，分子量分布越宽。显然，当聚合物趋于单分散时，$\overline{M_n}=\overline{M_\eta}=\overline{M_w}=\overline{M_z}$，$d=1$。

大多数测定聚合物的分子量和尺寸的方法(小角中子散射和质谱法除外)都是在适当溶剂中溶解聚合物并测量其稀溶液的性质，这些内容将在第 3 章介绍。

例题 1.1 平均分子量的计算

某聚合物试样有三个组分，其分子量(即相对分子质量)分别为 1 万、10 万和 100 万，相应的质量分数分别为 0.2、0.5 和 0.3，计算该试样的数均分子量、重均分子量和多分散指数。

解答：

数均分子量

$$\overline{M_n}=\frac{\sum_i w_i}{\sum_i(w_i/M_i)}=\frac{0.2+0.5+0.3}{\frac{0.2}{10^4}+\frac{0.5}{10^5}+\frac{0.3}{10^6}}=3.95\times10^4\,\text{g/mol}$$

重均分子量

$$\overline{M_w}=\frac{\sum_i w_iM_i}{\sum w_i}=\frac{0.2\times10^4+0.5\times10^5+0.3\times10^6}{0.2+0.5+0.3}=3.52\times10^5\,\text{g/mol}$$

多分散指数

$$d=\frac{\overline{M_w}}{\overline{M_n}}=\frac{3.52\times10^5}{3.95\times10^4}=8.91$$

1.3 聚合物结构与性能的特点

1.3.1 聚合物的结构层次

物质的结构是指在平衡态下其组成单元的空间排列。分子内原子之间的排列称为分子结构，分子间的几何排列称为凝聚态结构(或聚集态结构)。对于聚合物而言，其分子结构又称链结构，可分为近程结构和远程结构两个层次。近程结构是聚合物链中结构单元或链段尺度上的结构，主要包括结构单元的化学组成和立体结构，它是构成聚合物的最基本的结构。远程结构是聚合物链尺度上的结构，主要包括链的长度和形状，它是聚合物所特有的，赋予聚合物链的柔顺性。表 1.2 列出了聚合物结构的主要内容。

表1.2 聚合物的结构层次

<table>
<tr><td rowspan="2">链结构</td><td>一次结构
（近程结构）</td><td>结构单元的化学组成
结构单元的键接方式
共聚单元的序列结构
结构单元的立体构型
支化与交联
端基</td></tr>
<tr><td>二次结构
（远程结构）</td><td>聚合物的大小——分子量与尺寸
聚合物的形态——构象</td></tr>
<tr><td rowspan="2">凝聚态结构</td><td>三次结构</td><td>晶态结构
非晶态结构
取向态结构
液晶态结构</td></tr>
<tr><td>高次结构</td><td>多组分聚合物的相结构
聚合物基复合材料的织态结构
聚合物在生物体中的结构</td></tr>
</table>

1.3.2 聚合物结构的多重性和复杂性

由于聚合物是长链状分子，量变引起质变，其结构比小分子要复杂得多，主要有以下特点。

① 聚合物链是由成千上万个结构单元以共价键相连而成的，这种长链分子可以是线形的、支化的或网状的。

② 通常聚合物主链上有许多σ键，这种σ键具有一定的内旋转能力，从而使聚合物链具有柔顺性。由于分子热运动，柔性链的形状不断改变而呈现无数可能的构象。如果主链上的化学键不能内旋转或结构单元间有强烈的相互作用限制了其内旋转，则聚合物形成具有一定构象的刚性链。

③ 聚合物链之间可以交联而形成网状结构，即使很小的交联度也会使聚合物的性能发生很大的变化，最明显的就是变得不溶（即使是良溶剂也只能使其溶胀而不能溶解）和不熔（熔融前就发生分解）。

④ 聚合物的结构是不均一的，即使是相同条件下制备的产物，各个分子的分子量、结构单元的键合顺序、空间构型的规整性、支化度、交联度以及共聚物的序列结构等都存在或多或少的差异。

⑤ 聚合物的凝聚态包括固态和液态（黏流态），但不存在气态。要想形成气态，首先要克服液体分子间的作用。尽管单个链节之间的作用力（范德华力）小于化学键，但是聚合物的分子量太大了，整链的分子间作用力远远超过化学键。如果有这种能量克服分子间作用力的话，聚合物早就已经分解掉了。所以聚合物不太可能有气体。

⑥ 固态聚合物有晶态和非晶态。由于长链的原因，聚合物结晶时不容易全部规则排列，晶体结构中往往存在许多缺陷，因此聚合物晶态的有序程度不及小分子晶态。反之，聚合物的非晶态的有序程度却高于小分子的非晶态，这是因为其主链方向的有序程度必然高于垂直于主链方向的有序程度，特别在材料受某特定方向的作用力而取向时更是如此。

1.3.3 高分子材料的性能特点

材料的性能与其结构之间有密切的关系。由于聚合物结构的多重性和复杂性，其分子运动千变万化，导致高分子材料具有与金属材料和无机非金属材料有很大区别的性能特点，主要表现在以下几个方面。

① 高分子材料具有高弹性(或称橡胶弹性)，即大幅度可逆形变的能力，这是由聚合物的长链特点决定的。交联橡胶在拉伸时可伸长几倍，卸载后几乎可以完全回复到原始尺寸。相反，钢丝的可逆形变范围通常不超过1%，超过这一范围将会发生不可逆形变乃至断裂。

② 聚合物在常温下就具有明显的黏弹性，即在外力作用下同时表现出黏性流动和弹性形变行为。实际上，没有任何一种液体表现为纯的牛顿流体行为，也没有任何一种固体表现为纯弹性行为，真实物体的运动通常同时具有流动和弹性的成分。但由于聚合物运动单元的多重性，其黏弹性特别显著。

③ 链结构是决定聚合物基本性质的主要因素。即使化学组成相同，如果链结构不同，性能也会有很大区别。如，无规立构聚丙烯在常温下为黏稠状的半固体，而全同立构聚丙烯在常温下是结晶固体。

④ 成型加工过程将影响聚合物的凝聚态结构，它是影响聚合物制品使用性能的主要因素。即使是具有同样链结构的同一种聚合物，由于加工条件的不同，其制品的性能也会有很大差别。例如，尼龙的拉伸强度约为70MPa，经高倍取向后，其拉伸强度竟达500MPa左右，结晶度和模量也有明显提高。

习题与思考题

概念题

1. 解释以下术语：聚合物，低聚物，高聚物，数均分子量，重均分子量，黏均分子量，多分散指数，近程结构，远程结构，凝聚态结构，高弹性，黏弹性。

问答题

2. 请写出聚合物的定义。该定义包含哪几点要素？

3. 高分子长链学说最早是由哪位科学家提出的？长链学说与胶体学说的主要区别在哪里？

4. 聚合物的结构分哪些层次？各层次结构主要有哪些内容？

5. 为什么高聚物不存在气态？

6. 聚合物具有哪些不同于小分子的结构特点？与低分子相比较，聚合物结构较复杂的主要原因是什么？

7. 与金属材料和无机非金属材料相比，高分子材料有哪些性能特点？

计算题

8. 现有分子量分别为4×10^5和2×10^5的两个聚合物样品，试求其等质量混合物的数均分子量、重均分子量及多分散指数。

第2章　聚合物链的结构

任何物质的性质都是由结构决定的，高分子材料也是如此。研究聚合物结构的根本目的在于掌握物质结构和性能之间的关系，以便合成具有预定性能的聚合物或改进现有聚合物的性能，满足应用的需要，并为开拓新型高分子材料奠定分子设计或材料设计的理论基础。

与小分子物质相比，聚合物的结构非常复杂。对于如此复杂的聚合物结构，可以按由简单到复杂的层次进行研究。通常，将聚合物结构分为链结构和凝聚态(聚集态)结构两部分。本章主要讨论聚合物链的结构，非晶聚合物和结晶聚合物的凝聚态结构将分别在第3章和第4章中讨论。

2.1　聚合物链的近程结构

近程结构是指聚合物链中结构单元或链段尺度上的结构，主要包括结构单元的化学组成、键接方式、空间立构、支化和交联、序列结构等问题。这些问题绝大多数涉及分子的构型(configuration)，即由化学键所固定下来的原子在分子中的空间排列。

2.1.1　结构单元的化学组成

聚合物分子是由单体通过聚合反应连接而成的链状分子，称为聚合物链。聚合物链的化学组成不同，聚合物的性能和用途也不相同。

按化学组成不同聚合物可分成下列几类。

(1) 碳链聚合物

碳链聚合物的分子主链全部由碳原子以共价键相连接组成，例如聚乙烯、聚丙烯、聚氯乙烯、聚苯乙烯、聚甲基丙烯酸甲酯等。这类聚合物大多由加聚反应制得。其主要特点是：可塑性(可加工性)好，可用作通用塑料，但易燃，易老化，耐热性差。

(2) 杂链聚合物

杂链聚合物的主链原子除碳原子外，还含有氧、氮、硫等两种或两种以上的原子，并以共价键相连接，例如尼龙、涤纶、聚苯醚、聚砜、聚甲醛、聚苯硫醚。这类聚合物是由缩聚或开环反应得到的。其主要特点是：耐热性比较好，强度高，可用作工程塑料，但其具有极性，易水解、醇解。

(3) 元素聚合物

主链中不含碳，而含有硅、硼、铝、钛、砷、锑等元素和氧元素的聚合物称为元素聚合物。元素聚合物分为元素有机聚合物和元素无机聚合物两类。

元素有机聚合物是指侧基含有有机取代基的元素聚合物，例如聚硅氧烷。

$$\cdot\!\!\left[\begin{array}{c} CH_3 \\ | \\ Si \\ | \\ CH_3 \end{array} \!\!-O \right]_n\!\!\cdot$$

这类聚合物的优点是兼具无机物的热稳定性和有机物的弹性和可塑性，缺点是强度较低。

元素无机聚合物是指侧基不含有机取代基的元素聚合物，即分子主链中不含碳，也不含有机取代基，例如聚磷腈。

$$\left[\mathrm{N=P(Cl)_2} \right]_n$$

这类聚合物的优点是耐高温性能优异，但它们的成键能力较弱，易水解，强度较低。

一些合成聚合物链结构单元的化学组成列于表2.1。

表2.1 部分合成聚合物链结构单元的化学组成

聚合物	结构单元	聚合物	结构单元
聚乙烯(PE)	$\left[\mathrm{CH_2-CH_2} \right]_n$	聚四氟乙烯(PTFE)	$\left[\mathrm{CF_2-CF_2} \right]_n$
聚丙烯(PP)	$\left[\mathrm{CH_2-CH(CH_3)} \right]_n$	聚偏氟乙烯(PVDF)	$\left[\mathrm{CF_2-C(F)_2} \right]_n$
聚苯乙烯(PS)	$\left[\mathrm{CH_2-CH(C_6H_5)} \right]_n$	聚丙烯腈(PAN)	$\left[\mathrm{CH_2-CH(CN)} \right]_n$
聚氯乙烯(PVC)	$\left[\mathrm{CH_2-CH(Cl)} \right]_n$	聚异丁烯(PIB)	$\left[\mathrm{CH_2-C(CH_3)_2} \right]_n$
聚偏二氯乙烯(PVDF)	$\left[\mathrm{CH_2-C(Cl)_2} \right]_n$	聚丁二烯(PB)	$\left[\mathrm{CH_2-CH=CH-CH_2} \right]_n$
聚丙烯酸(PAA)	$\left[\mathrm{CH_2-C(H)(C(=O)OH)} \right]_n$	聚异戊二烯(PIP)	$\left[\mathrm{CH_2-C(CH_3)=CH-CH_2} \right]_n$
聚丙烯酰胺(PAM)	$\left[\mathrm{CH_2-CH(CONH_2)} \right]_n$	聚氯丁二烯(PCB)	$\left[\mathrm{CH_2-C(Cl)=CH-CH_2} \right]_n$
聚甲基丙烯酸甲酯(PMMA)	$\left[\mathrm{CH_2-C(CH_3)(C(=O)-O-CH_3)} \right]_n$	聚乙炔(PA)	$\left[\mathrm{CH=CH} \right]_n$
聚乙酸乙烯酯(PVAc)	$\left[\mathrm{CH_2-C(H)(O-C(=O)-CH_3)} \right]_n$	聚吡咯(PPy)	$\left[\mathrm{(C_4H_2NH)-(C_4H_2NH)} \right]_n$（2,5-连接吡咯环）

续表

聚合物	结构单元	聚合物	结构单元
聚乙烯醇(PVA)	$\left[CH_2-CH(OH) \right]_n$	聚ε-己内酯(PCL)	$\left[(CH_2)_5-C(=O)-O \right]_n$
聚乙烯基甲基醚(PVME)	$\left[CH_2-CH(O-CH_3) \right]_n$	聚羟基乙酸(PGA)	$\left[CH_2-C(=O)-O \right]_n$
聚α-甲基苯乙烯(PαMS)	$\left[CH_2-C(CH_3)(C_6H_5) \right]_n$	聚氧化乙烯(PEO)	$\left[O-(CH_2)_2 \right]_n$
聚ε-己内酰胺(PA6)	$\left[C(=O)-(CH_2)_5-NH \right]_n$	聚氨酯(PUR)	$\left[O-(CH_2)_2-O-C(=O)-NH-(CH_2)_6-NH-C(=O) \right]_n$
聚苯醚(PPO)	$\left[O-C_6H_2(CH_3)_2 \right]_n$	环氧树脂(EP)	$\left[O-C_6H_4-C(CH_3)_2-C_6H_4-O-CH_2-CH(OH)-CH_2 \right]_n$
聚对苯二甲酸乙二酯(PET)	$\left[C(=O)-C_6H_4-C(=O)-O-(CH_2)_2-O \right]_n$	酚醛树脂(PF)	$\left[C_6H_3(OH)-CH_2 \right]_n$
聚对苯二甲酸丁二酯(PBT)	$\left[C(=O)-C_6H_4-C(=O)-O-(CH_2)_4-O \right]_n$	聚甲醛(POM)	$\left[O-CH_2 \right]_n$
聚碳酸酯(PC)	$\left[O-C_6H_4-C(CH_3)_2-C_6H_4-O-C(=O) \right]_n$	聚己二酰己二胺(PA66)	$\left[NH-(CH_2)_6-NH-C(=O) \right]_n$
聚醚醚酮(PEEK)	$\left[C_6H_4-C(=O)-C_6H_4-O-C_6H_4-O \right]_n$	聚对苯二甲酰对苯二胺(PPTA)	$\left[C(=O)-C_6H_4-NH-C_6H_4-NH \right]_n$
聚砜(PSF)	$\left[O-C_6H_4-C(CH_3)_2-C_6H_4-O-C_6H_4-SO_2-C_6H_4 \right]_n$	聚酰亚胺(PI)	$\left[N(CO)_2C_6H_2(CO)_2N-C_6H_4-O-C_6H_4 \right]_n$

续表

聚合物	结构单元	聚合物	结构单元
聚二甲基硅氧烷(PDMS)	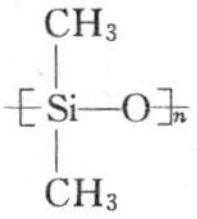 $\left[\mathrm{Si(CH_3)_2-O} \right]_n$	聚氯化磷腈	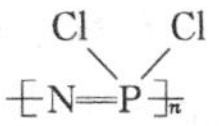 $\left[\mathrm{N{=}PCl_2} \right]_n$
聚四甲基对亚苯基硅氧烷(PTMPS)	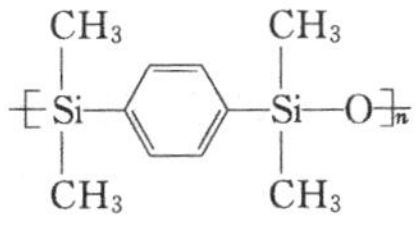 $\left[\mathrm{Si(CH_3)_2-C_6H_4-Si(CH_3)_2-O} \right]_n$		

聚合物链的化学组成不仅是由单体的种类决定的，同时也是由单体的性质来决定的。分子链的化学组成决定了聚合物的性质，例如，单烯类单体或二官能团单体形成的是线形聚合物；多官能团单体聚合得到的是体型聚合物；极性单体的聚合物易结晶，可用于纺丝；双烯类单体可以得到橡胶弹性体。由于单体的性质不同，所制备的聚合物性能不同。

专栏 2.1　链端基的性质对聚合物性能的影响

链端基的性质也影响聚合物的性能，封闭活泼性较高的端基(封端)可增加聚合物的热稳定性、化学稳定性。

例如，聚碳酸酯

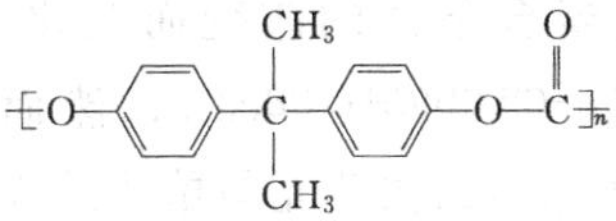

$$\left[\mathrm{O-C_6H_4-C(CH_3)_2-C_6H_4-O-C(=O)} \right]_n$$

其链末端的羟基和酰氯基可能使它在高温下降解，热稳定性降低，所以在聚合反应过程中加入单官能团的化合物如苯酚类封端，既可以控制产物的分子量，又可以提高耐热性。

2.1.2　键接方式

键接方式(或键合方式)是指基本结构单元在聚合物链中连接的序列结构。尽管聚合物链的化学组成相同，如果结构单元在聚合物链中的键接方式不同，聚合物的性能也会有很大差异。

2.1.2.1　线形均聚物的有规键接方式

在缩聚反应中结构单元的键接方式是明确的，而在加聚过程中，单体的键接方式可以有所不同。现分别对单烯类和双烯类单体加聚时的键接方式加以讨论。

(1) 单烯类单体聚合

单烯类单体聚合时有头-尾键接和头-头(或尾-尾)键接两种方式。

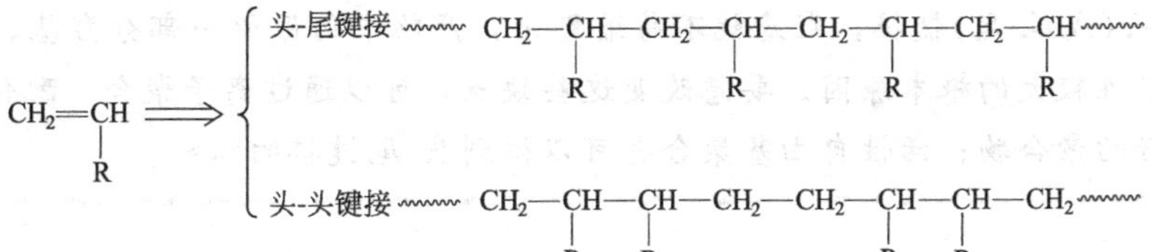

$$\mathrm{CH_2{=}CHR} \Longrightarrow \begin{cases} \text{头-尾键接} \sim \mathrm{CH_2-CHR-CH_2-CHR-CH_2-CHR-CH_2-CHR} \sim \\ \text{头-头键接} \sim \mathrm{CH_2-CHR-CHR-CH_2-CH_2-CHR-CHR-CH_2} \sim \end{cases}$$

从偶极效应和位阻效应角度考虑，头-尾键接显然比头-头(或尾-尾)键接容易实现。实验也证明，在自由基或离子聚合时单体大多数采用头-尾键接的方式。由于大分子合成反应十分复杂，很难以单一反应进行，所以除头-尾键接外，也可能存在少量的头-头(或尾-尾)键接结构。有时头-头键接部分含量可以很高，例如，自由基聚合得到的聚氟乙烯中头-头键接含量随聚合温度的提高，可以从20%增加到32%左右。

(2) 双烯类单体聚合

双烯类单体在加成聚合反应中，键接结构更为复杂。有1,2键接、3,4键接、1,4键接三种类型：

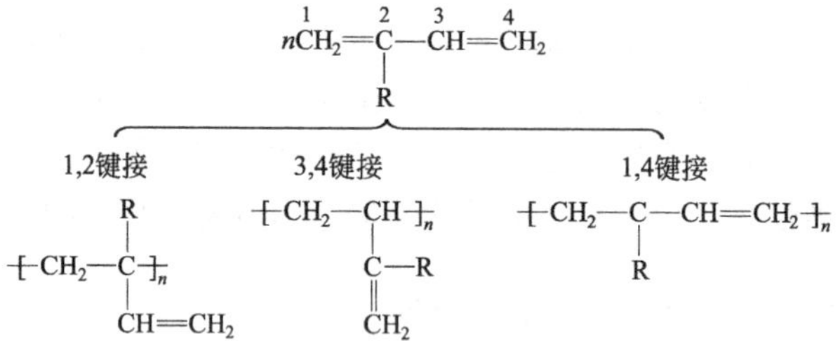

$$n\overset{1}{C}H_2{=}\underset{\displaystyle R}{\overset{2}{C}}{-}\overset{3}{C}H{=}\overset{4}{C}H_2$$

1,2键接 $\left[CH_2-\underset{CH=CH_2}{\overset{R}{C}}\right]_n$　3,4键接 $\left[CH_2-\underset{C(R)=CH_2}{CH}\right]_n$　1,4键接 $\left[CH_2-\underset{R}{C}{=}CH-CH_2\right]_n$

每种键接类型中又分别有头-尾键接和头-头(或尾-尾)键接两种方式。

(3) 奇异聚合物

有时单体单元的结构也会随聚合条件的改变而变化。如$CH_2{=}CHCH_2C(CH_3)_3$，在-130℃时通过阳离子聚合生成$\left[CH_2CH[CH_2C(CH_3)_3]\right]_n$，然而在温度高于0℃时，主要形成$\left[CH_2CH_2CH[C(CH_3)_3]\right]_n$。像这样分子链基本结构单元与单体结构不相似的聚合物被称为“变幻聚合物”或“奇异聚合物”。

除此之外，在聚合反应中如果有氧或其他杂质的存在，可能发生其他反应，使得聚合物链存在其他键接结构，如在聚苯乙烯中含有醌基结构；聚氯乙烯、聚丙烯中有双键的存在，这些异常结构有可能影响聚合物的热稳定性和其他性能。

聚合物链中单体的键接方式往往对聚合物的性能有明显影响。

专栏 2.2　键接方式对聚合物性能的影响典型例子

可用作纤维的聚乙烯醇聚合物分子链中的结构单元排列规整，聚合物结晶性好，强度高，有利于拉丝和拉伸。其中，只有头-尾键接才能进行缩醛化反应(聚乙烯醇缩甲醛的商品名称叫做维尼纶)，如，

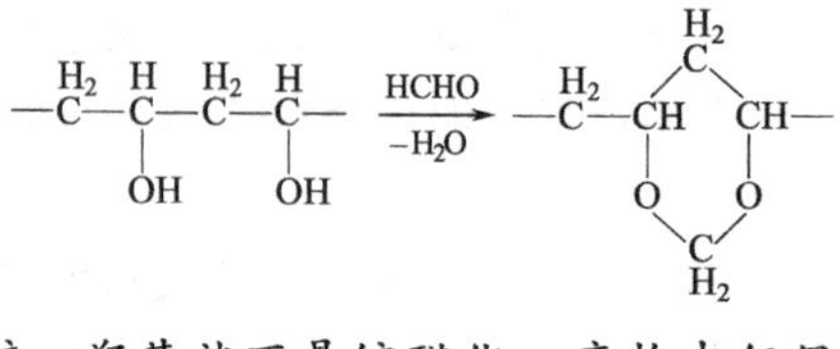

$$-\overset{H_2}{C}-\underset{OH}{\overset{H}{C}}-\overset{H_2}{C}-\underset{OH}{\overset{H}{C}}- \xrightarrow[-H_2O]{HCHO} -\overset{H_2}{C}-CH\overset{\overset{H_2}{C}}{\frown}CH- \quad (\text{两个 O 经 } \underset{H_2}{C} \text{ 连接成环})$$

如果是头-头(或尾-尾)键接，羟基就不易缩醛化，产物中仍保留一部分羟基，这是维尼纶纤维缩水性较大的根本原因。要想改变这些缺点，可以通过离子聚合、配位聚合得到规整性较好的聚合物；活性自由基聚合也可以得到头-尾键接的结构。

2.1.2.2 支化和交联

一般聚合物是线形的，然而，如果在缩聚过程中有官能度为3的单体或杂质存在，或在加聚过程中，有自由基的链转移反应发生，或双烯类单体中的第二个双键发生活化，则都可能生成支化或交联的聚合物。

(1) 支化聚合物

图2.1显示了聚合物链支化的各种情况。

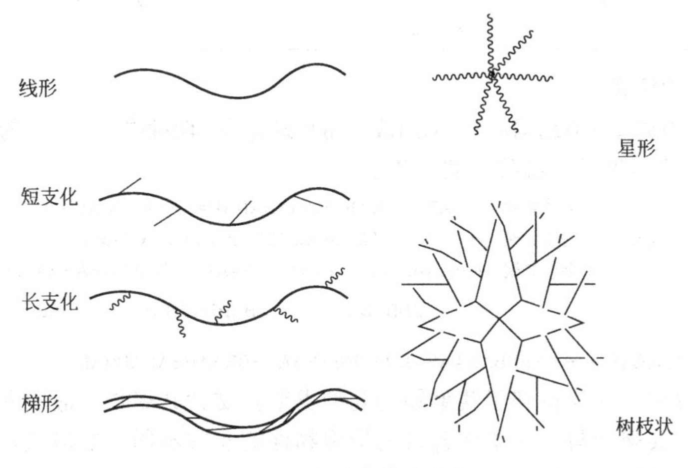

图2.1 各种支化聚合物

支化聚合物根据支链的长短可以分为短支链支化和长支链支化两种类型。其中，短支链的长度处于低聚物水平，长支链长度达到聚合物分子水平。

当支链的位置和长度有规则时，称为有规支链。如果不同长度的支链沿着主链无规分布，则称为无规支化聚合物或树状聚合物。

可以用于表示支化程度的量有：①两个相邻支化点之间链的平均分子量；②支化因子；③单位分子量支化点数目。

(2) 交联聚合物

聚合物链之间通过化学键或链段连接成一个三维空间网状大分子即为交联聚合物。

规整网构是指具有结构上相同的单元，它可通过立体定向聚合得到，或从刚性多官能团分子的缩聚反应得到。但是一般的交联聚合物都是无规交联聚合物。

可用来表示交联程度的量有：①两个相邻交联点之间链的平均分子量；②交联点密度。

支化和交联对聚合物的性能有很大的影响。支化聚合物与未支化聚合物的化学组成及化学性质相似，但在物理、力学性能上明显不同；支化程度不同，性能改变的程度不同。短支链主要影响聚合物的结晶性能，长支链主要影响聚合物的溶液和熔体性能。而交联聚合物通常不溶、不熔，在耐溶剂性、耐热性、尺寸稳定性、强度等方面均优于线形聚合物。交联度不同时，性能也不同。

以聚乙烯为例，低密度聚乙烯是由乙烯在高温高压下自由基聚合制得的支化聚合物；高密度聚乙烯是由乙烯经定向聚合制得的线形聚合物，支化点极少。表2.2列出了高密度聚乙烯、低密度聚乙烯和交联聚乙烯三种不同结构聚乙烯的性能和用途。

表 2.2 三种聚乙烯的性能比较

性能	低密度聚乙烯（LDPE）	高密度聚乙烯（HDPE）	交联聚乙烯
密度/(g/cm³)	0.91～0.94	0.95～0.97	0.95～1.40
结晶度	60%～70%	95%	—
熔点/℃	105	135	—
拉伸强度/MPa	7～15	20～37	10～21
最高使用温度/℃	80～100	120	135
用途	软塑料制品，薄膜材料	硬塑料制品，管材，棒材，单丝绳缆及工程塑料部件	海底电缆，电工器材

2.1.2.3 共聚物的键接

均聚物仅由一种类型重复结构单元(A)组成。而共聚物是由两种或两种以上的单体聚合而成的。A、B两种单体共聚时的键接方式如下：

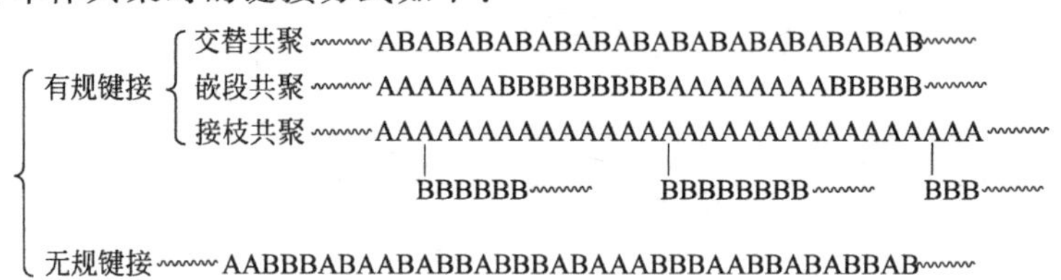

由以上几种键接方式就得到了共聚物的几种类型：交替共聚物，嵌段共聚物，接枝共聚物和无规共聚物。共聚物与共聚单体各自的均聚物性能非常不同。嵌段或接枝共聚物能够表现出各个共聚单体均聚物的性质。

接枝、嵌段共聚对聚合物的改性及设计特殊要求的聚合物提供了广泛的可能性，例子见专栏2.3。

专栏2.3 SBS嵌段共聚物

热塑性弹性体(thermoplastic elastomer)的问世，被公认为橡胶界有史以来最重要的革命之一。其中最重要的两个品种是苯乙烯与丁二烯的三嵌段共聚物SBS和由异氰酸酯单体与羟基化合物聚合而成的多嵌段共聚物聚氨酯。

聚氨酯是主链含—NHCOO—重复结构单元的一类聚合物，英文缩写PU。由于含强极性的氨基甲酸酯基，不溶于非极性溶剂，具有良好的耐油性、韧性、耐磨性、耐老化性和黏合性。用不同原料可制得适应较宽温度范围(−50～150℃)的材料，包括弹性体、热塑性树脂和热固性树脂。

常用的异氰酸酯单体为甲苯二异氰酸酯(TDI)或二异氰酸酯二苯甲烷(MDI)。羟基化合物分两类：含末端羟基的聚酯低聚物，用来制备聚酯型聚氨酯；含末端羟基的聚醚低聚物，用来制备聚醚型聚氨酯。

聚氨酯的制备方法随材料性质不同而不同。合成弹性体时先制备低分子量二元醇，再与过量芳族异氰酸酯反应，生成异氰酸酯为端基的预聚物，再同丁二醇扩链，得到热塑性弹性体；用芳族二胺扩链并进一步交联，得到浇铸型弹性体；预聚物用肼或二元胺扩链，得到弹性纤维；异氰酸酯过量较多的预聚体与催化剂、发泡剂混合，可直接得到硬质泡沫塑料；将单体、聚醚、水、催化剂等混合，一步反应即可得到软质泡沫塑料；单体与多元醇在溶液中反应，可得到涂料；胶黏剂则以多异氰酸酯单体和低分子量聚酯或聚醚在使用时混合并进行反应。

2.1.3 结构单元的空间排列方式

上节讨论的结构单元的键接方式是分子链构型范畴中的一个问题(键接异构体)。本节讨论的是构型的另一个内容——立构问题，即聚合物中结构单元的空间排列方式。

聚合物主链上的原子或取代基在空间具有一定的排列，各种不同的排列方式构成了不同的构型。与低分子有机化合物一样，聚合物的构型也有旋光异构和几何异构两种。

2.1.3.1 旋光异构

旋光异构体是指由于主链上存在不对称中心原子而产生的立体异构体。

不对称中心原子是指呈正四面体方向连接有四个不同取代基或原子的中心原子。C、Si、P^+、N^+等都可成为不对称中心原子。不对称碳原子(用 C^* 表示)连接四个不同原子或基团时，可有左旋和右旋两种异构体构型。

对于结构单元中含有一个不对称中心原子的聚合物链，每个结构单元可有两种旋光异构单元存在，使聚合物链存在不同的旋光异构体。

有规立构：
- 全同立构：分子链全部由一种旋光异构单元键接而成。(等规立构)(或所有结构单元的构型相同)
- 间同立构：分子链由两种旋光异构单元交替键接而成。(间规立构)(或相邻结构单元的构型相反)

无规立构：分子链由两种旋光异构单元无规则键接而成。

聚合物链的旋光异构如图 2.2 所示。

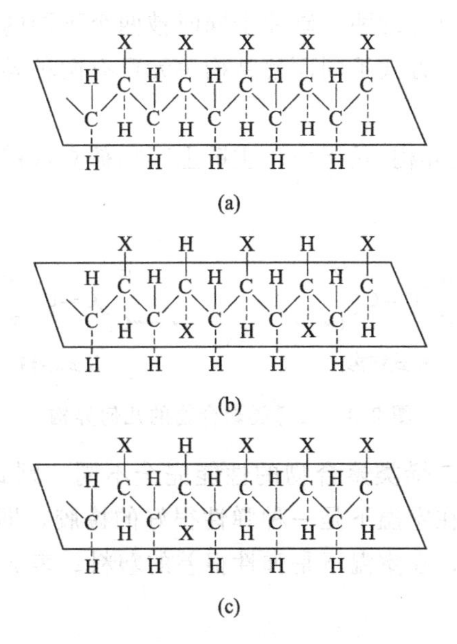

图 2.2 聚合物链的旋光异构

(a) 全同立构；(b) 间同立构；(c) 无规立构

旋光异构体的立体规整的程度用等规度来表示。等规度是聚合物中所含全同立构和间同立构的总质量分数。

对于小分子物质，不同的空间构型具有不同的旋光性，但对于聚合物来说旋光异构聚合物不一定具有旋光性，例子见专栏2.4。

专栏2.4 旋光异构聚合物不一定具有旋光性

对于PP、PS、PVC、PMMA等碳链聚合物和聚甲醚(PMO)之类聚合物，含有C*的链节可分为右旋D和左旋L两种绝对构型，但由于C*的4个取代基中的2个是相同的，对于整个聚合物长链，由于内消旋或外消旋作用，整个聚合物链是没有旋光性的。

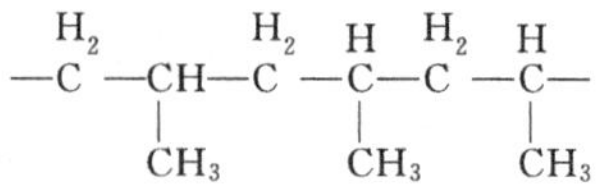

$$-CH_2-CH(CH_3)-CH_2-CH(CH_3)-CH_2-CH(CH_3)-$$

对于聚氨基酸、聚乙基醚等合成聚合物，其链中C*的4个取代基完全不同，链节之间无消旋作用，整个聚合物链具有旋光性，属于真正的旋光异构聚合物。此外，许多生物大分子也具有旋光性。

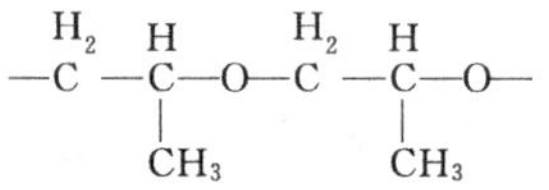

$$-CH_2-CH(CH_3)-O-CH_2-CH(CH_3)-O-$$

聚合物的立体构型不同则其性能也不同。例如，全同立构的聚苯乙烯，结构比较规整，能结晶，熔点T_m为240℃；而无规立构的聚苯乙烯，结构不规整，不能结晶，玻璃化温度T_g为80～90℃。又如等规聚丙烯具有较高的熔点(180℃)和较高的机械强度，是塑料和纤维的良好原料；而无规聚丙烯性质黏软，在－20℃就发脆，既不能做塑料也不能做纤维。

2.1.3.2 几何异构

1，4键接的二烯类聚合物主链上有孤立双键(非共轭)，双键不能自由旋转，否则将会破坏双键上的π键。当组成双键的两个碳原子同时被两个不同的原子或基团取代时，由于双键上的基团在双键两侧排列的方式不同而使结构单元可有两种异构形式，造成聚合物链区分为不同的几何异构体。

几何异构(体)(也称顺反异构)是指由于主链上存在孤立双键而产生的立体异构(体)，见图2.3。

顺式结构　　反式结构

图2.3 二烯类聚合物的几何异构

全顺式和全反式立构的二烯类聚合物的性能完全不同。顺式1,4-聚丁二烯因分子链之间的距离较大，不易结晶，在室温下是一种弹性很好的橡胶，即顺丁橡胶。而反式1，4-聚丁二烯分子链容易排入晶格，在室温下是弹性很差的塑料。表2.3列出了几何构型不同对聚合物性能的影响。

表2.3 几何构型不同对二烯类聚合物熔点和玻璃化温度的影响

聚合物	熔点 T_m/℃		玻璃化温度 T_g/℃	
	顺式1,4-	反式1,4-	顺式1,4-	反式1,4-
聚异戊二烯	30	70	－70	－60
聚丁二烯	2	148	－108	－80

2.1.3.3 构型的测定方法

研究结构单元的空间排列方式主要方法可分为直接法和间接法。

X射线衍射法：从衍射的位置和强度，可测出晶区中原子间的距离，进而得到构型。该法属于直接法，但只适用于结晶得较好且有较高立体纯度的聚合物。

核磁共振法：该法利用具有核磁矩的原子核作为磁探针来探测分子内部局部磁场情况，在一定化学环境中，成键氢原子(质子)、^{13}C和^{19}F原子的讯号的化学位移同主链的构型有关。该法可用于晶态和非晶态化合物。

红外光谱法：当多原子分子获得激发能时，各种基团、每种化学键由于键能不同，吸收的振动能也不同，存在许多振动频率组，利用红外吸收光谱，可以鉴别聚合物的构型。

专栏2.5 实际构型及性能

一般自由基聚合只能得到无规立构的聚合物，而用Ziegler-Natta催化剂进行定向聚合，可得到全同或间同立构聚合物。

实际聚合物链不会100%都呈某一种有规构型，但只要达到96%～98%以上，就可对聚合物性能起决定性作用。

聚合物的立构规整性通过影响聚合物的凝聚态结构，即大分子链堆砌的紧密程度和结晶能力，进而影响聚合物的密度、熔点、强度、溶解性能等一系列物理力学性能。例如，无规聚丙烯(aPP)属于无定形结构，故熔点低(75℃)，易溶于烃类溶剂，强度差，用途有限；等规聚丙烯(iPP)属于结晶结构，故熔点高(175℃)，耐溶剂，强度高，广泛用作塑料和合成纤维。

2.2 聚合物链的远程结构

远程结构是指聚合物链尺度上的结构，主要包括聚合物链的大小、尺寸和形态。聚合物链的大小可用平均分子量或平均聚合度描述，这方面的内容已在第1章中介绍。本节将主要对聚合物链的尺寸和形态有关的问题进行探讨。

2.2.1 聚合物链的形态

聚合物的主链虽然很长，但通常并不是伸直的，它可以蜷曲起来，使分子采取各种形态。单个聚合物链的主要形态有如图2.4所示的几种。

从整个分子来说，它可以蜷曲成椭球状，也可以伸直成棒状。从分子链的局部来说，它可以呈锯齿形或螺旋形。这些形态受外界形成条件和近程结构的影响，这种影响主要表现在聚合物链的柔顺性上。

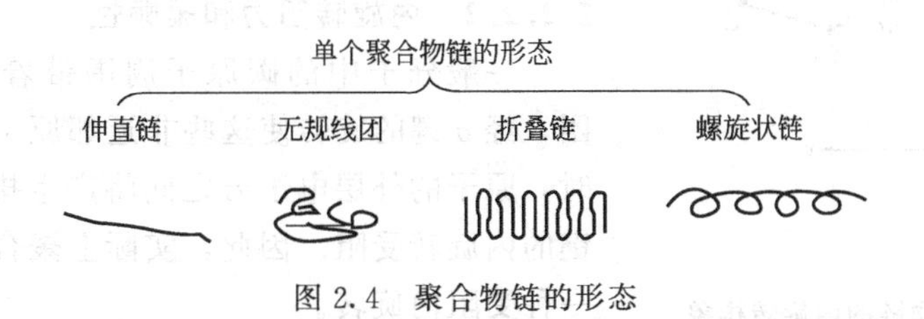

图2.4 聚合物链的形态

2.2.2 聚合物链的内旋转构象

构象(conformation)是指由于单键内旋转而引起的聚合物链中原子在空间的不同排布方式(或分子链不同的空间形态)。构象与构型的主要区别见表 2.4。

表 2.4 构象与构型的主要区别

区别项	构象(conformation)	构型(configuration)
起因	由于单键内旋转所造成的原子空间排布方式	由于化学键对固定的原子空间排列方式
发生改变时	不须破坏化学键;所需能量较小(有时分子的热运动能就足够),较易于改变	须破坏化学键;所需能量较大,不轻易改变
分离	不同构象不能用化学方法分离	不同构型可以用化学方法分离
数目	稳定构象数只具有统计性,且稳定构象数远多于有规立构数	有规立构的构型数目可数

2.2.2.1 单键内旋转

聚合物链之所以有蜷曲的倾向，要从单键的内旋转谈起。在大多数的聚合物主链中，都存在许多的单键，如聚乙烯、聚丙烯、聚苯乙烯等，主链完全由 C—C 单键组成，在聚丁二烯和聚异戊二烯的主链中也有 3/4 是单键。

单键是由 σ 电子组成，电子云分布是轴对称的，因此聚合物在运动时，C—C 单键可以绕轴旋转，这种旋转称为内旋转。如果碳键上不带有任何其他原子或基团，则在旋转过程中没有位阻效应。

但实际上聚合物链的内旋转不可能是完全自由的。首先要受到固定键角的限制，C—C 单键的键角为 109.5°。图 2.5 所示为 C—C 单键在保持键角 109.5°不变的情况下的自由旋转示意图。令 (1) 键固定在 z 轴上，由于 (1) 键的自转，引起 (2) 键绕 (1) 键公转，C_3 可以出现在以 (1) 键为轴、顶角为 2α 的圆锥体底面圆周的任何位置。同理，(1) 键、(2) 键固定时，由于 (2) 键的自转，(3) 键的公转，C_4 可以出现在以 (2) 键为轴、顶角 2α 的圆锥体底面圆周的任何位置上。实际上，(2) 键、(3) 键同时在公转。所以 C_4 活动余地更大了，依此类推。一个聚合物链中，每个单键都能内旋转，因此，很容易想象，理想聚合物链的构象数是很大的，长链能够很大程度地卷曲。

可以想象，一个聚合物链类似一根摆动着的绳子，是由许多个可动的链段连接而成的。同理，聚合物链中的单键旋转时互相牵制，一个键转动，要带动附近一段链一起运动，这样，每个键不能成为一个独立运动的单元。但是，由图 2.5 分析可以推想，链中第 $i+1$ 个键起(通常，$i \ll$ 聚合度)，原子在空间可取的位置已与第一个键无关了。因此，把若干个键组成的一段链作为一个独立运动的单元，称为链段(chain segment)，它是高分子物理学中的一个重要概念。

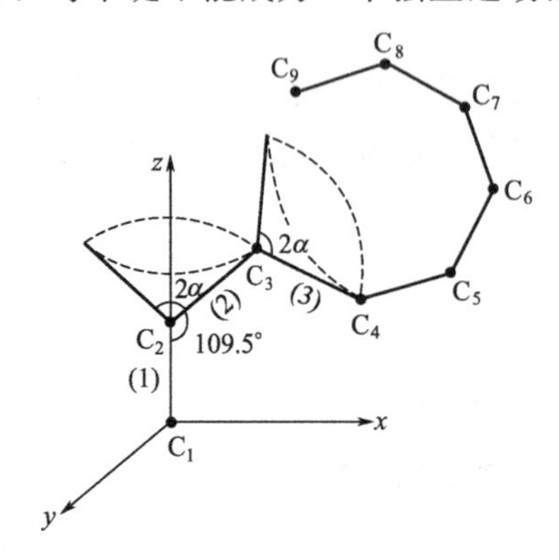

图 2.5 聚合物链的内旋转构象

2.2.2.2 内旋转阻力和柔顺性

一般分子中的碳原子周围带着其他的原子或基团，经 σ 键的旋转使这些非近邻原子接近到一定程度时，原子的外层电子云之间将产生排斥力，从而使单键的内旋转受阻。因此，实际上聚合物链的内旋转是一种受阻内旋转。

专栏 2.6 柔顺性与链段

大多数聚合物主链由C—C单键组成，第二个C—C单键可以绕第一个C—C单键旋转，一个C—C单键中两个C原子上的原子或取代基呈反式、左旁式、右旁式等3种构象最稳定，这3种构象的分子称为内旋转异构体。一个由1000个C—C单键所组成的聚合物主链就可能有 $3^{1000}=1.3\times10^{477}$ 个不同的内旋转异构体，这无疑是个天文数字！

由于分子热运动，聚合物的构象时刻改变着，不受外力作用时，孤立分子链呈伸直链构象的概率极小，而呈蜷曲构象的概率极大时构象熵达极大值。内旋转越自由，蜷曲的程度越高。聚合物链以不同程度蜷曲的特性称为柔顺性。

由于键角的限制和空间位阻，聚合物链的单键旋转时相互牵制，一个键转动要带动附近一段链一起运动，内旋转不是完全自由的。这样，即便在非常柔顺的聚合物链上，每个键也不可能成为一个独立的运动单元。但是，只要聚合物链足够长，由若干个键组成的一段链就会作用得像一个独立的运动单元。这种聚合物链上能够独立运动的最小单元称为链段。

先哲曰："君子之泽五世而斩"，即一个前辈在传了五代之后，第六代子孙就不再算是他的亲戚了(只能叫本家)。聚合物链段的概念也可以这样来理解。

聚合物链的内旋转阻力主要来自以下几个方面：①相邻键的固定键角所造成的相互牵制作用；②非键合原子或基团之间的相互吸引、排斥作用(包括体积位阻效应)；③相邻聚合物链之间的分子间力的作用。

随着烷烃分子中碳数增加，构象数增多，能量较低而相对稳定的构象数也增加。虽然由于分子内旋转受阻使得聚合物链在空间可能有的构象数远小于自由内旋转的情况，但因聚合物的 n 值很大，一个聚合物的可实现构象数远多于一个小分子的稳定构象数。

由于C—C单键内旋转受到阻碍，旋转时需要消耗一定的能量，以克服内旋转所受到的阻力。因此，各种构象的势能(或位能)高低不一，势能较低的构象出现的概率较大。当分子内旋转时，从一种构象变到另一种构象过程中有一个对应的最大势能变化值，称为内旋转活化能(势垒或位垒)。

首先以最简单的乙烷分子为例来分析内旋转过程中能量的变化。图2.6所示虚线部分为乙烷分子的位能函数图，横坐标是内旋转角 φ，纵坐标为内旋转位能函数 $u(\varphi)$。假若视线在C—C键方向，则两个碳原子上键接的氢原子重合时为顺式，相差60°时为反式。顺式重叠构象位能最高，反式交错构象能量最低，这两种构象之间的位能差称作位垒 Δu_{φ}，其值为11.5kJ/mol。一般，热运动的能量仅2.5kJ/mol，所以乙烷分子处于反式交错构象的概率远较顺式重叠构象大。

丁烷分子($CH_3—CH_2—CH_2—CH_3$)中间的那个C—C键，每个碳原子上连接着两个氢原子和一个甲基，内旋转位能函数如图2.6中实线所示。图中，$\varphi=-180°$时，C_2 与 C_3 上的 CH_3 处于相反位置，距离最远，相互排斥最小，势能最低，为反式交错构象；$\varphi=-60°$ 和60°时，C_2 与 C_3 所键接的H和 CH_3 相互交叉，势能较低，为旁式交错构象；$\varphi=-120°$ 和120°时，C_2 与 C_3 所键接的H和 CH_3 互相重叠，分子势能较高，为偏式重叠构象；$\varphi=0°$ 时，两个甲基完全重叠，分子势能量高，为顺式重叠构象。

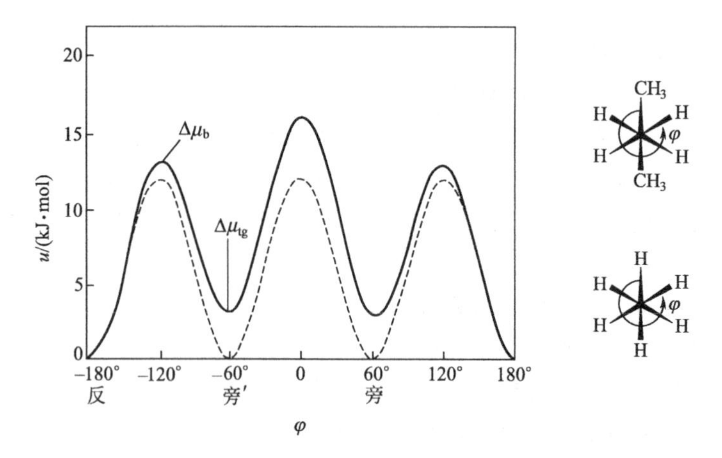

图 2.6 乙烷(虚线)和正丁烷(实线)中心 C—C 键的内旋转位能函数
(平面图表示沿着 C—C 键观察的两个分子)

物质的动力学性质是由位垒决定的。对于丁烷，最重要的一个位垒为反式和旁式构象之间转变的位垒 $\Delta\mu_b$。而热力学性质是由构象能决定的，即能量上有利的构象之间的能量差。对于丁烷，只有一个构象能量差是最重要的，即反式与旁式构象之间的能量差 $\Delta\mu_{tg}$。

分子的势能数据表明：①单键原子连接的取代基越多(体积位阻越大)使得内旋转势垒越大；②与纯单键相比，邻接双键或三键的单键内旋转势垒较小；③碳-杂原子单键的内旋转活化能小于 C—C 键的内旋转活化能。

分子链的各种可蜷曲的性能，或者说分子链能改变其构象的性质称为柔顺性。内旋转阻力越小，链的柔顺性越好；反之，链的刚性越大。聚合物链越柔顺，其可能出现的构象数越多。

专栏 2.7 晶体和溶液中的聚合物链构象

聚合物溶液中，除了刚性很大的棒状分子之外，柔性分子链大都呈无规线团状。聚合物结晶形成晶格后，链的构象决定于分子链内及分子链之间的相互作用。分子链内和分子链间的作用必然影响链的堆砌，分子聚集体的密度发生变化就是表现之一。

晶体中的分子链构象常见的两种是螺旋形构象和平面锯齿形构象，主要取决于以下因素：

① 两个原子或基团之间距离小于范德华半径之和时，将产生排斥作用。

② 分子链在晶体中的构象，取决于分子链上所带基团的相互排斥或吸引作用状况。

③ 有规立构聚合物链在形成晶体时，在条件许可下总是尽量形成势能最低的构象形式。

④ 基本结构单元中含有两个主链原子的等规聚合物，大多倾向于形成理想的 3_1 螺旋体构象。

⑤ 若存在分子内氢键，将影响分子链的构象。

2.2.3 聚合物链的尺寸

聚合物是由很大数目的结构单元连接而成的长链分子，由于单键的内旋转，分子具有很多不同的构象。当分子量确定后，由于分子构象的改变，分子尺寸也将随之改变。因而要寻找一个表征分子尺寸的参数，用以描述分子链的构象。

2.2.3.1 均方末端距与均方旋转半径

对于瞬息万变的无规线团聚合物，主要采用均方末端距和均方旋转半径来表征其分子大小。

聚合物链的末端距($\boldsymbol{h}$)是指聚合物链两个末端之间的直线距离，如图 2.7 所示。由于末端距是矢量，其平均值等于 0，所以通常采用均方末端距或根均方末端距来表示聚合物链的尺寸。均方末端距($\overline{h^2}$)是指聚合物链末端距平方的平均值。

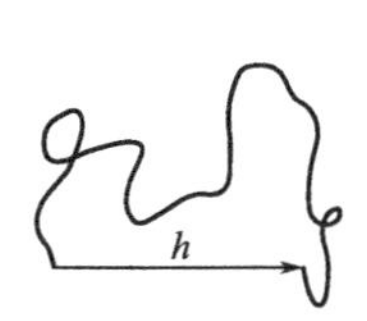

图 2.7 聚合物链的末端距

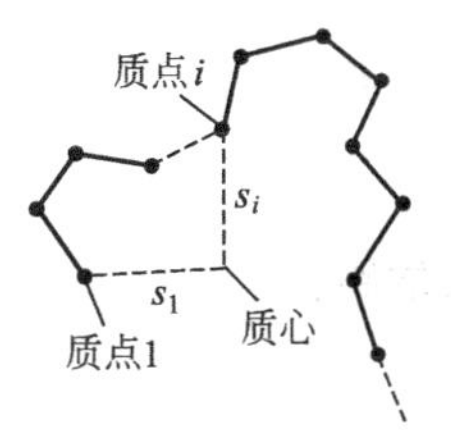

图 2.8 聚合物链的旋转半径

末端距只对线形聚合物链有意义，而对支化聚合物链无意义。支化聚合物可以用均方旋转半径(或均方回转半径)来描述。均方旋转半径($\overline{R_g^2}$)是指从聚合物链的质心到分子链各质量单元的矢量之平方的平均值，如图 2.8 所示。

$$\overline{R_g^2} = \frac{1}{N}\sum_{i=1}^{N}\vec{r_i}^2 \tag{2.1}$$

均方旋转半径既可用于线形聚合物，也可用于支化聚合物，它也是一个描述聚合物形状大小的量。

2.2.3.2 高斯链(或高斯统计线团模型)

满足以下条件的链称为高斯链：①分子链分为 N 个统计单元；②每个统计单元可视为长度等于 L 的刚棍；③统计单元之间为自由结合(即无键角限制)；④分子链不占有体积(即无体积位阻效应)。

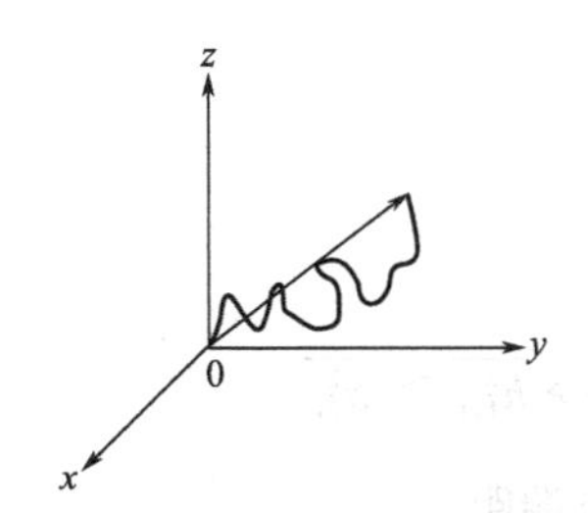

图 2.9 三维空间无规行走模型

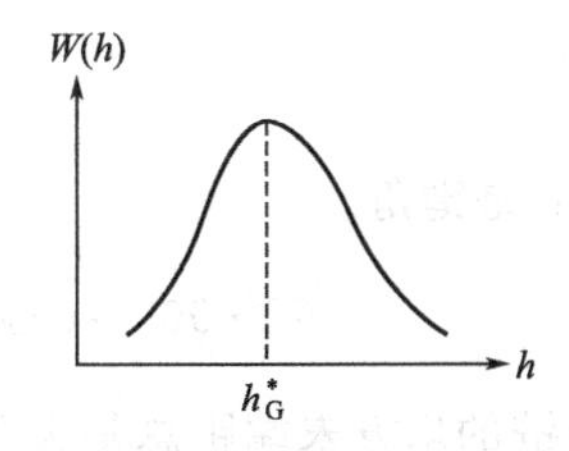

图 2.10 聚合物链末端距的径向分布函数

我们知道，末端距是三维空间的向量，所以在计算聚合物链末端距的统计分布时，可以套用“三维空间无规行走”（见图 2.9）的结果。如果将聚合物链的一端固定在球坐标的原点，则另一端出现在离原点距离为 $h \sim h+\mathrm{d}h$ 的球壳 $4\pi h^2\mathrm{d}h$ 内的概率，即末端距的径向分布函数 $W(h)$（见图 2.10）为

$$W(h) = \left(\frac{\beta}{\sqrt{\pi}}\right)^3 4\pi h^2 \exp(-\beta^2 h^2) \tag{2.2}$$

其中，$\beta^2 = \dfrac{3}{2NL^2}$

高斯链中的几种末端距可以表示如下。

最可几末端距：

$$h_G^* = \sqrt{\frac{2N}{3}}L \tag{2.3}$$

均方末端距：

$$\overline{h_G^2} = \int_0^\infty h^2 W(h)\mathrm{d}h = \frac{3}{2\beta^2} = NL^2 \tag{2.4}$$

根均方末端距：

$$\sqrt{\overline{h_G^2}} = \sqrt{N}L \tag{2.5}$$

伸直链末端距：

$$h_{G,\max} = NL \tag{2.6}$$

高斯链的三种末端距大小顺序为 $h_{G,\max} > \sqrt{\overline{h_G^2}} > h_G^*$。

2.2.3.3 自由结合链

满足以下条件的链称为自由结合链(freely jointed chain，或自由连接链，自由取向链)：①分子链由足够多($N \gg 1$)的单键(键长为 l)构成；②单键之间为自由结合；③单键内旋转时无位垒障碍。

自由结合链的均方末端距为：

$$\overline{h_{f,j}^2} = Nl^2 \tag{2.7}$$

自由结合链的统计单元是单键；高斯链的统计单元可以是单键，也可以是独立运动的链节或链段。实际上，自由结合链是高斯链当统计单元为单键时的一种特例。

2.2.3.4 自由旋转链

满足以下条件的链称为自由旋转链(freely rotating chain)：①分子链由足够多($N \gg 1$)的单键(键长为 l)构成；②每个单键可在键角允许的范围内自由旋转；③单键内旋转时无空间位阻效应。

自由旋转链的均方末端距为：

$$\overline{h_{f,r}^2} = Nl^2 \frac{1-\cos\theta}{1+\cos\theta} \tag{2.8}$$

式中，θ 是键角。

$$\theta > 90^\circ \Rightarrow \cos\theta < 0 \Rightarrow \frac{1-\cos\theta}{1+\cos\theta} > 1 \Rightarrow \overline{h_{f,r}^2} > \overline{h_{f,j}^2}$$

即自由旋转链的均方末端距总是大于自由结合链的均方末端距。

2.2.3.5 受阻内旋链

受阻内旋链(resisted rotating chain)是指既考虑单键内旋转时的键角限制又考虑空间位阻效应的分子链。受阻内旋链的均方末端距为：

$$\overline{h_{r,r}^2} = Nl^2 \frac{1-\cos\theta}{1+\cos\theta} \times \frac{1+\overline{\cos\varphi}}{1-\overline{\cos\varphi}} \tag{2.9}$$

式中，$\overline{\cos\varphi}$是单键内旋转角的余弦函数平均值。

$$\overline{\cos\varphi} > 0 \Rightarrow \frac{1+\overline{\cos\theta}}{1-\overline{\cos\theta}} > 1$$

即受阻内旋链的均方末端距总是大于自由旋转链的均方末端距。因此，同一聚合物用自由结合链、自由旋转链和受阻内旋链三种模型所得的均方末端距大小顺序为$\overline{h_{r,r}^2} > \overline{h_{f,r}^2} > \overline{h_{f,j}^2}$。

2.2.3.6 等效自由结合链

等效自由结合链(equivalent freely jointed chain)是把含有 N 个键长为 l、键角为 θ、内旋转不自由的聚合物链，等效地视为含有 N_e 个长度为 L_e 的链段组成的自由结合链，其中链段是指聚合物主链上能够独立运动的最小链单元，每个链段包含 i 个键($i \ll$聚合度)，链段之间为自由结合。

等效自由结合链的均方末端距为：

$$\overline{h_e^2} = N_e L_e^2 \tag{2.10}$$

当分子链长度一定时，L_e 值的大小可反映该分子链的柔顺性大小，L_e 值越小，说明分子链越柔顺，或内旋转受阻程度越小。

2.2.3.7 伸直链

假定聚合物链全部由单键相连而成，键角为 θ，则当其完全伸展为平面锯齿形构象时，轮廓线长度为：

$$h_{max} = Nl\sqrt{\frac{1-\cos\theta}{2}} \text{ 或 } h_{max} = Nl\sin\frac{\theta}{2} \tag{2.11}$$

式中，N 是分子链中单键的数目；l 是单键的长度。

伸直链与自由旋转链的尺寸之比可视为聚合物链的最大拉伸比(或弹性极限)

$$\text{最大拉伸比(或弹性极限)} = \frac{h_{max}}{\sqrt{\overline{h_{f,r}^2}}} = \frac{Nl\sqrt{\dfrac{1-\cos\theta}{2}}}{\sqrt{Nl^2\dfrac{1-\cos\theta}{1+\cos\theta}}} = \sqrt{\frac{N(1+\cos\theta)}{2}} \tag{2.12}$$

计算表明，$h_{max} \gg \sqrt{\overline{h_{f,r}^2}}$，说明呈无规线团状的聚合物链可被拉展开的潜力很大，这是聚合物材料能够具有大变形、高弹性的根本原因。

2.2.3.8 高斯链的均方旋转半径

高斯链的均方旋转半径与均方末端距的关系为：

$$\overline{R_G^2} = \frac{\overline{h_G^2}}{6} \tag{2.13}$$

当分子量较大时，自由结合链、自由旋转链、等效自由结合链都可用式(2.13)作近似计算。分子量越大，该关系式越准确。

2.2.3.9 聚合物链的无扰尺寸

聚合物链的实际尺寸通常是在稀溶液中测定的。在良溶剂中，聚合物链段与溶剂分子之间相互作用力大于聚合物链段之间的相互作用力，聚合物链伸展。反之，在不良溶剂中聚合物链收缩。只有在某一特定的条件下，聚合物链段之间的相互作用力等于聚合物链段与溶剂分子之间相互作用力，这种条件称为 Θ 条件，包括 Θ 溶剂，Θ 温度等。此时，聚合物链既不伸展，也不收缩，其尺寸等于本体状态下的尺寸，在聚合物物理中被称为无扰尺寸。有关 Θ 条件的详细分析将在第3章展开。

无扰均方末端距($\overline{h_\Theta^2}$)是指在 Θ 条件下测得的均方末端距。

例题 2.1 聚合物链尺寸的计算

假设一种线形聚乙烯的聚合度为2000，键角为109.5°，C—C键长为0.154nm，求(1) 若按自由结合链处理，$\overline{h_{f,j}^2}$ =？(2) 若按自由旋转链处理，$\overline{h_{f,r}^2}$ =？(3) 若在无扰条件下的溶液中测得聚合物链的 $\overline{h_\Theta^2}=6.76\text{nm}^2$，该聚合物链中含有多少个等效自由链段？(4) 计算 $(\overline{h_\Theta^2}/\overline{h_{f,r}^2})^{0.5}$，$\overline{h_\Theta^2}/\overline{h_{f,j}^2}$，$(\overline{h_\Theta^2}/\overline{M})^{0.5}$，并说明这三个比值的物理意义。

解答：

已知：分子链中的键数 $N=2n=4000$，键长 $l=0.154\text{nm}$，键角 $\theta=109.5°$

(1) $\overline{h_{f,j}^2}=Nl^2=94.86\text{nm}^2$

(2) $\overline{h_{f,r}^2}=Nl^2\dfrac{1-\cos\theta}{1+\cos\theta}=\overline{h_{f,j}^2}\dfrac{1-\cos\theta}{1+\cos\theta}=190.01\text{nm}^2$

(3) 由 $\begin{cases}\overline{h_\Theta^2}=N_eL_e^2\\ h_{max}=N_eL_e\end{cases}$ 又 $h_{max}=Nl\sin\dfrac{\theta}{2}$

可知 $N_e=\dfrac{h_{max}^2}{\overline{h_\Theta^2}}=\dfrac{\left(Nl\sin\dfrac{\theta}{2}\right)^2}{\overline{h_\Theta^2}}\approx 5542$

(4) $(\overline{h_\Theta^2}/\overline{h_{f,r}^2})^{0.5}=0.19$，$\overline{h_\Theta^2}/\overline{h_{f,j}^2}=0.27$，$(\overline{h_\Theta^2}/\overline{M})^{0.5}=0.01$

$(\overline{h_\Theta^2}/\overline{h_{f,r}^2})^{0.5}$ 为刚性因子(或刚性系数)；$\overline{h_\Theta^2}/\overline{h_{f,j}^2}$ 为刚性比(或极限特征比)；$(\overline{h_\Theta^2}/\overline{M})^{0.5}$ 为特征比(或无扰尺寸)。这三个参数都表征聚合物链的柔顺性。它们的值越小，说明链的柔顺性越好。

2.3 聚合物链的柔顺性

聚合物链能够不断改变其构象的性质称为柔顺性(flexibility)。这是聚合物许多性能不同于小分子物质的主要原因。链的柔顺性可从静态和动态两个方面来描述：①静态柔顺性(或平衡态柔顺性)是用聚合物两种热力学平衡态构象之间的位能差来描述的柔性，位能差越大，平衡态柔顺性越小；②动态柔顺性是用聚合物从一种平衡态构象变到另一种平衡态构象所需时间或转变速率来描述的柔性，转变速率越慢(或转变所需时间越长)，动态柔顺性越小。

本节主要介绍的是聚合物链的平衡态柔顺性及其影响因素。

2.3.1 聚合物链柔顺性的表征

根据玻耳兹曼公式，聚合物链的构象熵(S)为

$$S=k\ln\Omega \tag{2.14}$$

式中，Ω 为构象数。体系熵值越大，构象数越多，表示聚合物链的柔顺性越好。

当环境条件及分子量相同时，$\overline{h^2}$ 越小，$\overline{R^2}$ 越小，或者 N_e 越大或 L_e 越小，都表明链的柔顺性越好。

聚合物链的柔顺性还可以用以下几个物理参数表征：

①刚性因子(空间位阻参数)

$$\sigma = (\overline{h_{\Theta}^{2}} / \overline{h_{\mathrm{f,r}}^{2}})^{0.5} \qquad \sigma \approx 1 \sim 5 \tag{2.15}$$

②刚性比(极限特征比)

$$K = \frac{\overline{h_{\Theta}^{2}}}{\overline{h_{\mathrm{f,j}}^{2}}} = \frac{\overline{h_{\Theta}^{2}}}{Nl^{2}} \qquad K \approx 1 \sim 10 \tag{2.16}$$

③无扰尺寸(特征比)

$$A = \left(\frac{\overline{h_{\Theta}^{2}}}{\overline{M}}\right)^{\frac{1}{2}} \qquad A \approx 10^{-2}\,\mathrm{nm} \tag{2.17}$$

σ、K、A 值越小，则链的柔顺性越好。

例题 2.2 刚性因子的计算

在不同温度、不同溶剂中测得下列聚合物的无扰尺寸 $(\overline{h_{\Theta}^{2}}/\overline{M})^{0.5}$ 的值如下表所示。

聚合物	温度/℃	$10^4\ (\overline{h_{\Theta}^{2}}/\overline{M})^{0.5}$/nm
聚异丁烯	24	795
	95	757
聚苯乙烯	25	735
	70	710

试求 (1) 它们的刚性因子 σ 值。(2) 你的计算结果与聚异丁烯是橡胶而聚苯乙烯是塑料有没有矛盾？(3) 温度对分子链的刚柔性有什么影响？

解答：

(1) $\sigma = (\overline{h_{\Theta}^{2}}/\overline{h_{\mathrm{f,r}}^{2}})^{0.5} = (\overline{h_{\Theta}^{2}}/\overline{M})^{0.5}/(\overline{h_{\mathrm{f,r}}^{2}}/\overline{M})^{0.5} = A/(\overline{h_{\mathrm{f,r}}^{2}}/\overline{M})^{0.5}$

先求出 $\dfrac{\overline{h_{\mathrm{f,r}}^{2}}}{\overline{M}} = 2nl^2/\overline{M} = \dfrac{4(\overline{M}/M_0)\times 0.154^2}{\overline{M}} = \left(\dfrac{0.308}{\sqrt{M_0}}\right)^2$

式中，M_0 为链节分子量。代入 σ 的公式得 $\sigma = \dfrac{A\sqrt{M_0}}{0.308}$，结果如下表所示。

聚合物	M_0	温度/℃	σ
聚异丁烯	56	24	1.93
		95	1.84
聚苯乙烯	104	25	2.43
		70	2.35

(2) 可见，聚异丁烯比聚苯乙烯柔性大，与聚异丁烯是橡胶而聚苯乙烯是塑料没有矛盾。

(3) 从上述计算可知，随着温度的升高，σ 减小，即柔性增大。

2.3.2 影响聚合物链柔顺性的内在因素

聚合物的柔顺性主要取决于聚合物主链单键内旋转的难易程度，而内旋转难易程度又受其内在因素和外在因素两方面的影响。

影响链柔顺性的内在因素取决于聚合物链的结构，其主要的结构因素包括以下几个方面。

2.3.2.1　主链结构

(1) 主链全部为单键，且无刚性侧基时，柔顺性较好

主链单键内旋转位垒越小，链柔性越好。但是，不同的单键，柔性也不同，其顺序如下

—Si—O—>—C—N—>—C—O—>—C—C—

这是因为C—O、C—N和Si—O等单键进行内旋转的位垒均较C—C单键的小(见表2.5)。因此，聚酯、聚酰胺、聚二甲基硅氧烷、聚氨酯等一系列聚合物的分子链都是柔性链。特别是聚二甲基硅氧烷，由于主链为—O—Si—O—链结构，其键长(0.164nm)、键角(分别为142°及110°)都较C—C单键的键长(0.154nm)、键角(109°28′)为大，因此甲基间的距离相应增大，内旋转受阻较小，是一种在低温下仍能使用的特种橡胶。

表2.5　共价键的键长与键能

键	键长/nm	键能/(kJ/mol)
C—C	0.154	347.2
C═C	0.134	615.0
C≡C	0.120	811.7
C—H	0.109	414.2
C—O	0.143	351.5
C═O	0.123	715.5
C—N	0.147	29209
C═N	0.127	615.0
C≡N	0.116	891.2
C—Si	0.187	288.7
Si—O	0.164	368.2
C—S	0.181	259.4
C═S	0.171	477.0
C—Cl	0.177	330.5
S—S	0.204	213.4
N—H	0.101	389.1

(2) 主链含有芳杂环及共轭双键时，链柔性降低

主链中含芳杂环结构的聚合物链内旋转困难，柔顺性差，在较高温度下链段也不易运动，表现出较好的刚性，具有耐高温与高强度的特点，可作为耐高温的工程塑料。例如聚苯醚(PPO)，其结构式为$\lbrack O-C_6H_2(CH_3)_2 \rbrack_n$。因在主链结构中有芳环，所以具有刚性并使材料耐高温；又因含有C—O单键而具有柔性，制品可注塑成型。

(3) 主链中含有孤立双键时，链柔性提高

主链中含有双键(共轭双键除外)，虽然双键本身不能内旋，但由于连接在双键上的原子或基团数目比单键少，使其间的斥力减弱，导致邻近双键的单键的内旋势垒减小，所以易于内旋转。

例如，—CH═CH—CH_2—较—CH_2—CH_2—的C—C单键内旋转活化能约低10.46kJ/mol。因此聚丁二烯比聚乙烯柔顺；聚异戊二烯比聚丙烯柔顺；聚氯丁二烯比聚氯乙烯柔顺。

如果主链为共轭双键，不能内旋转，则分子链呈刚性，如聚乙炔(—CH═CH—CH═

CH—CH═CH—）、聚苯（═⟨⟩═⟨⟩═⟨⟩═⟨⟩═）等聚合物，则为典型的刚性链。

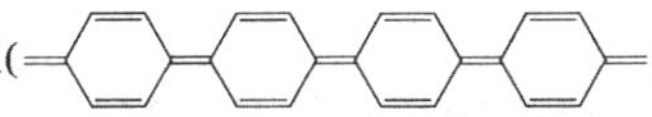

2.3.2.2 取代基(侧基)

当主链相同时，可根据侧基情况来比较判断链柔性大小。

(1) 取代基极性越大，链柔性越小

极性愈强，其相互间的作用力愈大，单键的内旋转愈困难，因而链的柔性愈差。例如，聚丙烯$\lbrack CH_2—CH(CH_3) \rbrack_n$比聚氯乙烯$\lbrack CH_2—CH(Cl) \rbrack_n$柔顺，而聚氯乙烯$\lbrack CH_2—CH(Cl) \rbrack_n$又比聚丙烯腈$\lbrack CH_2—CH(CN) \rbrack_n$柔顺，这是因为侧基的极性—CN>—Cl>—$CH_3$。

(2) 非对称极性取代基数目越多，链柔性越小

极性大和空间位阻大的基团如果在主链上分布较多，则分子内旋转困难、柔性差。例如，聚苯乙烯环侧基数目多，它是典型的脆性塑料；丁二烯与苯乙烯的共聚物相对地减少了位阻大的基团，所以它成了橡胶。

(3) 小侧基作对称取代时的柔性好于不对称取代时

对于$\lbrack \overset{H_2}{C}—CX_2 \rbrack_n$型聚合物链，例如聚偏氯乙烯$\lbrack CH_2—CCl_2 \rbrack_n$和聚偏氟乙烯$\lbrack CF_2—CF_2 \rbrack_n$的分子链，左旋和右旋的构象在位能曲线上具有相同的能量值。但在$*—\overset{H_2}{C}—CXY—*$型聚合物链中左旋和右旋的构象的位能数值就不相等了，其柔性相应降低。

(4) 非极性取代基的体积越大，链柔性小

对于非极性取代基来说，基团体积越大，空间位阻越大，内旋转越困难，柔性越差。

非极性取代基对柔性的影响有两方面因素：一方面，取代基的存在增加了内旋转时的空间位阻，使内旋转困难，使柔性降低；另一方面，取代基的存在又增大了分子间的距离，削弱了分子间作用力，使柔性增大。最终的效果将决定于哪一方面的效应起主要作用。一般来说，聚合物聚集态柔顺性大小变化由空间位阻效应占主导地位。例如聚乙烯、聚丙烯、聚苯乙烯的侧基依次增大，空间位阻效应也相应增大，因而分子链的柔性依次降低。

(5) 长脂肪族支链越长，链柔性越大

长脂肪族支链由于本身就能进行内旋转，可使整个分子链的柔性增大。另外，支链又使分子间的距离增大，这就削弱了分子间的作用力，有利于内旋，增加了构象数。如聚甲基丙烯酸甲酯、聚甲基丙烯酸乙酯和聚甲基丙烯酸丁酯三者相比，其支链逐渐增长，链的柔性则逐渐增大。

注意：聚合物链的柔性和实际材料的刚柔性不能混为一谈，两者有时是一致的，有时却不一致。判断材料的刚柔性，必须同时考虑分子内的相互作用以及分子间的相互作用和凝聚状态，才不至于得出错误的结论。

2.3.2.3 交联

对于交联结构聚合物，当交联程度不大时，如含硫2%～3%的橡胶，对链的柔性影响不大；当交联程度较大时，如含硫30%以上，则使链的柔性大大降低。

2.3.2.4 分子链规整性

分子结构越规整，结晶能力越强。而聚合物一旦结晶，链的柔性就表现不出来，聚合物呈现刚性。例如，聚乙烯的分子链是柔顺的，但由于结构规整，凝聚态时堆砌紧密，很容易结晶，因此只能作塑料而不能作橡胶使用。

2.3.2.5 分子间作用力

单键内旋转不仅受分子链本身结构因素的影响，同时还受邻近分子间的作用力的影响。分子间的作用力愈强，彼此排列愈紧密，内旋转阻力愈大，链柔性愈差而呈刚性。例如，聚酰胺$\{-CO(CH_2)_4NH(CH_2)_6NH-\}_n$的分子链是由C—C、C—N单键组成的，它应该是容易内旋转的。但由于有氢键生成(见下图)，分子间作用力增强，排列规整，甚至形成结晶。在结晶区，分子链的构象无法改变，所以柔性下降，故聚酰胺属刚性材料。

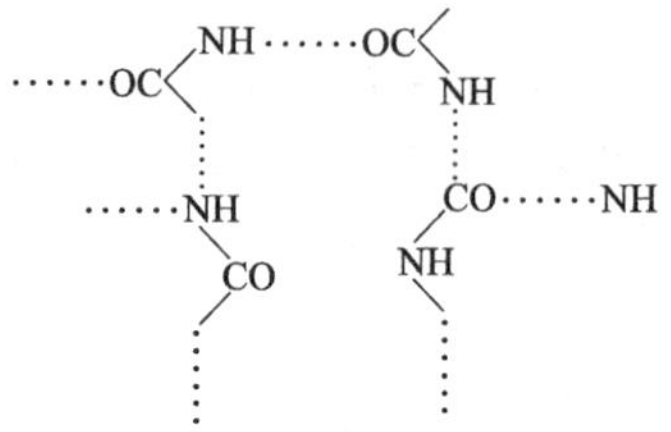

NH······OC
······OC　　NH
······NH　　CO······NH
CO　　NH

2.3.3 影响聚合物链柔顺性的外在因素

除分子结构对链的柔性有影响之外，外界因素对链的柔性也有很大影响。

2.3.3.1 温度

温度是影响聚合物链柔性最重要的外因之一。温度升高，分子热运动能量增加，内旋转变易，构象数增加，柔性增加。例如，聚苯乙烯在室温下链的柔性差，可作塑料使用，但加热至一定温度时，也呈现一定的柔性；顺式聚1，4-丁二烯在室温下柔性好，可用作橡胶，但冷却至－120℃时，却变得硬而脆了。

2.3.3.2 外力

当外力作用能促使分子链内旋转运动时，链柔性提高。当外力作用速度缓慢时，柔性容易显示；当外力作用速度快时，聚合物链来不及通过内旋转而改变构象，柔性无法体现出来，分子链显得僵硬，聚合物呈现的柔性小。

2.3.3.3 溶剂

溶剂分子和聚合物链之间的相互作用对聚合物的形态也有十分重要的影响。聚合物链在良溶剂中较为舒展，在不良溶剂中较为紧缩。

专栏2.8 远程结构与近程结构的比较

项目	近程	远程
研究对象	大分子的一个链节	整个大分子链
研究范围	$10^{-4}\mu m$	$10^{-2}\mu m$
研究手段	IR、NMR、MS等微观结构的研究手段	溶液法、热力学、统计学等宏观研究方法
涉及的重要概念	构型：结构单元在空间的排布与化学键有关	构象：单键相连的原子内旋转造成的分子内各原子的空间排布
区别	与化学键的破坏有关，与时间无关	与原子的内旋转有关，与时间无关，而与外部环境有关
它的改变影响什么性能	物理性能：强度、结晶性、弹性 化学性能：热稳定性、化学反应及裂解反应的方式和产物	影响大分子的柔顺性 影响聚合物的高弹性

习题与思考题

概念题

1. 解释以下术语：构型，构象，立体异构，几何异构，均方末端距，均方旋转半径，高斯链，自由结合链，自由旋转链，受阻内旋链，等效自由结合链，柔顺性，刚性因子，刚性比，无扰尺寸。

问答题

2. 何谓聚合物链的构型、构象？它们有何区别？

3. 什么是键接方式？均聚物、共聚物的键接方式有哪些？

4. 造成旋光异构的根源是什么？为什么大多数的聚合物没有旋光性？能否通过改变构象来提高等规度？

5. 天然橡胶和杜仲橡胶在结构上有何不同？试画出示意结构式。

6. 写出异戊二烯单体聚合时所有的有规异构体结构式。

7. 单个聚合物链的形态有哪几种？

8. 什么是聚合物链的柔顺性？影响聚合物链柔顺性的内在、外在因素有哪些？

9. 哪些参数可以表征聚合物的柔顺性？如何表征？

10. 试分析纤维素的分子链为什么是刚性的。

11. 排列以下各组聚合物分子链的柔顺性大小次序，说明原因。

①聚甲醛；聚丙烯；聚异丁二烯(1,4 键接)；聚丙烯腈。

②聚氯乙烯；聚偏二氯乙烯；聚氯丁二烯；聚 1,2-二氯乙烯。

③聚丙烯；聚甲基丙烯酸甲酯；聚甲基丙烯酸丁酯；聚 3.4-二氯苯乙烯。

④顺式 1,4-聚丁二烯；聚 3,4-二氯苯乙烯；聚甲基丙烯酸甲酯；聚二甲基硅氧烷。

⑤分子量为 3×10^5 的氯丁橡胶；分子量为 5×10^5 的氯丁橡胶。

计算题

12. 测得聚乙烯醇在 30℃水中的无扰尺寸 $A=0.995$nm，已知 C—C 键长为 0.154nm，键角为 109°28′，求其等效自由结合链的链段长 L_e。

13. 已知结构式为 $\lbrack\!-CH_2-RCH-\rbrack_n$ 聚合物，$n=1\times10^5$，键长为 0.154nm，键角为 109.5°，若将该聚合物链视为自由旋转链，试求其均方末端距、均方旋转半径和最大拉伸比。

14. 无规聚丙烯在环已烷或甲苯中，30℃时测得的刚性因子 $\sigma=1.76$，已知 C—C 键长为 0.154nm，键角为 109.5°，试计算其等效自由结合链的链段长度 L_e。

第3章　聚合物溶液与共混体系

聚合物溶液指聚合物溶解在溶剂中形成的溶液。大多数线形或支化聚合物材料置于适当溶剂并给予恰当条件(温度、时间、搅拌等)，就可溶解而成为聚合物溶液。如天然橡胶溶于汽油或苯，聚乙烯在135℃以上溶于十氢萘，聚乙烯醇溶于水等。

在高分子科学发展的早期，由于溶液中聚合物的尺寸大小与胶体粒子的大小相似，因此聚合物溶液曾一度被错误地认为是一种胶体溶液。后来很多实验证明聚合物溶液是处在热力学平衡状态的真溶液，而且是能用热力学函数来描述的分子分散的稳定体系。

按照现代聚合物凝聚态物理的观点，聚合物溶液可按浓度大小及分子链形态的不同分为极稀溶液、稀溶液、亚浓溶液和浓溶液，其间的分界浓度如表3.1所示。

表3.1　聚合物溶液的分类与分界浓度

名称	极稀溶液		稀溶液		亚浓溶液		浓溶液
分界浓度		动态接触浓度 c_s		接触浓度 c^*		缠结浓度 c_e	
浓度范围		约 10^{-2}%		约 10^{-1}%		0.5%～10%	

稀溶液和浓溶液的本质区别在于稀溶液中单个聚合物链线团是孤立存在的，相互之间没有交叠；而在浓溶液中，聚合物链之间发生聚集和缠结，见图3.1。聚合物/聚合物共混物也可以看成是一种聚合物链在另一种聚合物链中分散的溶液体系。

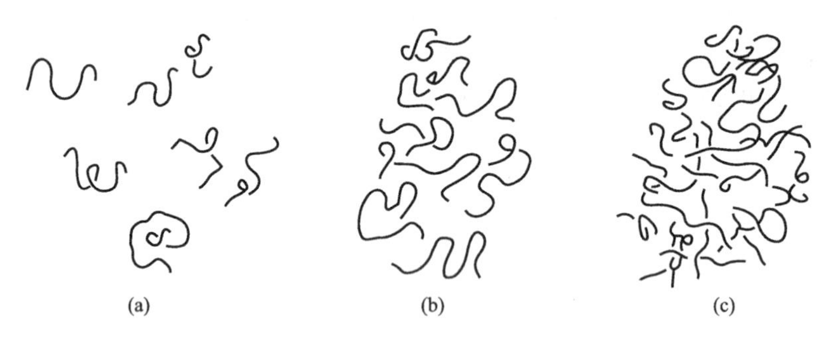

图3.1　溶液中的聚合物链

(a) 稀溶液，$c<c^*$；(b) 过渡区，$c=c^*$；

(c) 浓溶液，$c>c^*$，注意此时部分链段的空间重叠

从许多角度上说，聚合物溶液都是很重要的。研究聚合物稀溶液的性质可以得到聚合物的分子量与分子量分布、聚合物在溶液中的形态和尺寸大小以及聚合物与溶剂分子间相互作用等重要参数。聚合物-溶剂和聚合物-聚合物共混体系的研究产生了许多新理论，特别是在热力学方面。聚合物的极稀溶液的减阻作用在流体力学方面得到实际应用。聚合物浓溶液与合成纤维生产中的溶液纺丝，片基生产中的溶液铸膜，塑料的增塑等都有密切的关系。绝大多数涂料与胶黏剂也都属于聚合物浓溶液。

3.1 聚合物的溶解

聚合物的溶解过程可以看成是聚合物凝聚态形成的逆过程。一个聚合物固体试样是由许多聚合物链依靠链单元间的吸引力(内聚力)凝聚在一起而形成的，这块固体在溶剂中溶解要靠溶剂分子与聚合物链单元间的亲和力以克服聚合物链之间的内聚力，使相互穿透且缠结在一起的聚合物链被拆散开，直至变成一个个孤立的聚合物链。

3.1.1 聚合物溶解过程的特点

将食盐放入水中，只要稍加搅拌即可迅速被溶解；而将一块聚苯乙烯置于苯中，则溶解很慢。首先看到其外层慢慢胀大起来，随着时间的增加溶剂分子渗入试样的内部，使聚苯乙烯体积膨胀，这种过程称为溶胀。随后溶胀的聚合物试样逐渐变小，最后消失形成均一的溶液。

由于聚合物的长链分子特征，其溶解过程比小分子固体要复杂得多，具有以下两个主要特点：

① 溶解过程一般都比较缓慢；

② 在溶解之前通常要经过“溶胀”阶段。

聚合物的溶解过程必须经历两个阶段：先溶胀、后溶解。因为聚合物和溶剂分子的大小相差悬殊，溶剂分子的扩散速率远比聚合物大，所以聚合物与溶剂分子接触时，首先是溶剂小分子扩散到聚合物中，把相邻聚合物链上的链段撑开，分子间的距离逐渐增加，宏观上表现为试样体积胀大，即溶胀，这时只有链段运动而没有整个大分子链的扩散运动。只有溶胀进行到聚合物链上所有的链段都能扩散运动时，才能形成分子分散的均相体系。因此溶胀是溶解的必经阶段，也是聚合物溶解性的独特之处。

3.1.1.1 非晶聚合物的溶解

非晶聚合物中的大分子间的堆砌比较松散，分子间相互作用较弱，因此溶解过程中，溶剂分子比较容易渗入聚合物内部使之溶胀和溶解。线形非晶聚合物溶于它的良溶剂时，能无限制地吸收溶剂直至溶解而成均相溶液，属于无限溶胀。例如天然橡胶在汽油中，聚氯乙烯在四氢呋喃中都能无限溶胀而成为聚合物溶液。如果溶剂选择不当，因溶剂化作用小，不足以使大分子链完全分离，则只能有限溶胀而不溶解。

聚合物在溶剂中的溶解度除了与分子间相互作用力有关外，还与聚合物的分子量有关。分子量越大，溶解度越小，溶解速率也越慢。

3.1.1.2 结晶聚合物的溶解

结晶聚合物与低分子晶体有类似的特点，其晶体内部都是由空间排列得很有规律的微粒组成的。结晶聚合物处于热力学的稳定相态，其分子排列紧密、规整，分子间的作用力大，它们的溶解要比非晶聚合物困难得多。但是，由于聚合物结晶的不完全性，总是夹杂有一部分非晶结构，在与溶剂接触时，非晶部分总是可以首先被溶胀。

结晶聚合物有两类。一类是极性结晶聚合物，如聚酰胺、聚对苯二甲酸乙二醇酯，分子间有强的相互作用力；另一类是非极性结晶聚合物，如高密度聚乙烯、等规聚丙烯，它们是纯的碳氢化合物，分子间虽然没有极性基团的相互作用力，但由于分子链结构很规整也能形成结晶。

结晶聚合物中结晶部分的溶解要经过两个过程。首先是晶相的破坏，需要吸热；然后是晶格被破坏了的聚合物与溶剂的混合。因而非极性的晶态聚合物，通常需要加热到接近其熔点时晶格被破坏，变成非晶态后小分子溶剂才能扩散到聚合物内部而逐渐溶解。例如高密度聚乙烯的熔点是135℃，它在十氢萘中要135℃才能很好地溶解；等规聚丙烯在十氢萘中也要135℃才能溶解。然而极性的晶态聚合物在室温下就能溶解在极性的溶剂中。例如聚酰胺在室温下能溶于甲酚、40%的硫酸、苯酚-冰醋酸的混合溶剂中；聚对苯二甲酸乙二醇酯可溶于邻氯苯酚和质量比为1∶1的苯酚-四氯乙烷的混合溶剂中；聚乙烯醇可溶于水、乙醇等。这是因为极性结晶聚合物中无定形部分与极性溶剂混合时，二者强烈地相互作用而放出大量的热使结晶部分熔融，因而结晶过程能在常温下进行。

结晶聚合物的溶解度不但与分子间相互作用力和分子量有关，还与结晶度有关。结晶度越高，溶解度越小。

例题3.1　结晶聚合物的溶解

两根聚乙烯醇纤维，一根悬挂重物浸于90℃热水中(A)，纤维不发生变化；另一根松散地漂浮于90℃热水中(B)，纤维会发生溶解。请解释这一现象。

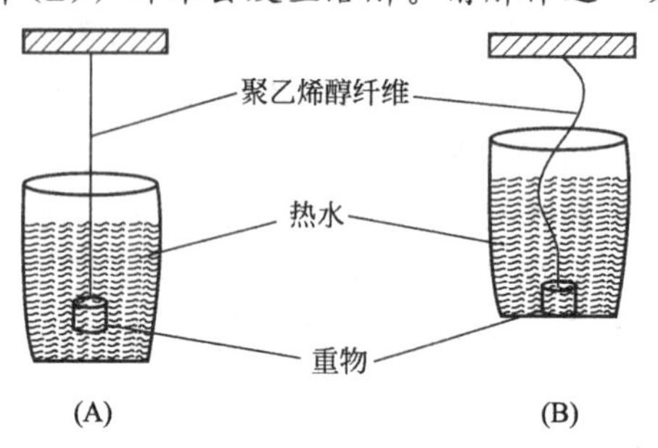

解答：

从手册上查得，聚乙烯醇的T_g为75～85℃，T_m为230℃(在空气中加热至100℃以上慢慢变色、脆化，加热至160～170℃脱水醚化，加热到200℃开始分解)。在热水中，无定形的聚乙烯醇会溶解(情况B)。但若悬挂重物浸于高于其T_g的热水中(情况A)，在应力作用下将发生诱导结晶，而水温又远低于其熔点，所以聚乙烯醇不发生变化。

3.1.1.3　交联聚合物的溶胀

对于交联的聚合物，溶胀到一定程度以后，因交联的化学键束缚，各个分子链不能完全分离，只能停留在两相的溶胀平衡阶段但不会发生溶解。例如硫化后的橡胶、固化的酚醛树脂等交联网状聚合物在溶剂中都只能溶胀而不溶解。这种处于溶胀状态的交联聚合物称为凝胶。

交联聚合物的溶胀过程中，一方面溶剂力图渗入聚合物内使其体积膨胀，另一方面由于交联聚合物体积膨胀导致网状分子链向三维空间伸展，交联点之间分子链的伸展降低了它的构象熵值，引起分子网的弹性收缩力，力图使分子网收缩，阻止溶剂分子的继续渗入。当这两种相反的倾向相互抵消时，便达到了溶胀平衡。

对交联聚合物来说，平衡溶胀度与交联度有关。交联度越大，平衡溶胀度越小。

3.1.2 溶度参数与聚合物的溶解性

并不是所有聚合物都能溶解在所有溶剂中的，如果随意选择的话，十有八九是不溶解的。研究发现聚合物的分子量越高，就越难选到良溶剂。而聚合物-聚合物互溶溶液则更难得到。

化学界有一句俗话，叫“相似相溶”，定性地说，“相似”可以指化学基团相似，也可以指极性相似。定量地讨论，一个组分在另一个组分中的溶解性是由混合能决定的。

$$\Delta G_M = \Delta H_M - T\Delta S_M \tag{3.1}$$

式中，ΔG_M 是 Gibbs 自由能的变化；T 是热力学温度；ΔH_M 是混合热；ΔS_M 是混合熵。如果 ΔG_M 为负值，则溶解过程可以自发进行。由于混合时熵总是增加的，即 $T\Delta S_M$ 总是正的，所以 ΔG_M 的正负取决于 ΔH_M。

不管是聚合物还是小分子，混合热常常是正的，不利于混合。只有当两种组分之间有某种吸引力时例外，如相反的极性、酸碱作用、氢键等。对于非极性有机物而言，正的混合热更为常见。对正规溶液，Hildebrand 和 Scott 导出：

$$\Delta H_M = V_M\left[\left(\frac{\Delta E_1}{V_1}\right)^{1/2} - \left(\frac{\Delta E_2}{V_2}\right)^{1/2}\right]^2 \phi_1\phi_2 \tag{3.2}$$

式中，V_M 是混合物的总体积；ΔE 是内聚能(inherent energy)，即将凝聚态的固体或液体蒸发至零压力的气体(即分子间分离得无穷远)所需的能量；V 是组分 1 和组分 2 的摩尔体积；ϕ 是组分 1 和组分 2 的体积分数。$\Delta E/V$ 代表单位体积(cm^3)的蒸发热，有时称之为内聚能密度。为方便起见，一般将组分 1 设为溶剂，组分 2 设为聚合物。根据方程 (3.2)，“相似相溶”意味着 $\Delta E_1/V_1$ 和 $\Delta E_2/V_2$ 的数值基本相等。

内聚能密度的平方根就是人们熟知的溶解度参数(solubility parameter)，或称溶度参数：

$$\delta = (\Delta E/V)^{1/2} \tag{3.3}$$

这样，两组分的混合热依赖于 $(\delta_1 - \delta_2)^2$。

$$\Delta H_M = V_M(\delta_1 - \delta_2)^2\phi_1\phi_2 \tag{3.4}$$

由于 $(\delta_1 - \delta_2)^2$ 不能为负值，该方程意味着 ΔH_M 的值只能是正的，这显然是个严重的理论错误。实际上，方程 (3.2) 和方程 (3.4) 只有在混合热为正值(即不利于溶解)时才有效，在混合热为负值时无效。然而，由于绝大多数聚合物溶液的混合热是正的，该理论还是得到了广泛应用。

从溶度参数可以定量地理解为什么甲醇或水不能溶解聚丁二烯或聚苯乙烯，而苯或甲苯则是这些聚合物的良溶剂。聚合物往往能溶解在溶度参数相差 1 以内的溶剂中。当然，聚合物的溶解性还与分子量、温度等因素有关。

在选择溶剂时，除了使用单一溶剂外还可以使用混合溶剂，有时混合溶剂对聚合物的溶解能力比单独使用任一溶剂时更好，甚至两种不良溶剂以一定比例混合后可以成为良溶剂。混合溶剂的溶度参数 δ_{mix} 可以用下式估算：

$$\delta_{mix} = \phi_1\delta_1 + \phi_2\delta_2 \tag{3.5}$$

式中，ϕ_1 和 ϕ_2 分别表示两种纯溶剂的体积分数；δ_1 和 δ_2 分别表示两种纯溶剂的溶度参数。

例题 3.2 从不良溶剂变成良溶剂

氯丁橡胶(CR)常用做鞋用胶黏剂，其最常用的溶剂是苯或甲苯，但是，苯和甲苯都是高度致癌物，是否可以用低毒的正己烷和丙酮替代?

解答:

从手册上查得，氯丁橡胶的溶度参数为18.9，正己烷的溶度参数为14.9，丙酮的溶度参数为20.4，虽然都是氯丁橡胶的不良溶剂，但两者若以一定比例混合，使混合溶剂的溶度参数接近18.9，则可能得到良溶剂。

由式 (3.5)，

$18.9 = \phi_1 \times 14.9 + (1 - \phi_1) \times 20.4$

求得

$\phi_1 = 0.27$

即，当正己烷与丙酮以体积比27∶73混合时，即可成为氯丁橡胶的良溶剂。

对于有特殊相互作用的体系，简单地用溶度参数判断相容性可能会出错。比如，聚苯乙烯($\delta=22.5$)与聚氯乙烯($\delta=21.5$)的溶度参数很接近，但两者是完全不相容的。为了考虑强相互作用，Hensan将总溶度参数分为几项：δ_d，色散作用的贡献；δ_p，极性作用的贡献；δ_h，氢键作用的贡献，

$$\delta^2 = \delta_d^2 + \delta_p^2 + \delta_h^2 \tag{3.6}$$

这样，“相似相溶”意味着对于一对溶剂-溶质而言，这三项分别都要相近。对比聚苯乙烯与聚氯乙烯的分维溶度参数，可以发现，色散作用对聚苯乙烯溶度参数的贡献很大($\delta_d=21.3$)，而极性作用的贡献较小($\delta_p=5.7$)；而对于聚氯乙烯而言，色散作用的贡献相对较小($\delta_d=18.8$)，而极性作用的贡献较大($\delta_p=10.0$)。这就不难理解为什么聚苯乙烯与聚氯乙烯不相容了。

需要指出，尽管用三维溶度参数来判断聚合物在溶剂中的溶解性或聚合物-聚合物相容性更为准确，人们还是喜欢用总溶度参数，因为其使用方便，数据也更丰富。

3.1.3 溶度参数的测定和计算

根据定义，溶度参数是内聚能密度的平方根。而内聚能是将凝聚态的固体或液体蒸发至零压力的气体所需的能量。因此，小分子的溶度参数可利用摩尔蒸发热或摩尔升华热测定。聚合物因为不能汽化，无法直接测定，只能根据上节所阐述的原理，利用实验确定的最佳溶剂与聚合物的溶度参数最接近的方法间接测定。溶度参数的实验测定方法主要有溶胀法、特性黏数法、浊度滴定法。

3.1.3.1 溶胀法

交联聚合物的溶度参数可以用溶胀法测定。将聚合物用几种溶度参数不一的溶剂溶胀，测量溶胀平衡时的溶胀度Q并与溶剂的溶度参数作图，Q值最大处所对应的溶度参数就是聚合物的溶度参数。

平衡溶胀度Q定义为:

$$Q = \frac{m - m_0}{m_0} \times \frac{1}{\rho_s} \tag{3.7}$$

式中，m_0是试样的干重；m是达到平衡溶胀后试样的重量；ρ_s是溶剂的密度。典型的

结果见图 3.2，图中三条曲线分别属于交联聚氨酯(PU)、交联聚苯乙烯(PS)以及它们 50/50 的互穿网络(IPN)。两种均聚物及其互穿网络都表现为单峰曲线，其峰顶(即溶胀度最大)所对应的溶度参数就是聚合物的溶度参数。由图 3.2 可得，$\delta_{PU}=21.2$，$\delta_{PS}=18.1$，$\delta_{IPN}=20.2$。

3.1.3.2 特性黏数法

如果聚合物可以溶解，则其溶度参数也可以通过测量其特性黏数($[\eta]$，其概念及测定方法见 3.3.3 节)来确定。以聚合物在不同溶剂中的特性黏数与溶剂的溶度参数作图。特性黏数正比于链尺寸，由于在最好的溶剂中聚合物链构象最伸展，特性黏数也就最大。因此峰位置所对应的溶剂的溶度参数与聚合物的溶度参数最接近。图 3.3 是特性黏数法测定聚异丁烯和聚苯乙烯的溶度参数的实验结果，$\delta_{PI}=16.2$，$\delta_{PS}=18.6$。

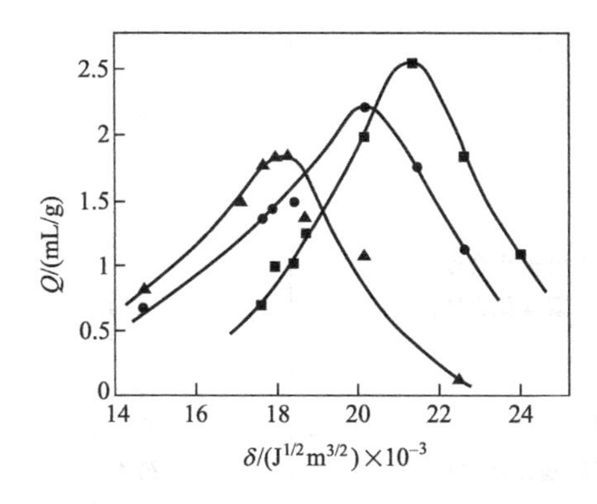

图 3.2 对几种交联体系，当溶剂与聚合物的溶度参数匹配时溶胀系数 Q 达最大值

■聚氨酯；▲聚苯乙烯；●聚氨酯/聚苯乙烯 IPN

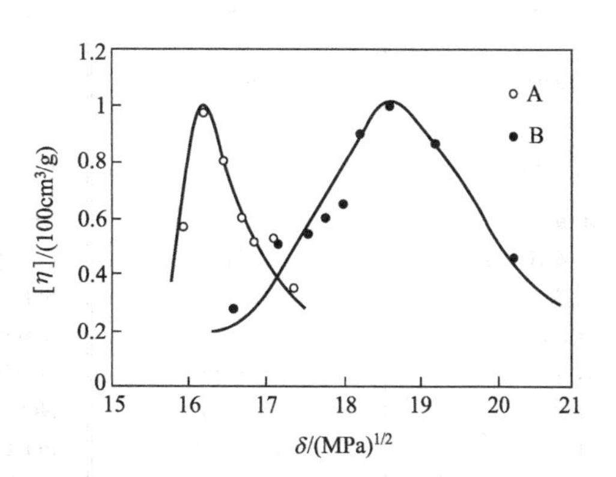

图 3.3 特性黏数法测定聚异丁烯 (A) 和聚苯乙烯 (B) 的溶度参数

3.1.3.3 浊度滴定法

浊度滴定法是将待测聚合物溶于某一良溶剂中，然后用沉淀剂(能与该溶剂混溶)来滴定，直至溶液开始出现浑浊为止。这样，我们便得到在浑浊点混合溶剂的溶度参数 δ_{sm} 值，也就等于此聚合物的溶度参数。

聚合物溶于二元互溶溶剂的体系中，允许体系的溶度参数有一个范围。实验中通常选用两种具有不同溶度参数的沉淀剂来滴定聚合物溶液，这样得到溶解该聚合物混合溶剂参数的上限和下限，然后取其平均值，即为聚合物的 δ_P 值。

$$\delta_P=\frac{1}{2}(\delta_{mh}+\delta_{ml}) \tag{3.8}$$

式中，δ_{mh}和 δ_{ml}分别为高、低溶度参数的沉淀剂滴定聚合物溶液，在浑浊点时混合溶剂的溶度参数。

3.1.3.4 理论计算法

溶度参数的值可以根据化合物或聚合物的化学结构计算，计算时利用了各基团的摩尔吸引常数 G：

$$\delta=\frac{\rho\sum G}{M} \tag{3.9}$$

式中，ρ 是密度；M 是分子量。对于聚合物，M 是重复单元的分子量。

Small和Hoy计算了大量化学基团的摩尔吸引常数值，见表3.2。

表3.2 摩尔基团作用常数，25℃

基团	G/[(cal·cm^3)$^{1/2}$/mol]	基团	G/[(cal·cm^3)$^{1/2}$/mol]
$—CH_3$	214	CO(酮)	275
$—CH_2—$(单键)	133	COO(酯)	310
$—CH<$	28	CN	410
$>C<$	−93	Cl(平均)	260
$CH_2=$(双键)	190	Cl(单个)	270
$—CH=$	111	Cl(两个，如 $>CCl_2$)	260
$>C=$	19	Cl(三个，如$—CCl_3$)	250
$—CH=C<$	285	Br(单个)	340
$>C=C<$	222	I(单个)	425
苯基	735	CF_2(仅限于正氟碳化合物)	150
亚苯基(*o*,*m*,*p*)	658	CF_3(仅限于正氟碳化合物)	274
萘基	1146	S(硫化物)	225
五元环	105～115	SH(硫醇)	315
六元环	95～105	ONO(硝酸根)	约440
共轭	20～30	NO_2(脂肪族硝基化合物)	约440
H	80～100	PO_4(有机磷)	约500
O(醚)	70	Si(聚硅氧烷)	−38

例题3.3 摩尔基团吸引常数法计算溶度参数

请利用表3.2的数据计算聚苯乙烯的溶度参数，并与实验值9.1 $(cal/cm^3)^{1/2}$做比较。

解答：

聚苯乙烯的结构单元为：$—CH_2—CH—$（CH上连接苯基）

其中包括一个$—CH_2—$，$G=133$，一个 $—\overset{|}{C}H—$ ，$G=28$，一个苯基，$G=735$，聚苯乙烯的密度为1.05g/cm^3，重复单元分子量为104g/mol，将这些值代入式(3.9)得：

$$\delta = \frac{1.05}{104} \times (133 + 28 + 735)$$

$$\delta = 9.05(cal/cm^3)^{1/2}$$

计算结果与实验值一致。

3.2 聚合物稀溶液

3.2.1 理想溶液的混合热力学

在前一节中，聚合物在某一溶剂中的溶解性能是用它们的溶度参数来判断的，溶度参数由混合热确定，而混合熵完全被忽略。

根据统计热力学，体系的熵S与可区分的分子排列总数Ω之间的关系符合玻耳兹曼方程：

$$S = k\ln\Omega \tag{3.10}$$

式中，k 是 Boltzmann 常数。将该方程用于理想溶液得到其混合熵为：

$$\Delta S_M = S_{12} - (S_1 + S_2) = k[\ln\Omega_{12} - (\ln\Omega_1 + \ln\Omega_2)] \tag{3.11}$$

式中，Ω_1、Ω_2、Ω_{12}分别是分子在纯溶剂、纯溶质以及理想溶液中的可区分的排列总数。由于在纯物质中所有分子都是相同的，所以只有一种可区分的排列，即 $\Omega_1 = 1$，$\Omega_2 = 1$，这样，式(3.9)简化为：

$$\Delta S_M = k\ln\Omega_{12} \tag{3.12}$$

对于尺寸基本相等的小分子，这等于将 N_2 个溶质分子放到 $N_1 + N_2$ 个晶格中的排列总数，见图 3.4。这种排列总数的数学表达式为：

$$\Omega_{12} = \frac{(N_1 + N_2)!}{N_1!N_2!} \tag{3.13}$$

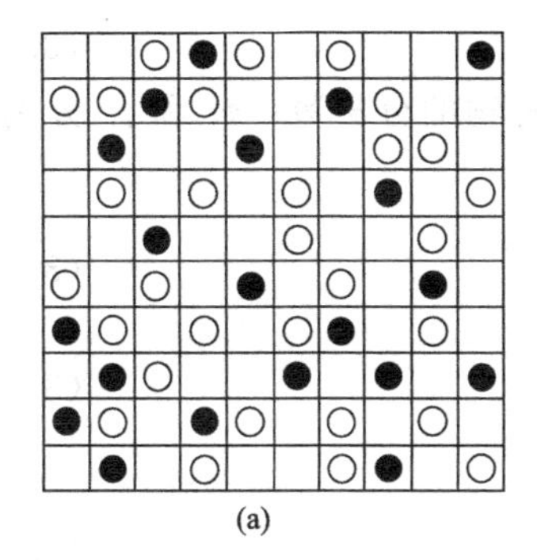
(a)

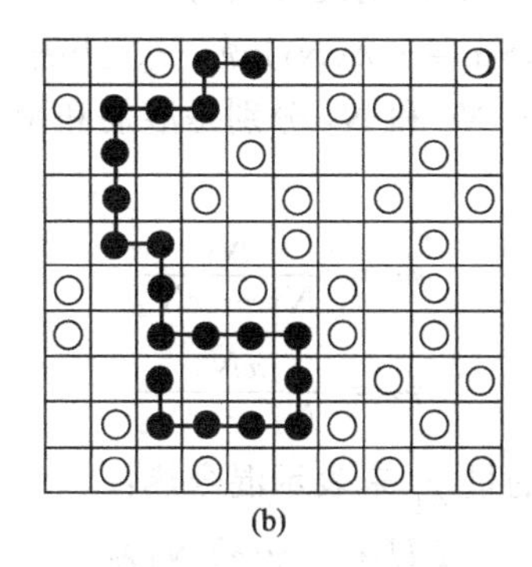
(b)

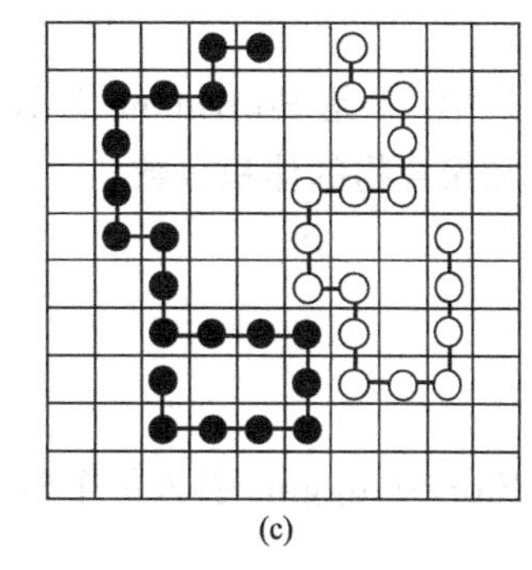
(c)

图 3.4 两种分子在准晶格中排列示意图

(a) 两种小分子；(b) 一种聚合物溶解于溶剂中；

(c) 两种聚合物的共混物。从 (a) 到 (b) 到 (c)

由于分子空间排列总数的下降，混合熵也逐渐减小。

注意聚合物中单元的排列受到相邻单元的限制

将式 (3.13) 代入式 (3.12) 得：

$$\Delta S_M = k\ln\frac{(N_1 + N_2)!}{N_1!N_2!} \tag{3.14}$$

由于 N 是一个很大的数，所以可以应用 Stirling 展开式，$\ln N! = N\ln N - N$，代入式 (3.14) 并重排得：

$$\Delta S_M = -k\left[N_1\ln\frac{N_1}{N_1 + N_2} - N_2\ln\frac{N_2}{N_1 + N_2}\right] \tag{3.15}$$

或写成：

$$\Delta S_M = -k(N_1\ln n_1 + N_2\ln n_2) \tag{3.16}$$

式中，n_1 和 n_2 分别是溶质和溶剂的摩尔分数。由于混合热等于零，所以混合能等于：

$$\Delta G_M = kT(N_1\ln n_1 + N_2\ln n_2) \tag{3.17}$$

从方程 (3.17) 可以导出许多理想溶液的热力学关系式(如 Raoult 定律)。

3.2.2 聚合物稀溶液的混合热力学

聚合物溶液与理想溶液有显著的差别。例如，聚合物溶液的蒸气压比用 Raoult 定律预测的值小得多。考虑到溶剂分子与聚合物之间巨大的尺寸差异，Flory-Huggins 提出了修正的晶格理论，即似晶格理论。作以下假定：

①溶液中聚合物链及溶剂分子的排列为似晶格排列，每个溶剂分子占一个格子，每根聚合物链占 x 个格子，x 为聚合物的链节数，近似等于聚合物的聚合度，所有聚合物具有相同的链节数；

②聚合物链是柔性的，其所有构象都具有相同的能量；

③聚合物链节与溶剂分子可以在格子上相互取代，并且不考虑相互作用改变引起的熵变；

④聚合物链节均匀分布在格子中，链节占据任一格子的概率相等；

⑤格子的配位数与组分无关。

从图 3.4 很容易定性地看出，当体系中的一个或两个组分是长链时，其在空间的排列数将下降。设聚合物有 x 个链节(单元)，则混合熵为：

$$\Delta S_M = -k(N_1\ln\phi_1 + N_2\ln\phi_2) \tag{3.18}$$

式中，k 是 Boltzmann 常数；N_1 和 N_2 分别是溶剂和聚合物的分子数；ϕ_1 和 ϕ_2 分别是溶剂和聚合物的体积分数。

$$\phi_1 = \frac{N_1}{N_1 + xN_2} \tag{3.19}$$

$$\phi_2 = \frac{xN_2}{N_1 + xN_2} \tag{3.20}$$

Flory-Huggins 引入一个新的量 χ_1 来表示混合热：

$$\Delta H_M = \chi_1 kTN_1\phi_2 \tag{3.21}$$

χ_1 称为聚合物-溶剂相互作用参数，或 Huggins 参数，

$$\chi_1 = \frac{(Z-2)\Delta\varepsilon}{kT} \approx \frac{Z\Delta\varepsilon}{kT} \tag{3.22}$$

式中，$\Delta\varepsilon$ 是形成一对聚合物链节-溶剂分子对引起的能量变化；Z 是配位数，即聚合物链节一溶剂分子对的数目。

Huggins 参数 χ_1 是用于表征聚合物-溶剂和聚合物-聚合物相互作用的最重要的物理量。这是一个无量纲量。由式 (3.22) 可知，$\chi_1 kT$ 的物理意义是将一个溶剂分子从纯溶剂中拿到纯聚合物中引起的能量变化。表 3.3 列出了一些聚合物-溶剂对的 χ_1 值。

表 3.3 部分聚合物-溶剂对的 Huggins 参数 χ_1 的值

聚合物	溶剂	T/℃	χ_1
聚苯乙烯	甲苯	25	0.37
聚苯乙烯	环己烷	34	0.50
聚异戊二烯	苯	25	0.40
硝酸纤维素	丙酮	20	0.14
硝酸纤维素	醋酸正丙酯	20	−0.38
聚氧乙烯	苯	70	0.19
聚二甲基硅氧烷	甲苯	20	0.45
聚乙烯	正庚烷	109	0.29
聚丁二烯-苯乙烯随机共聚物	甲苯	25	0.39

将式 (3.21) 与式 (3.18) 结合就得到混合自由能：

$$\Delta G_M = kT(N_1\ln\phi_1 + N_2\ln\phi_2 + \chi_1 N_1\phi_2) \tag{3.23}$$

或写为：

$$\Delta G_M = RT(n_1\ln\phi_1 + n_2\ln\phi_2 + \chi_1 n_1\phi_2) \tag{3.24}$$

式中，R 是气体常数；n_1 和 n_2 分别是单位体积溶液中溶剂和聚合物的物质的量。通常认为 ΔG_M 为正时会相分离，为负时会溶解。

方程（3.23）构成了聚合物溶液的热力学基础，由此可以推出聚合物溶液的平衡态性质，特别是其与 Raoult 定律巨大的负偏差、相分离、分级现象、结晶聚合物熔点下降、聚合物网络的溶胀等性质。但该理论只能预测一些总体的趋势，并不能得到与实验数据非常吻合的结果。其不足之处既有模型本身的局限性，也有在推导中作的假设带来的误差。因此，在 Flory-Huggins 提出似晶格理论之后，人们又提出了一些修正的理论，其中最重要的是考虑了排斥体积的 Flory-Krigbaum 理论。

例题 3.4　混合自由能的计算

将分子量为 10000g/mol 的聚苯乙烯在 34℃下溶解于环己烷中形成体积分数为 10%的溶液，混合自由能是多少？

解答：

利用式（3.23），

$$\Delta G_M = kT(N_1\ln\phi_1 + N_2\ln\phi_2 + \chi_1 N_1\phi_2)$$

以单位体积($1cm^3$)计算。先计算 $\phi_1=0.90$、$\phi_2=0.10$ 的两组分的分子数。对环己烷 C_6H_{12}，其分子量为 84g/mol，密度为 $0.7785g/cm^3$，摩尔体积为（84g/mol）/（$0.7785g/cm^3$）$\approx 108cm^3/mol$。则 $0.90cm^3$ 中有 0.0083mol 或 5.02×10^{21} 个分子（N_1）。

聚苯乙烯的密度为 $1.06g/cm^3$，分子量为 10000g/mol 时的摩尔体积为 $9.43\times10^3cm^3/mol$，则 $0.10cm^3$ 中有 1.06×10^{-5}mol 或 6.38×10^{19} 个聚苯乙烯分子(N_2)。由表 3.3 查得 $\chi_1=0.50$。这样就可以计算单位体积($1cm^3$)的混合自由能了。

$$\Delta G_M = 1.38\times10^{-23}J/K\times307K\times(5.02\times10^{21}\ln0.90+6.38\times10^{19}\ln0.10+0.50\times5.02\times10^{21}\times0.10)$$
$$=-1.24J$$

ΔG_M 的值是一个小的负值，源于混合熵的贡献。

3.2.3　*Θ* 溶液

从方程（3.23）可以导出许多有用的公式。对该方程求偏导就得到偏微分摩尔混合自由能，即溶液中溶剂的化学位：

$$\Delta\mu_1 = \overline{\Delta G_1} = RT[\ln(1-\phi_2)+(1-1/x)\phi_2+\chi_1\phi_2^2] \tag{3.25}$$

当 $\phi_2\ll1$ 时，

$$\Delta\mu_1 = RT\left[-\frac{1}{x}\phi_2+\left(\chi_1-\frac{1}{2}\right)\phi_2^2\right] \tag{3.26}$$

与理想溶液中溶剂的化学位相比，过量化学位：

$$\Delta\mu_1^E = RT\left(\chi_1-\frac{1}{2}\right)\phi_2^2 \tag{3.27}$$

混合过程相互作用能的变化应该包含热效应和熵效应的综合贡献，故引入两个参数 κ_1（热参数）和 ψ_1（熵参数），则可以把过量化学位写成以下形式：

$$\Delta\mu_1^E = RT(\kappa_1 - \psi_1)\phi_2^2 \tag{3.28}$$

引入一个新的参数温度 Θ

$$\Theta = \frac{\kappa_1}{\psi_1}T \tag{3.29}$$

式（3.28）变为

$$\Delta\mu_1^E = RT\left(1 - \frac{\Theta}{T}\right)\phi_2^2 \tag{3.30}$$

当 $T=\Theta$ 时，过量化学位 $\Delta\mu_1^E = 0$，此时的聚合物溶液的热力学行为类似于理想溶液，称为 Θ 溶液。由式（3.27）可知，此时 $\chi_1 = 0.5$，所以 Θ 温度就是当 $\chi_1 = 1/2$ 时的温度。

Θ 溶液是一个非常重要的概念，Θ 溶液的过量化学位等于零，此时的聚合物溶液处于 Θ 状态，此时的外界条件称为 Θ 条件，所用的溶剂称为 Θ 溶剂（见表3.4），所处的温度称为 Θ 温度。

表3.4　聚合物及其 Θ 溶剂

聚合物	溶剂	温度/℃
顺式聚丁二烯	正庚烷	−1
聚乙烯	联苯	125
聚正丁基丙烯酸盐	苯/甲醇 52/48	25
聚苯乙烯	环己烷	34
聚氧化四亚甲基	氯苯	25
三己酸酯纤维素	二甲基甲酰胺	41

聚合物链在 Θ 溶液中处于无扰状态，或者说，将一根聚合物链放在 Θ 溶剂中与其在本体中的环境是一样的，既不扩张，也不收缩。在良溶剂中，聚合物链是扩张的，其尺寸大于无扰尺寸。反之，在不良溶剂中，聚合物链是收缩的，其尺寸小于无扰尺寸。

要注意的是，Θ 溶液并不是真正的理想溶液。对于理想溶液，$\Delta H = 0$。而对于聚合物溶液，当 $T = \Theta$ 时，ΔH 不一定等于0，但 $\kappa_1 = \psi_1$，也就是说，此时热效应与熵效应正好抵消。

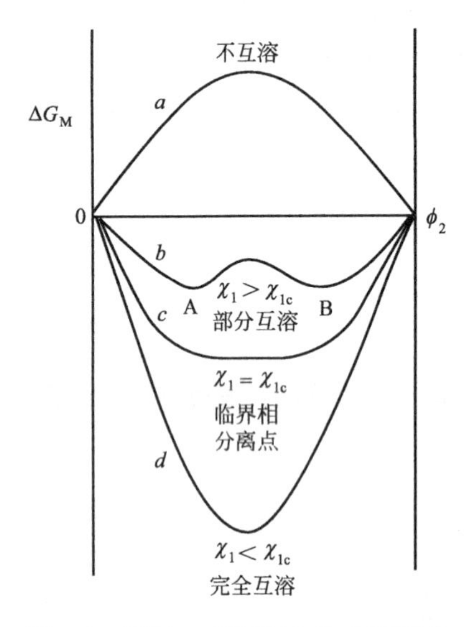

图3.5　不同 χ_1 值下聚合物-溶剂混合自由能与组成的关系

3.2.4　聚合物-溶剂的相分离和分级

3.2.4.1　聚合物-溶剂的相分离

聚合物-溶剂相分离过程是聚合物溶解过程的逆过程。显然，当 $\Delta G_M > 0$ 时，聚合物在溶剂中不能溶解，或者说，如果把聚合物与溶剂强制地混合在一起，它们将产生相分离。反之，当 $\Delta G_M < 0$ 时，聚合物能溶解在溶剂中。那么，此时是否一定不产生相分离呢？

利用式（3.23）可以计算不同 χ_1 值下聚合物-溶剂混合自由能与组成的关系，见图3.5。可以发现，在 χ_1 值的某个区间（如曲线 b），尽管 $\Delta G_M < 0$，但仍有可能产生相分离：起始组成 ϕ_2 落在 ϕ_{2A} 与 ϕ_{2B} 之间时，将分为 ϕ_{2A} 和 ϕ_{2B} 两相，从而使体系的总自由能进一步降低。要注意的是，此时不是分为纯聚合物和纯溶剂，而是分为浓度较小的A相和浓度较大的B相。

3.2.4.2　聚合物-溶剂相分离的临界条件

根据热力学原理，两相平衡的条件是各组分在各相中的偏摩尔自由能相等。这一条件要求式（3.23）中 ΔG_M 对 ϕ_2 的二阶和三阶倒数均等于零。由此可以得到发生相分离的临界浓度。

发生相分离的临界浓度等于：

$$\phi_{2c}=\frac{1}{1+x^{1/2}} \tag{3.31}$$

x 很大时，方程右边近似等于 $x^{-1/2}$。若 $x=10^4$，则 $\phi_{2c}\approx 0.01$。

利用这一原理，也可以由式（3.23）推导出发生相分离的临界温度以及临界 Huggins 参数。发生相分离的临界聚合物-溶剂的 Huggins 参数 χ_1 的表达式为：

$$\chi_{1c}=\frac{(1+x^{1/2})^2}{2x}\approx\frac{1}{2}+\frac{1}{x^{1/2}} \tag{3.32}$$

这进一步说明当 x 趋于无穷大时，χ_{1c} 接近于 1/2。

发生相分离的临界温度的表达式为：

$$\frac{1}{T_c}=\frac{1}{\Theta}\left[1+\frac{1}{\psi_1}\left(\frac{1}{x^{1/2}}+\frac{1}{2x}\right)\right] \tag{3.33}$$

这样，以 $\frac{1}{T_c}$ 对 $\frac{1}{x^{1/2}}+\frac{1}{2x}$ 作图，可以得到 $x=\infty$ 时的 Θ 温度。

3.2.4.3　沉淀分级原理

由式（3.33）可知，发生相分离的临界温度与聚合物的分子量有关，分子量越大，临界温度越高。图 3.6 所示是不同级分聚苯乙烯-环己烷体系的相图，该体系的 Θ 温度是 34.5℃。若体系中有不同分子量的分子(实际情况就是如此)，则当达到聚合物分子量级分的相分离温度时，该级分将首先析出，而低分子量级分还留在溶液中。当温度从高到低逐渐降低时，总有一部分分子量区间的分子析出，这样，就可以把宽分子量分布的聚合物样品分级为不同平均分子量的窄分布的聚合物样品。这就是沉淀分级原理。

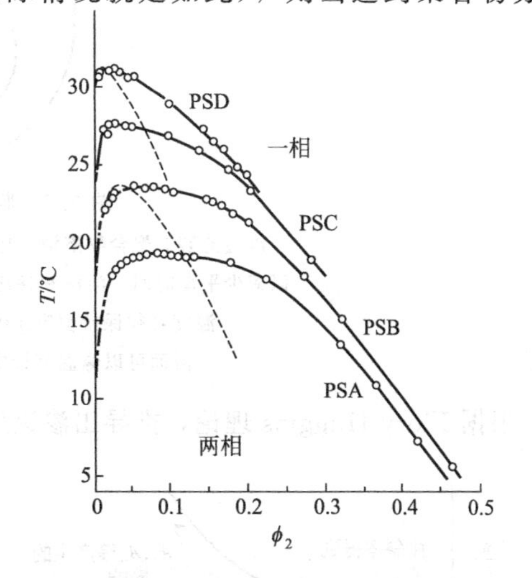

图 3.6　不同级分聚苯乙烯在环己烷中的相图
圆圈和实线是实验值，
虚线为其中两个级分的理论值。
各级分的黏均分子量（g/mol）为：
PSA 43600；PSB 89000；
PSC 250000；PSD 1270000

3.3　聚合物分子量的测定

分子尺寸和形状是聚合物科学和工程的核心问题。如果知道分子量、分子量分布以及链构象，就可以预测聚合物的许多物理性能和流变性质。由于聚合物链在稀溶液中彼此独立，这样就可以根据溶液定律测定聚合物的分子量。因此，大多数测定聚合物的分子量和尺寸的方法(小角中子散射除外)都是在适当溶剂中溶解聚合物并测量其稀溶液的性质。

3.3.1　渗透压法

数均分子量 $\overline{M}_n$ 涉及每一种相同分子量的分子数目的计算，N_iM_i 对 i 求和，再除以分子总数，见方程（1.3）。这是大多数人想到的简单平均值。绝大多数测定 $\overline{M}_n$ 方法是利用溶液的依数性建立起来的。依数性取决于溶液中的分子数，与化学组成无关。依数性包括沸点升高、冰点降低、蒸气压下降和渗透压。理论上，这些方法都可以测定聚合物的数均分子量，但由于聚合物的分子量极大，与小分子相比，相同浓度溶液中的分子数要少得多，因此沸点升高、冰点降低、蒸气压下降值太小，所以这些方法用于聚合物的分子量测定的误差都太大。只有膜渗透压法还有一定的实用价值。

典型的静态膜渗透计设计如图 3.7 所示，其中的半透膜只允许溶剂分子通过，不允许溶质分子(聚合物)通过。因为纯溶剂和溶液中的溶剂的化学位不相等，所以聚合物溶液表现出渗透压。由于化学位不等，溶剂透过膜从纯溶剂一侧向溶液一侧流动，当溶液一侧积累了足够的压力，以致膜两侧有相同的活动性时，恢复了平衡。

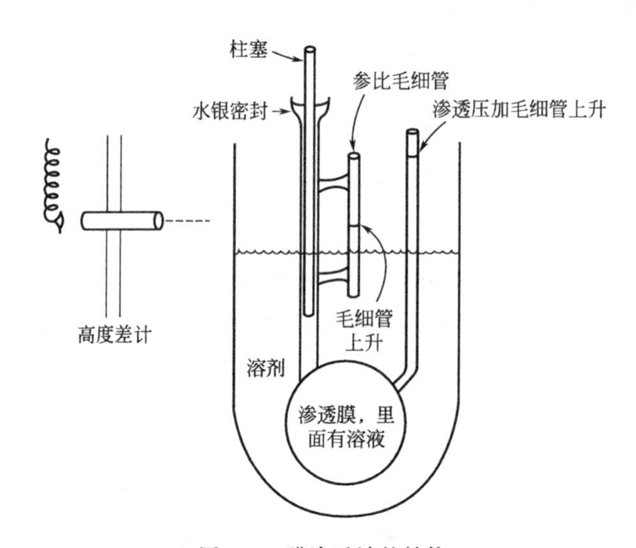

图 3.7　膜渗透计的结构

渗透池装有聚合物溶液，用柱塞将压力预设至接近期望值，以减少平衡时间。溶液和参比毛细管的高度差通过高差计读出，温度必须保持恒定±0.01℃，否则毛细管中溶液液面可以像温度计中的液体一样上升和下降

根据 Flory-Huggins 理论，推导出渗透压与分子量和浓度的关系为：

$$\frac{\pi}{c} = RT\left(\frac{1}{M_n} + A_2c + A_3c^2 + \cdots\right) \tag{3.34}$$

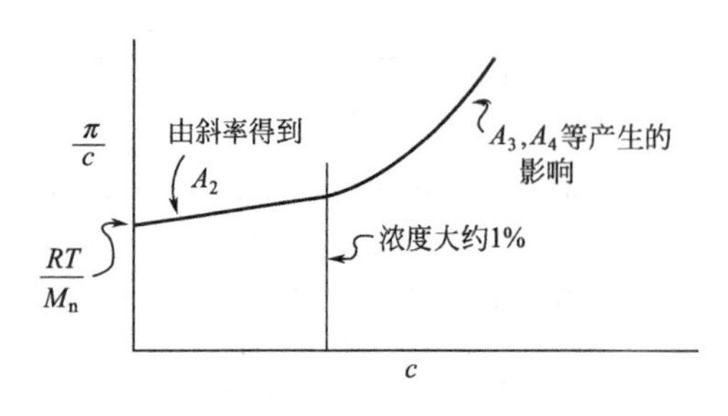

图 3.8　渗透压与浓度关系示意图

式中，A_2、A_3 等等称为 Virial 系数，它们反映了聚合物溶液与理想溶液的偏离。图 3.8 所示是一条典型的渗透压与浓度关系曲线。

浓度很低时，可以略去式（3.34）的高

次项，得

$$\frac{\pi}{c}=RT\left(\frac{1}{\overline{M_n}}+A_2c\right) \tag{3.35}$$

以 π/c 对 c 作图得到一条直线，从直线的截距可得数均分子量 $\overline{M_n}$，从直线的斜率可得第二 Virial 系数 A_2。

$$A_2=\left(\frac{1}{2}-\chi_1\right)\frac{1}{\overline{V}_1\rho_2^2} \tag{3.36}$$

式中，$\overline{V}_1$ 为溶剂的偏摩尔体积(由于溶液很稀，通常可以把溶剂的摩尔体积当作偏摩尔体积)；ρ_2 为聚合物的密度。A_2 是聚合物链段与链段之间和聚合物链段与溶剂之间相互作用的一种量度，它与聚合物在溶液中的形态密切相关。在良溶剂中，聚合物链由于溶剂化作用而扩张，A_2 是正值，$\chi_1<1/2$。随着温度的降低或不良溶剂的加入，χ_1 值逐渐增大，当 $\chi_1>1/2$ 时，A_2 是负值，聚合物链紧缩。当 $\chi_1=1/2$ 时，$A_2=0$，此时

$$\frac{\pi}{c}=RT\left(\frac{1}{\overline{M_n}}\right) \tag{3.37}$$

即该溶液符合理想溶液的性质，此时的溶剂称为 Θ 溶剂，此时的温度称为 Θ 温度。

必须强调，膜渗透压法是测定分子量的绝对方法，即分子量的确定不需要经过预先标定。

专栏 3.1 端基分析法测定聚合物的分子量

许多聚合物在分子的一端或两端留下一个特殊的基团，如羟基和羧基。它们可用化学滴定法、红外光谱法或核磁共振法进行分析。

例如，用醇酸缩聚法制得的聚酯，每个分子中有一个可分析的羧基，现滴定 1.5g 聚酯用去 0.1mol/L 的 NaOH 溶液 0.75mL，则

聚酯的物质的量 $=0.75\times10^{-3}\text{L}\times0.1\text{mol/L}=7.5\times10^{-5}\text{mol}$

数均分子量 $\overline{M}_n=\dfrac{1.5\text{g}}{7.5\times10^{-5}\text{mol}}=2\times10^4\text{g/mol}$

对于分子量超过 25000 的聚合物，端基浓度太低，端基分析法灵敏度不高。

3.3.2 光散射法

光散射法是测定重均分子量及分子尺寸的基本方法。当一束光通过介质时能观察到光散射现象。一般，聚合物溶液的散射光强度大于纯溶剂的散射光强度，且散射光强度及其对溶液浓度和散射角的依赖性与聚合物的分子量、分子尺寸、分子形态有关。光散射法就是根据这一原理来测定聚合物的分子量和分子尺寸的。

对于分子量不是很大的聚合物(小于 10^5g/mol)，分子尺寸小于波长的 1/20。假如有一束自然光射入聚合物的稀溶液中，散射光强与溶液浓度及散射角的关系为

$$R_\theta=Kc\frac{\dfrac{1+\cos^2\theta}{2}}{\dfrac{1}{M}+2A_2c} \tag{3.38}$$

式中，

$$K=\frac{4\pi^2}{\tilde{N}\lambda^4}n^2\left(\frac{\partial n}{\partial c}\right)^2 \tag{3.39}$$

式中，$\widetilde{N}$ 为 Avogadro 常数；λ 为入射光在真空中的波长；n 为折射率；c 为溶液浓度。当溶质、溶剂、光源、温度确定后，K 是一个与溶液浓度、散射角以及溶质分子量无关的常数，可以预先测定。

式（3.38）中，R_θ 为 Rayleigh 比

$$R_\theta = \frac{r^2 I}{I_0} \tag{3.40}$$

式中，I_0为入射光强度；I 为散射光强度；r 为观测距离。

当散射角等于 90°时，受杂散光的干扰最小。故通常是测定散射角为 90°时的 Rayleigh 比 R_{90} 来计算聚合物的分子量，式（3.38）简化为

$$\frac{Kc}{2R_{90}} = \frac{1}{M} + 2A_2 c \tag{3.41}$$

测定一系列浓度溶液的 R_{90} ，以 $Kc/2R_{90}$ 对 c 作图可得一条直线，由该直线的截距求得分子量 M，由直线的斜率求得第二 Virial 系数 A_2。

对于分子量较大的聚合物($10^5 \sim 10^7$ g/mol)，分子尺寸大于波长的 1/20。散射光将产生内干涉，即分子中某一部分发出的散射光与从同一分子中另一部分发出的散射光相互干涉。由同一聚合物的两个散射点发出的散射光之间存在光程差，从而使两束光之间产生相位差。因此，两束光波的叠加波幅比没有相位差时的要小，使总的散射光强衰减，衰减的程度随两束散射光的光程差的增加而增加。而光程差又与散射角有关。于是，在式（3.38）中引入不对称散射函数 $P(\theta)$

$$\frac{1+\cos^2\theta}{2} \times \frac{Kc}{R_\theta} = \frac{1}{MP(\theta)} + 2A_2 c \tag{3.42}$$

式中，

$$P(\theta) = 1 - \frac{16\pi^2}{3(\lambda')^2}\overline{R_g^2}\sin^2\frac{\theta}{2} \tag{3.43}$$

其中，$\lambda' = \lambda/n$ 为入射光在溶液中的波长；$\overline{R_g^2}$ 为聚合物链的均方旋转半径。由此可见，光散射法不仅能测定聚合物的分子量和第二 Virial 系数，还能测定聚合物的均方旋转半径。

可以证明，光散射法测得的是聚合物的重均分子量，它也是测定分子量的绝对方法，适用的分子量范围为 $10^4 \sim 10^7$ g/mol。

3.3.3　黏度法

黏度法是测定聚合物分子量的最常用的方法之一。聚合物溶液的黏度远大于溶剂的黏度，溶液的黏度一方面与聚合物的分子量有关，另一方面也取决于聚合物分子的结构、形态以及在溶剂中的扩张程度。因此，黏度法不仅可用于聚合物的分子量测定，而且与其他方法配合，还能研究聚合物链在溶液中的形态、支化程度、聚合物-溶剂相互作用等。因此，黏度法在生产和科研中应用极广。

有多个参数描述聚合物溶液黏度相对于溶剂黏度的变化，常用的 5 种黏度介绍如下。

（1）相对黏度 η_r

定义为溶液黏度 η 与溶剂黏度 η_0之比，

$$\eta_r = \frac{\eta}{\eta_0} \tag{3.44}$$

（2）增比黏度 η_{sp}

定义为溶液黏度相对于溶剂黏度的增量 $\eta-\eta_0$ 与溶剂黏度 η_0 之比，

$$\eta_{sp}=\frac{\eta-\eta_0}{\eta_0}=\eta_r-1 \tag{3.45}$$

（3）比浓黏度 η_{sp}/c

定义为增比黏度与浓度之比，

$$\frac{\eta_{sp}}{c}=\frac{\eta_r-1}{c} \tag{3.46}$$

（4）比浓对数黏度 $\ln\eta_r/c$

定义为相对黏度的自然对数与浓度之比，

$$\frac{\ln\eta_r}{c}=\frac{\ln(\eta_{sp}+1)}{c} \tag{3.47}$$

（5）特性黏数 $[\eta]$（intrinsic viscosity）

定义为溶液无限稀释时的比浓黏度或比浓对数黏度，

$$[\eta]=\lim_{c\to 0}\frac{\eta_{sp}}{c}=\lim_{c\to 0}\frac{\ln\eta_r}{c} \tag{3.48}$$

特性黏数与溶液浓度无关，其量纲是浓度的倒数，表示单位质量聚合物在溶液中所占的流体力学体积的相对大小。大量实验证明，在恒定温度下，特性黏数与聚合物的分子量之间的关系符合 Mark-Houwink 方程，

$$[\eta]=KM^a \tag{3.49}$$

在聚合物—溶剂体系和温度确定后，在一定的分子量范围内，K、a 为常数。前人已经对许多聚合物溶液体系的 K、a 值进行了标定并收入手册，需要时可以随时查阅。

a 值与聚合物链在溶液中的形态密切相关：柔性聚合物链在良溶剂中因溶剂化而扩张，a 值接近于 0.8；当溶剂变劣，溶剂化程度变低，a 值减小；在 Θ 溶剂中，$a=0.5$ 。对于刚性聚合物链，a 值一般为 1.8～2.0。支化使聚合物链的流体力学体积比相同分子量的线形聚合物链的要小，a 值也小。

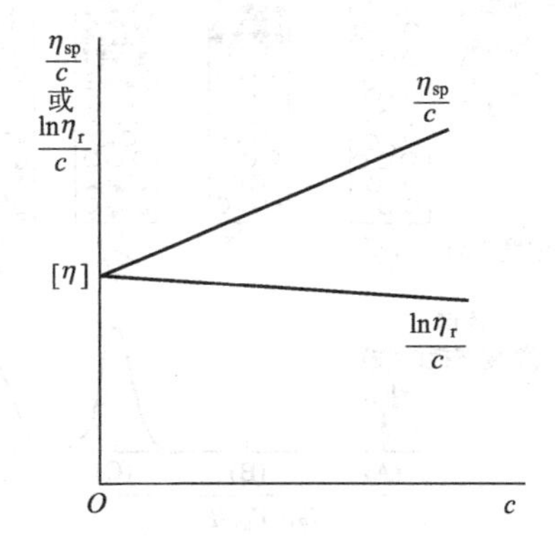

图 3.9　η_{sp}/c 和 $\ln\eta_r/c$ 对 c 的曲线图，并外推至零浓度得到$[\eta]$

为了合理地确定溶液黏度与浓度的依赖关系，以便准确地外推出特性黏数，前人推导出许多经验方程，常用的有 Huggins 方程和 Kraemer 方程

$$\frac{\eta_{sp}}{c}=[\eta]+k[\eta]^2c \tag{3.50}$$

$$\frac{\ln\eta_r}{c}=[\eta]-\beta[\eta]^2c \tag{3.51}$$

只要在几个浓度下测定聚合物溶液的相对黏度和增比黏度，按照 Huggins 方程和 Kraemer 方程作图（见图 3.9），并将直线外推至 $c\to 0$ 即可求得 $[\eta]$ 。再根据 Mark-Houwink 方程就可以算出聚合物的分子量。

对于线形柔性聚合物-良溶剂体系，$k=0.3\sim0.4$，$k+\beta=0.5$。由式（3.50）和式（3.51）可以导出

$$[\eta]=\frac{\sqrt{2(\eta_{sp}-\ln\eta_r)}}{c} \tag{3.52}$$

由此，只需测定一个浓度下的溶液黏度就可以求得聚合物的特性黏数，这种方法称为一点法。该法所测得的特性黏数虽不如外推法精确，但特别简便，故在工业界经常采用。

黏度法所测定的分子量称为黏均分子量，由于 Mark-Houwink 方程中的两个参数 K、a 需要标定，所以它是一种相对方法。

3.3.4 体积排除色谱法

体积排除色谱(size exclusion chromatography，SEC)又称凝胶渗透色谱(GPC)，是应用体积排除原理将不同尺寸的聚合物分离开的方法，配合相应的检测系统，即可得到试样的各种平均分子量和分子量分布。

体积排除色谱仪的流程图见图 3.10。通常色谱柱填料是经过设计的具有不同孔径的聚合物凝胶珠。目前大多数色谱柱使用的填料是交联聚苯乙烯，高度交联的聚苯乙烯粒子相当硬，在溶剂中不发生膨胀，其内部的孔洞尺寸可以根据需要在制备时加以控制。当不同尺寸的聚合物进入色谱柱以后，以一定速度流动的流动相在不停地冲洗色谱柱的同时，带动聚合物在色谱柱内移动。当聚合物与凝胶珠填料接触时，尺寸大的聚合物不能进入凝胶珠填料的孔洞，在流动相的冲洗下先流出色谱柱。而尺寸较小的聚合物可以进入凝胶填料珠的孔洞，好像暂时被填料保留住了一样(如图 3.11 所示)，最后由于流动相不停地冲洗，小尺寸的聚合物也会流出色谱柱，但是流出的时间较尺寸大的聚合物长了很多。

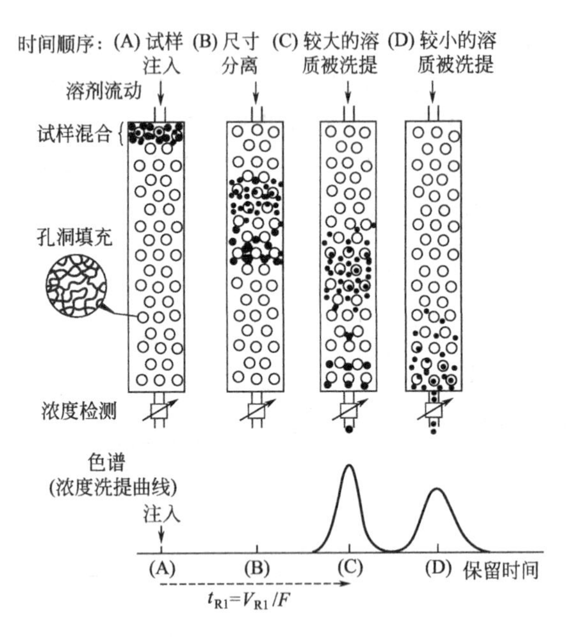

图 3.10 SEC 示意图

样品在溶剂的带动下，流入多孔色谱柱，较大的分子较快通过，而较小的分子较慢通过

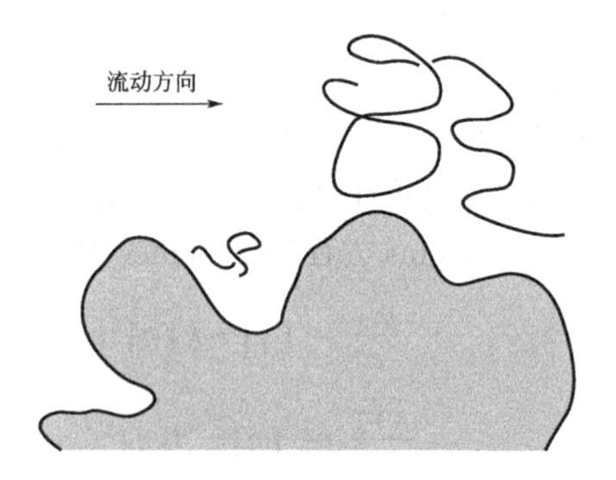

图 3.11 体积排除效应，尺寸较小的聚合物能进入空洞，而尺寸较大的聚合物直接从旁边经过

溶液通过色谱柱后进入检测器，检测器监控溶剂中溶质分子的浓度，最常用的检测器包括微分折射仪和紫外线或可见光吸收仪。图 3.10 下方给出的是双峰分布的聚合物的色谱图，其横坐标为淋出时间(或淋出体积)，由淋出时间(或淋出体积)可以通过标定确定分子量；其纵坐标为色谱高度，它正比于浓度。因此，一次 SEC 实验就测定了整个试样的分子量分布。

图 3.12 所示为一个聚苯乙烯样品的测定结果，对数据进行分析(见表 3.5)，可以得到

各种不同的平均分子量以及多分散指数。

$$\overline{M}_n=\frac{\sum H}{\sum H/M}=\frac{662}{0.05062}=13000$$

$$\overline{M}_w=\frac{\sum HM}{\sum H}=\frac{24288705}{662}=36600$$

$$d=\frac{\overline{M}_w}{\overline{M}_n}=\frac{36600}{13000}=2.8$$

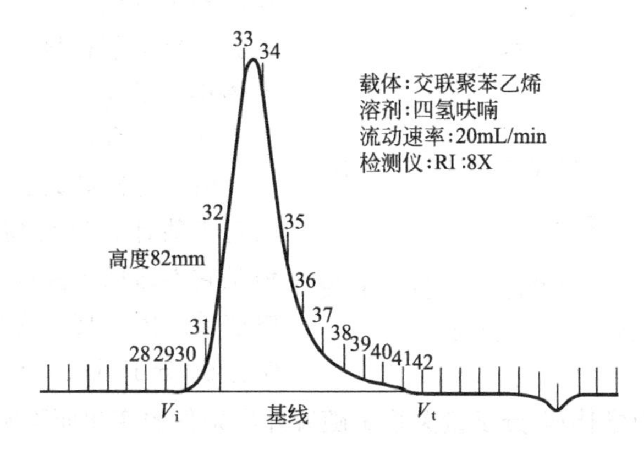

图 3.12 一种聚苯乙烯样品的 SEC 色谱图
(最大的分子对应最小的淋出体积)

表 3.5 SEC 法计算平均分子量

淋出体积 V_e(counts)	分子量 M/(g/mol)	高度 H/mm	(H/M)/(mm·mol/g)	HM/(mm·g/mol)
30	340×10^3	1.0	0.0000029	340000
31	162×10^3	17	0.000105	2754000
32	77×10^3	82	0.001065	6314000
33	35×10^3	194	0.005543	6790000
34	19×10^3	180	0.009474	3420000
35	12×10^3	90	0.007500	1080000
36	7.8×10^3	41	0.005256	319800
37	5.2×10^3	26	0.005000	135200
38	3.6×10^3	13.5	0.003750	48600
39	2.0×10^3	8.5	0.004250	17000
40	1.3×10^3	6	0.004615	7800
41	820	2.5	0.003049	2050
42	510	0.5	0.000980	255
Σ		662	0.050616	24288705

为了得到淋出体积与分子量的关系，必须首先对色谱柱进行标定。通常采用以阴离子聚合方法合成的单分散性聚苯乙烯($\overline{M}_w/\overline{M}_n\approx1.05$)为基准，其分子量用光散射法或渗透压法标定。取一组分子量不同的单分散聚苯乙烯标样，分别测定其淋洗谱图，得到各标样的淋出体积，以各标样的分子量(通常取其对数)对淋出体积作图，即得标定曲线。

但是，由于不同聚合物有不同的流体力学体积-分子量关系，聚苯乙烯的标定曲线对其他聚合物往往是不合适的，只能作为参考。而要制备窄分布的而且被仔细表征的其他聚合物标样并非易事。因此人们试图寻找一种普适标定方法。考虑到聚合物进出凝胶粒子运动严格受控于其尺寸和布朗运动，淋出体积 V_e 应该与聚合物的流体力学体积 V_h 直接相关。根据

Einstein 黏度方程，

$$[\eta]=2.5\widetilde{N}\frac{V_h}{M} \tag{3.53}$$

由式（3.53）可知，流体力学体积正比于 $[\eta]M$ 。因此，$[\eta]M$ 可以作为普适标定参数。图 3.13 所示是聚乙酸乙烯酯和聚苯乙烯的普适标定曲线，注意到这两组数据均落在同一条直线上。事实上，大量聚合物的实验结果都落在该直线上，所以，由聚苯乙烯得到的 $[\eta]M$ - V_e 标定曲线适用于其他不同的聚合物。

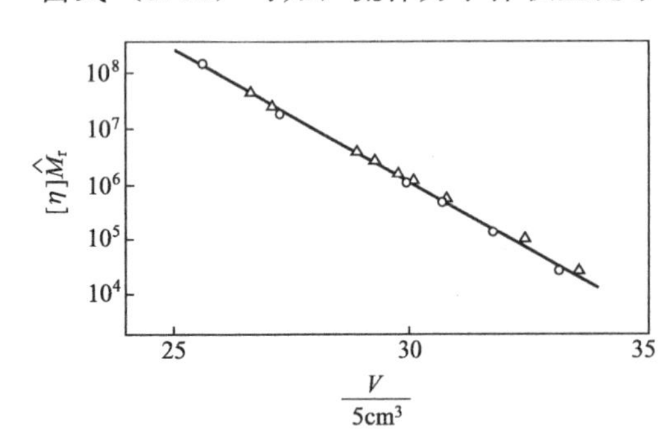

图 3.13 聚苯乙烯和聚乙酸乙烯酯的普适标定曲线（注意，两组数据落在同一直线上）

由于特性黏数容易得到，普适标定方法对于估计新聚合物的分子量特别有用。但是它不适用于高度支化的物质或聚合物电解质，因为高度支化的聚合物的流体力学体积-分子量关系与线形聚合物不同，而聚合物电解质的流体力学体积-分子量关系是随着外界条件的变化而不断变化的。

除了测定分子量和分子量分布外，SEC 还广泛用于测定嵌段和接枝共聚物形态、支化、降解以及杂质的检测。

3.4 聚合物浓溶液

3.4.1 聚合物浓溶液的特点

一般将浓度大于 5%的聚合物溶液称为浓溶液。纺丝液、涂料和黏合剂等是浓溶液，增塑的聚合物也可以看成是一种浓溶液。聚合物溶液失去流动性就成了凝胶和冻胶，前者是通过化学键交联的聚合物的溶胀体；后者是通过范德华力交联形成的，加热仍可熔融或溶解。

在稀溶液中每一个聚合物线团在溶剂中成为孤立的个体，可以忽略线团与线团间的相互作用。它的物理性质主要反映孤立聚合物链的结构。当溶液浓度逐渐增大时，溶液中两个线团开始接触而紧靠在一起，线团间的相互作用显得重要起来。现有的实验事实说明由于聚合物链段间和链段与溶剂分子间的相互作用，聚合物-良溶剂溶液中聚合物线团尺寸随溶液浓度的增大而缩小，溶液浓度更大时聚合物线团将相互穿透，其堆砌密度随溶液浓度的增大而增大，最后达到非晶高聚物本体的结构形态，即相互穿透的无规线团(与 Θ 溶剂中的线团尺寸相同)的密集堆砌。

聚合物浓溶液的热力学性质基本上与非晶高聚物本体相似，只是聚合物链段更容易运动。在制备聚合物浓溶液时，由于体系的黏度大，松弛时间长，这种高聚物-溶剂二元体系很难达到热力学平衡态，往往制得的浓溶液是亚稳态。相同浓度的两个溶液由于制备方法或步骤不同，热历史和受力历史不同，体系的分散程度、结构形态都可能有一定程度的差异，因此在宏观的物理性质上可以表现一定程度的差异，使浓溶液的理论研究变得很困难。

聚合物浓溶液不同于稀溶液的一个特点是黏度的不稳定性。将聚合物浓溶液静置或冷却，有时溶液会分成两相；但有时并不明显地分成两相，而是由于分子缔合而形成网络结构，使其黏度逐渐增大。

聚合物浓溶液的黏度还与溶液的制备历史相关。取相同的聚合物与溶剂分别采用不同的方法配成相同浓度的浓溶液，其黏度可以有很大不同。一种方法是先配成稀溶液，再浓缩到某一浓度；另一种方法是先配成较大的浓度，再稀释到同一浓度。前者的黏度比后者要小得多。研究表明，在稀溶液中聚合物链是孤立的，由于分子内链段间的次价力使聚合物蜷曲成球状，浓缩时不易产生分子间的网络结构，因而黏度较小，若用这种溶液纺丝或流延成型，由于分子间作用力小，很难成型或成型后制品强度不高；反之，将聚合物直接溶解在溶剂中得到的浓溶液中，聚合物链比较伸展，分子间相互缠结形成网络结构，所以黏度较大。

聚合物稀溶液除可用来测定分子量和分子的结构参数外，其他的实际应用很少。而聚合物浓溶液有实际应用价值，例如溶液成膜、溶液纺丝、塑料增塑等。

3.4.2 增塑聚合物

为了改善某些聚合物的加工或使用性能，常常在聚合物中加入一些高沸点、低挥发性的小分子物质。例如：古时候用“油”溶于沥青来制造防水材料，用于防水、填补船缝等，皮革中用鲸油使之柔软等等。

能和树脂均匀混合，混合时不发生化学变化，但能降低树脂的玻璃化温度和塑料成型加工时的熔体黏度，且本身保持不变；或虽起化学变化但能长期保留在塑料制品中并能改变树脂的某些物理性质，具有这些性能的液体或低熔点的固体，均称为增塑剂。增塑剂是现代塑料工业最大的助剂品种，对促进塑料工业特别是聚氯乙烯工业的发展起着决定性作用。

(1) 增塑剂的作用

增塑剂在树脂中的增塑过程可以看作是树脂和增塑剂低分子化合物相互“溶解”的过程，但增塑剂与一般溶剂不同，溶剂在加工过程中会挥发出去，而增塑剂则要求长期留在聚合物中，且不与树脂起化学反应，与树脂形成一种固体。增塑剂加入后，能增加树脂的柔软性、曲挠性、耐寒性和伸长率，降低树脂的硬度、模量、玻璃化温度、熔点、软化温度或流动温度，使树脂的熔体黏度变小，流动性增加，从而改善了其加工性能。

(2) 增塑剂的增塑机理

一般认为有以下两种增塑机理

①当增塑剂与树脂一起熔融时，增塑剂的小分子便会插入到聚合物分子链之间，削弱了聚合物分子链间的引力，增大了它们之间的距离，结果增加了聚合物分子链的移动可能，降低了聚合物分子链间的缠结，使树脂在较低的温度下就可发生玻璃化转变，从而使塑料的塑性增加。由此可见，聚合物分子链之间的引力和缠结是对抗塑化作用的一大原因。

②聚合物的分子结构也影响聚合物分子链间的引力，特别是聚合物分子链上各基团的性质。具有强极性基团的分子链间作用力大，具有非极性基团的分子链间作用力小，为了使具有强极性基团的聚合物易于成型，可以加入增塑剂，增塑剂的极性基团会与聚合物的极性基团相互作用，从而削弱了聚合物间的引力，也就达到了增塑的目的。

由上述可见，增塑剂之所以起到增塑作用，其关键是使聚合物间的作用力减弱。另外，因为增塑剂一般为小分子物质，在聚合物的分子链间易于移动，也相对于聚合物链的运动起了润滑作用。

(3) 增塑剂的选择

一种理想的增塑剂应具有如下性能：①与树脂有良好的相容性；②塑化效率高；③低温柔性良好；④挥发性低，迁移性小；⑤对热、光稳定；⑥耐水、油和有机溶剂的抽出；⑦无色、无味、无毒；⑧价廉。

专栏 3.2 评价增塑剂与树脂相容性的简单方法

就增塑剂本身的性能考虑，相容性对增塑剂最为重要，它是选择增塑剂时必须首先考虑的基本因素。增塑剂与树脂的相容性好，则增塑效率高，增塑剂不离析、不渗出，制品的柔韧性好，使用寿命长。

根据一般规律，极性越相近越容易互溶。因此，增塑剂的溶解度参数与树脂的溶解度参数越接近，两者相容性越好。在生产实践中，增塑剂在聚合物中的相容性好坏主要根据配合试验和经验来判断。

一种方法是将增塑剂、树脂和适当的溶剂按一定比例混合，调制成均匀的溶液缓慢流延成薄膜，观察它的透明状况来判断。薄膜均质透明表示相容性好，模糊意味着相容性差。

另一个方法是将增塑剂与PVC树脂按一定比例混合均匀，加热使其塑化后冷却至室温，观察其表面有无渗出物。无增塑剂渗出说明相容性好；有渗出，则渗出增塑剂越多说明相容性越差。

橡胶加工过程中也常用到增塑剂(在橡胶工业中常称为塑解剂)，它的加入可以降低混炼胶的黏度，增大腔料的塑性，而且能够提高炭黑和其他配合剂的分散性，改善硫化胶的物理性能。不饱和或饱和脂肪酸、脂肪酸酯或其锌皂是目前应用最为广泛的塑解剂。这类塑解剂主要作为弹性体和填料网络中的内润滑剂。因此，在混炼时只需较小剪切力或在较低温度下便可使胶料产生更大的流动性，以达到高效增塑作用，可以降低能量输入和避免烧焦。

3.4.3 涂料

胶黏剂与涂料是聚合物材料的两个重要应用领域，有时将它们与塑料、橡胶、纤维并称为五大合成材料。胶黏剂与涂料分别有很多不同种类，其中最典型的品种就是聚合物浓溶液。其使用过程通常是使聚合物浓溶液失去溶剂而形成膜状物，这与聚合物的溶解过程正好相反。

涂料是一种涂覆在物体上面，干燥后形成一层能美化和保护该物体的固体漆膜的一种化学物质。早期的涂料都是以油为溶剂的，俗称油漆。

涂料按构成涂膜主要成膜物质的化学成分，可分为溶剂型涂料和乳胶涂料两种类型。

溶剂型涂料(油漆)是把某种聚合物溶解于适当的有机溶剂中，并根据需要混入颜料及其他助剂而制成。形成的涂膜细腻、光洁而坚韧，有较好的硬度、光泽和耐久性。但主要缺点是易燃，溶剂挥发对人体有害，施工时要求基层干燥，涂膜透气性差，而且价格较贵。

乳胶涂料(即乳胶漆)以水为分散剂，由于绝大多数树脂(成膜物质)不溶于水，所以做成乳液分散在水中。乳胶涂料价格便宜、无毒、不燃、施工方便。

涂料在使用前有非常好的流动性，涂刷时能在表面覆盖上薄薄的一层，溶剂挥发后形成坚固而均匀的薄膜。

溶剂是传统使用的涂料中必不可少的组分，由于是在涂料施工和成膜过程中逐渐挥发掉的成分，所以又称为挥发性组分。溶剂在涂料中的作用主要有两个：一是在制备涂料时溶解成膜物质，配成溶剂型涂料；二是在施工过程中稀释涂料，用来改善涂料的可涂布性和改善涂膜的性能。起前一种作用的溶剂称为真溶剂，起后一种作用的溶剂称为稀释剂(稀料)。

3.4.4 胶黏剂

胶黏剂是通过黏合作用，能使被粘物结合在一起的物质。在两个被粘物面之间胶黏剂只占很薄的一层体积，但使用胶黏剂完成胶接施工之后，所得胶接件在机械性能和物理化学性能方面，能满足实际需要的各项要求，能有效地将物料粘接在一起。

胶黏剂种类繁多，组分各异，有不同的分类方法。其中按物理形态，可以分为以下5种类型：

①水基型　基料分散于水中形成水溶液或乳液，水挥发而固化。

②溶剂型　基料在可挥发溶剂中配成一定黏度的溶液，靠溶剂挥发而固化。

③膏状和糊状　基料在可挥发溶剂中配成高黏度的胶黏剂，用于密封和嵌缝。

④固体型　把热塑性合成树脂制成粒状或块状，加热熔融，冷却时固化。

⑤膜状　将胶黏剂涂于基材上，呈薄膜状胶带。

胶黏剂的成分主要是黏料(合成树脂和橡胶等)，此外还含有溶剂、固化剂、增塑剂、填料、增稠剂、防腐剂等。在粘接的过程中，黏料首先润湿被粘物表面，并通过化学键或范德华力使被粘物结合成整体。粘接强度取决于三个基本因素：

①胶黏剂的内聚强度；

②被粘材料的内聚强度；

③胶黏剂与被粘材料之间的黏合力。

专栏3.3　万能胶

万能胶是一种由氯丁橡胶或其他合成橡胶与改性树脂混合后的溶液。其主要原料氯丁橡胶是橡胶中的一个种类，由氯丁二烯经乳液聚合制得，在分子链中1，4-反式结构占80%以上，结构比较规整，加之链上极性氯原子的存在，故结晶性大，在−35～32℃之间皆能结晶(以0℃为最快)。这些特性使氯丁橡胶在室温下即使不硫化也具有较高的内聚度和较好的黏附性能，非常适宜作胶黏剂使用。此外，由于氯原子的存在，使氯丁橡胶具有优良的耐燃、耐臭氧和耐大气老化的特性，以及良好的耐油、耐溶剂和耐化学试剂的性能。

万能胶广泛适用于各种材质的粘接，例如橡胶、皮革、木材、布、海绵、金属、陶瓷、纸品、石材、塑胶、地毯等。因为此类胶黏剂适用范围广泛，粘接强度高，工作效率高而被人们形象地称为万能胶。其实，真正的万能胶是不存在的，只是它的应用面较广而予以其美称。

万能胶在通常情况下是以固体状态出现的，用不同的溶剂以一定的配方及工艺将其溶解转变成液体，就成了我们常见的万能胶。再涂刷到被粘物体的表面上，溶剂挥发后，由液体转变成固体达到粘接的目的。

由于苯是氯丁橡胶的良溶剂，而且具有很好的挥发性、黏度，较低的成本，长期以来作为万能胶的主要溶剂。然而苯是剧毒物质，国家颁布的GB 18583—2001强制性标准已经封杀了用于室内装饰装修的以苯为溶剂的氯丁橡胶，并对甲苯和总的挥发性有机物也做出了严格的限量。现在，市场上的环保型万能胶已经全部用低毒溶剂取代了苯或甲苯。

3.4.5 冻胶和凝胶

聚合物浓溶液静置或冷却时，由于分子缔合而形成网络结构，使其黏度逐渐增大，当冷却到某一温度时体系突然失去流动性，同时获得一定的强度和刚性，这一现象称为凝胶化。开始凝胶化的温度称为凝胶温度。凝胶化的固体有凝胶和冻胶两种。

冻胶是由范德华力交联形成的，加热破坏范德华力可使冻胶溶解。冻胶有两种：①分子内部交联的冻胶 其形成分子内的范德华交联，聚合物链为球状结构，溶液的黏度小。②分子间交联的冻胶 其形成分子间的范德华交联，聚合物链为伸展链结构，溶液的黏度大。用加热的方法可以使分子内交联的冻胶变成分子间交联的冻胶。

凝胶是聚合物链之间以化学键形成的交联结构的溶胀体，加热不能使凝胶溶解也不能熔融。交联结构的高聚物不能被溶剂溶解，但能吸收一定量的溶剂而溶胀，形成凝胶。溶胀过程伴随两种现象发生，一方面溶剂力图进入高聚物内使其体积膨胀；另一方面，由于交联高聚物体积膨胀导致网状分子链向三维空间伸展，使分子网受到应力而产生弹性收缩能，力图使分子链收缩。当两种相反的倾向互相抵消时，达到了溶胀平衡。交联高聚物在溶胀平衡时的体积与溶胀前体积之比，称为溶胀比，一般用 Q 表示。溶胀比与温度、压力、高聚物的交联度及溶质、溶剂的性质有关。

专栏 3.4 聚丙烯酰胺堵水调剖剂

我国油田普遍采用注水开发方式，在开发中后期含水上升速度加快，目前油井生产平均含水已达 80%以上，东部地区的一些老油田含水已达 90%以上。因此，堵水调剖的工作量逐年增大。

堵水就是控制水油比或控制产水，其实质是改变水在地层中的流动特性，即改变水在地层中的渗透规律。堵水作业根据施工对象的不同，分为油井(生产井)堵水和水井(注入井)调剖二类。其目的是补救油井的固井技术状况和降低水淹层的渗透率(调整流动剖面)，提高油层的采收率。

堵水剂一般是指用于生产井堵水的处理剂，调剖剂则是用于注水井调整吸水剖面的处理剂。油田中采用的堵水方法分为机械堵水和化学堵水两类，化学法堵水是化学堵水剂的化学作用对出水层造成堵塞。根据堵水剂对油层和水层的堵塞作用，化学堵水可分为非选择性堵水和选择性堵水。非选择性堵水是指堵水剂在油层中能同时封堵油层和水层的化学剂；选择性堵水是指堵剂只与水起作用，而不与油起作用，故只在水层造成塔塞而对油层影响甚微。

以聚丙烯酰胺(PAM)为代表的水溶性聚合物是目前使用最广泛和最有效的堵水材料。聚丙烯酰胺是一种高聚合物量的聚合物，分子量高达 1000 万左右，部分水解的聚丙烯酰胺分子上的酰胺基和羧基赋予其高度的吸水性，吸水后形成凝胶。这种堵水剂溶于水而不溶于油，从而起选择性堵水作用，注入地层后可以限制井内出水而不影响油气的产量。

3.5 聚合物共混物

聚合物共混物(polymer blend)是表观均匀的含有两种或两种以上聚合物的混合物。通过共混可以提高聚合物材料的物理力学性能、加工性能、降低成本和扩大使用范围，因而是实现聚合物改性和生产高性能新材料的重要途径之一。正因为如此，聚合物共混物也称聚合物合金(polymer alloy)。

3.5.1　聚合物-聚合物相分离热力学

两种聚合物混合时通常总是得到完全相分离的体系。从图 3.4 (c) 可以定性地看出，两种聚合物链混合时，由于共价键的限制，链段不能相互换位，所以其混合熵比小分子要小得多。

早在 20 世纪 70 年代，有关聚合物共混的文献普遍认为聚合物-聚合物相容体系是罕见的现象，这是基于大量的实验以及 Scott 的理论得出的结论，一般的混合热和极低的混合熵使混合能很难达到负值。

对于两种小分子的混合物，通常在较低的温度下发生相分离，称为最高临界共溶温度(UCST)，见图 3.14 的下面部分。然而，对于互溶的两种聚合物，通常发现其在较高的温度下发生相分离，称为最低临界共溶温度(LCST)，见图 3.14 的上面部分。这一反常的结果可以用反常的混合过程来解释。

LCST 现象是放热、负过量熵的特征现象，后者是由于混合后聚合物的密度增加引起的。由体积变化导致的熵变对于其他体系来讲很小，但对于聚合物-聚合物共混物而言，就起主要作用了。根据 Flory-Huggins 理论，共混物的体积不可压缩，小的混合熵被混合热掩盖，结果混合热必须等于或小于零才能相容。Flory-Huggins 理论没有考虑混合过程的体积变化，事实上，混合后体系的体积是减小的。当两种可压缩聚合物在足够高的温度共混时，负的混合热导致负的体积变化，由于体积减小相当于体系中空穴数减少，所以混合熵为负值。高温下，$T\Delta S > \Delta H$，密度增加带来的不利的熵变造成相分离，重新引入空穴使两相体系体积增加，从而带来正的熵贡献，这就导致 LCST 现象。

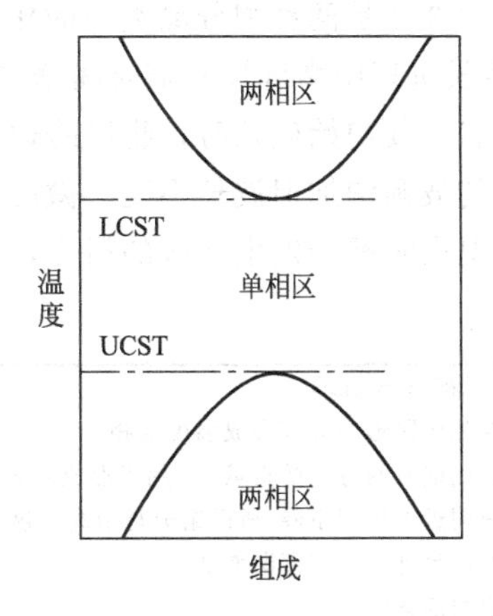

图 3.14　聚合物共混物的相图
图中示出了最高临界共溶温度 UCST
(下面这根曲线的顶点)
和最低临界共溶温度
(上面这根曲线的顶点)。
由于混合熵很小，聚合物量聚合物显示 LCST 现象，如果链比较短，则可能有 UCST 现象

Scott 将 Flory-Huggins 理论扩展到聚合物共混体系，其基本方程为

$$\Delta G_{\mathrm{M}} = RT\frac{V}{V_{\mathrm{R}}}\left(\frac{\phi_{\mathrm{A}}}{x_{\mathrm{A}}}\ln\phi_{\mathrm{A}} + \frac{\phi_{\mathrm{B}}}{x_{\mathrm{B}}}\ln\phi_{\mathrm{B}} + \chi\phi_{\mathrm{A}}\phi_{\mathrm{B}}\right) \tag{3.54}$$

式中，V 为试样的体积(通常取 $1\mathrm{cm}^3$)；V_{R} 为一个格子的体积(见图 3.4)，由此，V/V_{R} 等于 $1\mathrm{cm}^3$ 中的格子数；ϕ_{A}、ϕ_{B} 分别为组分 A、B 的体积分数；x_{A}、x_{B} 分别为组分 A、B 的链节数；χ (有时写为 χ_{12})为聚合物-聚合物相互作用参数。

根据相容的必要条件，即两相平衡时 ΔG_{M} 对 ϕ_{A} (或 ϕ_{B})的二阶和三阶倒数均等于零

$$\frac{\partial^2 \Delta G_{\mathrm{M}}}{\partial \phi_{\mathrm{A}}^2} = 0\;;\;\frac{\partial^3 \Delta G_{\mathrm{M}}}{\partial \phi_{\mathrm{A}}^3} = 0$$

可得相分离的临界值为：

$$\phi_{A,c}=\frac{x_B^{1/2}}{x_A^{1/2}+x_B^{1/2}} \tag{3.55}$$

$$\chi_c=\frac{1}{2}\left(\frac{1}{x_A^{1/2}}+\frac{1}{x_B^{1/2}}\right) \tag{3.56}$$

假定两种聚合物的分子量相等，$x_A=x_B=x$，则 $\chi_c=2/x$，由于聚合物的分子量很大，所以 χ_c 是一个很小的数。所以两种聚合物之间没有特殊相互作用的话，能完全相容的体系很少。

3.5.2 聚合物-聚合物相分离动力学

两组分聚合物相分离有两种主要机理：成核-生长机理(NG)和旋节线机理(SD)，见图3.15。成核-生长机理对应于亚稳态，相分离要克服一个位垒，组成的涨落比较大。其需要一个小的微区，称为临界核。比如，盐从过饱和溶液中的相分离就属于成核-生长机理。旋节线机理则基本不存在位垒，所以很小的组成的涨落就能使相分离进行下去。

表3.6是两种相分离类型的比较。最有意思的是生长机理的差异。如图3.15所示，成核-生长机理中微区尺寸随时间增加，微区形状趋于球状。而旋节线机理趋于形成相互粘连的柱状，其初始生长时，物质跨边界交换，随时间延长逐步形成纯的相。所以图3.15(b)中曲线的波幅增加但波长不变。微区尺寸几乎就等于相分离刚开始时涨落的波长。不论哪种机理，退火时都会发生微区的粗化，形成越来越大的球状结构。

表3.6 两种相分离机理

(1)成核-生长机理
①初始阶段形成局部形成温度的相。
②自由能有两方面的贡献：a. 用于形成新表面的功；b. 形成各自的相得到的功。
③核附近的浓度下降，所以组分是由高浓度区向低浓度区扩散(扩散系数是正的)。
④微区尺寸随时间逐渐增加。
⑤需要活化能
(2)旋节线机理
①初始阶段为小幅度的组成涨落。
②波状的组成涨落的波幅随时间增加。
③组分是由低浓度区向高浓度区扩散(扩散系数是负的)。
④不稳定过程：不需要活化能。
⑤相趋于相互粘连

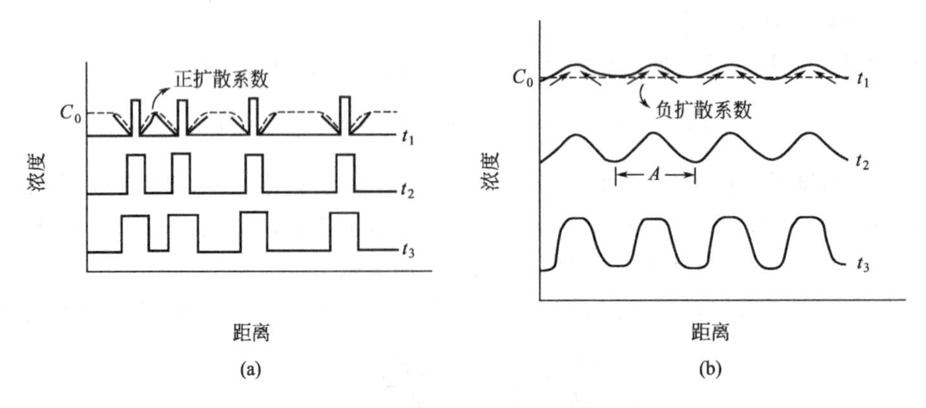

图3.15 相分离过程中浓度变化示意图

(a) 成核-生长机理；(b) 旋节线机理

研究得最透彻的体系是聚苯乙烯/聚甲基乙烯基醚共混物。研究发现该体系在80℃(随分子量不同略有不同)以下所有组成都是相容的，Nishi等在低温下制备了不同配比的共混物，平衡后，将体系迅速升温至不同的设定温度并保持不变，用显微镜观察形态的变化。成核-生长相分离可以看到小球出现，而旋节线相分离则看上去像交叠的蠕虫。研究结果见图3.16，这一实验可以将聚合物共混物的两种相分离机理区分开来。Reich模拟了旋节线相分离，见图3.17。

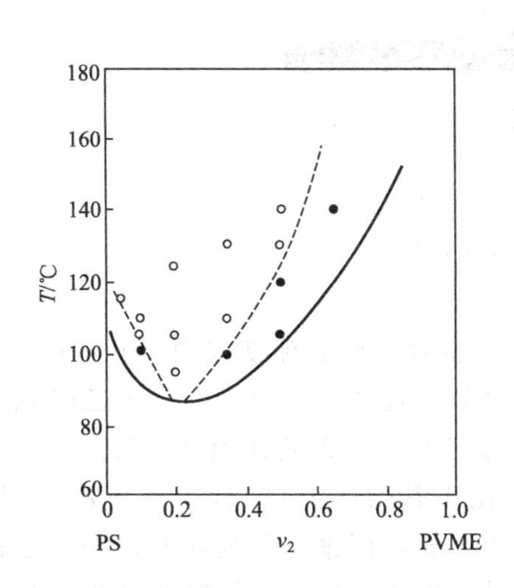

图3.16 显微镜下观察到的旋节线相分离(○)和成核-生长相分离(●)

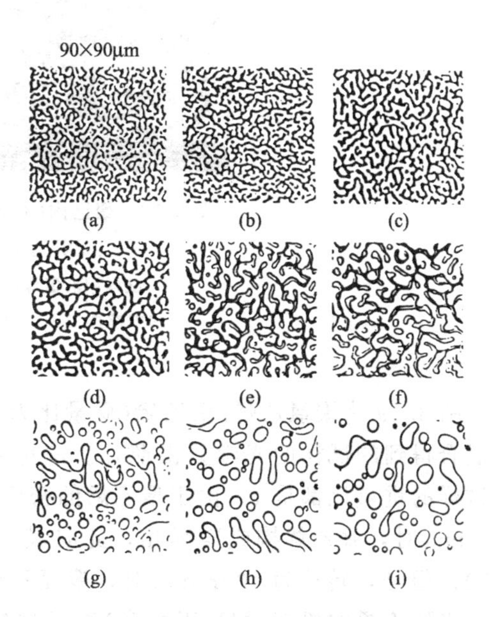

图3.17 聚苯乙烯/聚甲基乙烯基醚共混物旋节线相分离后期相形态的粗化

3.5.3 聚合物共混物的相形态

尽管少数相容的聚合物共混物呈现均相结构，绝大多数聚合物共混物、接枝共聚物、嵌段共聚物、互穿网络都存在相分离。需要强调的是，这些体系的应用价值很大程度上归因于这种相分离结构带来的协同性能。

3.5.3.1 二元不相容共混物的典型形态及其影响因素

图3.18所示为二元不相容共混物的典型形态。共混物呈现单相连续的海-岛结构，含量高的组分聚己内酯构成连续相，或称为基体(matrix)。含量低的组分聚氧乙烯构成分散相，或称微区(domain)。

在聚合物共混物的制备过程中，分散相的尺寸和形状受到许多条件的影响，如组成、黏度比、界面张力、剪切速率/剪切应力、加工条件等。根据经验，体积分数(ϕ)高而黏度(η)低的组分构成连续相。如果某个组分的体积分数和黏度都高，则相形态取决于η/ϕ值的大小，一般η/ϕ值小的组分为连续相。根据Jordhamo等提出的模型，当下式成立时，不相容聚合物共混物将发生相反转：

$$\frac{\eta_d}{\phi_d}=\frac{\eta_m}{\phi_m} \tag{3.57}$$

式中，η_d和η_m分别为分散相和连续相的黏度；ϕ_d和ϕ_m分别为相应的体积分数。

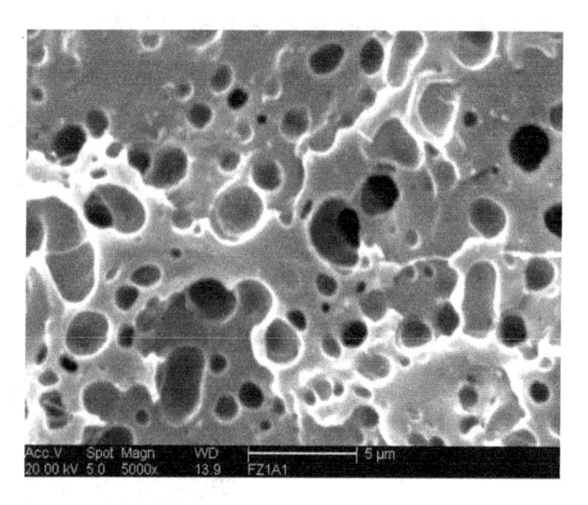

图 3.18　聚己内酯/聚氧乙烯(80/20，质量比)
二元共混物的扫描电镜照片
试样用液氮深冷后脆断，并浸在蒸馏
水中搅拌二天，PEO 相被刻蚀后留下孔洞

图 3.19 为聚氯乙烯/聚乙烯(质量比为 50/50)共混物在哈克流变仪中 160℃下不同转速混合得到的试样的光学显微照片。深色部分为聚氯乙烯相，白色部分为聚乙烯相。所有试样的重量比都是 1，由于聚乙烯的密度低于聚氯乙烯，所以其体积分数略高。转速为 30r/min 时，聚乙烯构成连续相，此时其扭矩(正比于其熔体黏度)低于聚氯乙烯(见表 3.7)。但是，转速为 100r/min 时，聚氯乙烯成为连续相，而聚乙烯变成分散相。也就是说，当聚乙烯的扭矩(相当于黏度)高于聚氯乙烯时发生了相反转，尽管此时聚乙烯的体积分数仍然高于聚氯乙烯。转速为 50r/min 时，黏度比接近于 1，共混物显示两相连续程度接近的相形态。

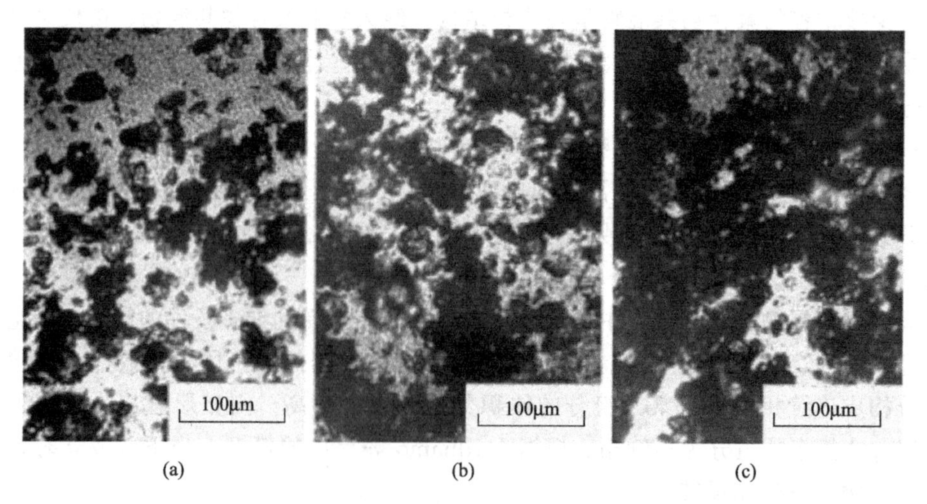

图 3.19　不同转速下混合的 PVC/PE(50/50，质量比)
共混物相形态的光学显微照片，暗区为 PVC 相
(a) 30r/min；(b) 50r/min；(c) 100r/min

表 3.7　160℃下聚氯乙烯和聚乙烯的扭矩(TQ)与转速的关系

转速/(r/min)	30	50	100
TQ_{PE}/N·m	6.3	7.3	8.6
TQ_{PVC}/N·m	7.9	7.4	7.6
TQ_{PE}/TQ_{PVC}	0.87	0.99	1.13

3.5.3.2　相形态的形成与演化

相形态的形成是一个动力学过程。熔融共混得到的最终形态是液滴破裂(大液滴变小)和粗化(小液滴碰撞并合并)的动态平衡的结果。混合到一定时间时，两种过程达到平衡，得到亚稳态的相结构。图 3.20 显示了 LDPE/PVC(质量比 70/30)共混物熔融共混时相形态的演化过程，随着时间增加，PVC 分散相的尺寸逐渐减小，混合 25min 后相形态趋于稳定。

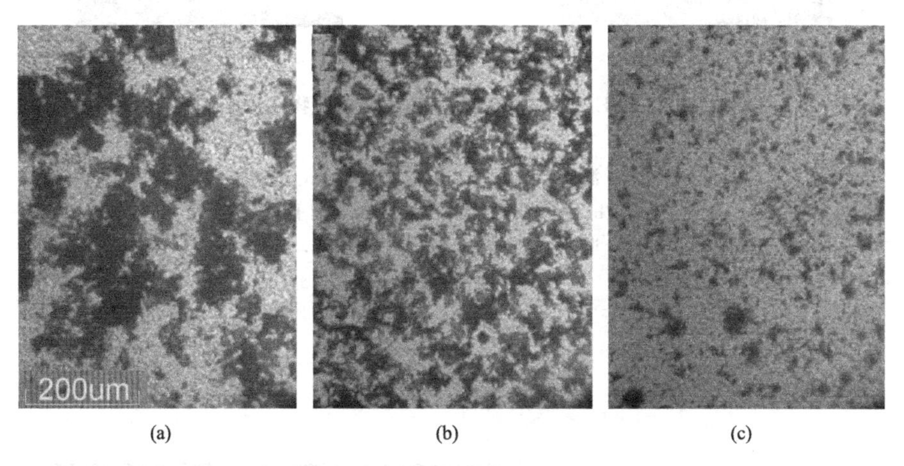

(a)　(b)　(c)

图 3.20　用光学显微镜观察 LDPE/PVC(质量比为 70/30)
共混物在 150r/min 转速下熔融共混时相形态随时间变化
(a) 5min；(b) 15min；(c) 25min

需要指出的是，这一相形态并不是真正的稳态结构，当剪切强度减小或消失时，两相将会通过聚合物链的热运动而粗化。如图 3.21 所示，当转速从 150r/min 降至 50r/min 时，分散相重新粗化，粗化的根本原因还是聚氯乙烯与聚乙烯之间的不相容性。

3.5.3.3　嵌段共聚物的相形态

在嵌段共聚物中，一条嵌段链与另一条嵌段链的端部是相连的，这类材料的相容性及形态很有意思。

首先，嵌段间的化学键肯定要改善两聚合物的相容性。所以嵌段共聚物比相应的共混物能相容的分子量更高。

如果嵌段共聚物产生相分离，颗粒尺寸将是多大？假如化学键不断的话，则颗粒必须足够小，从而可以使一个嵌段在一相，而另一嵌段在相邻的相。嵌段间的接点(化学键)则在两相界面附近。

相形态取决于两嵌段的相对长度，可以从球状、柱状一直到层状。短嵌段构成的球分散在长嵌段构成的基体中，见图3.22。当嵌段长度相当时，得到相互交错的层状结构。柱状结构的组成介于两者之间，见图3.23。

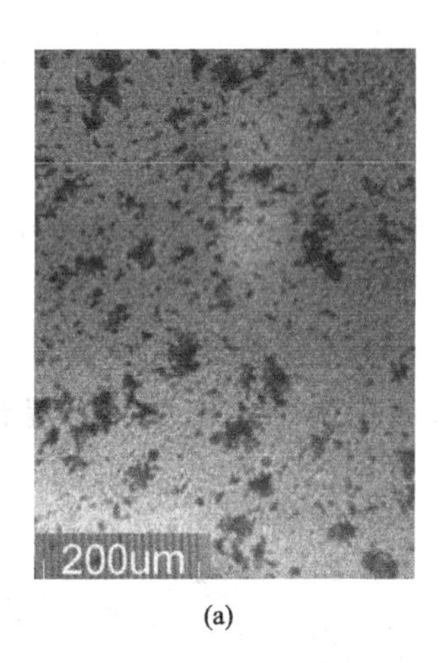

(a)

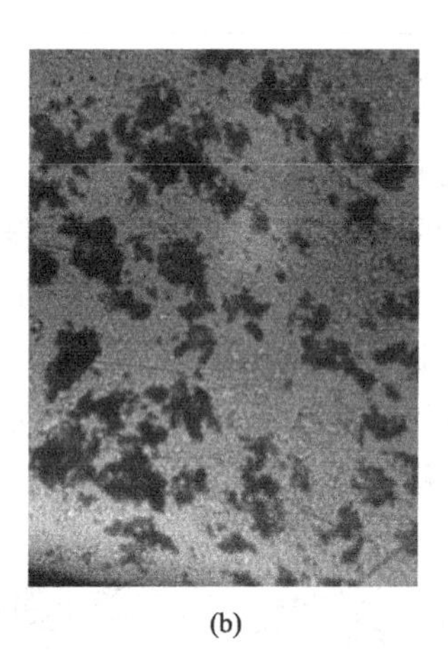

(b)

图3.21　LDPE/PVC(质量比为70/30)共混物相形态的演化

(a) 共混物在150r/min转速下混合25min后的光学显微镜照片；
(b) (a) 试样继续在50r/min转速下混合25min后的光学显微镜照片，显示分散相的粗化

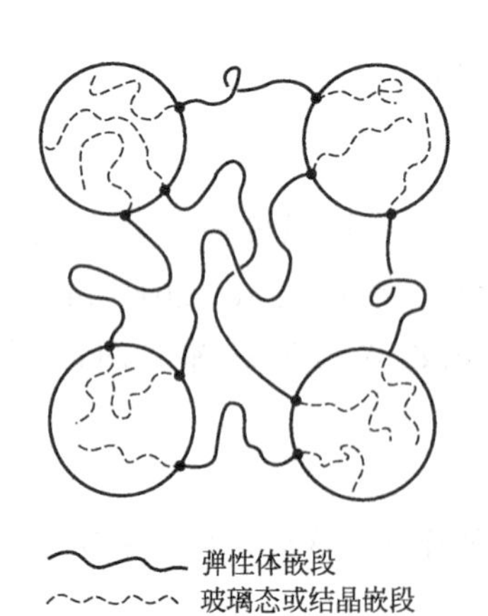

图3.22　理想的三嵌段共聚物热塑性弹性体的形态

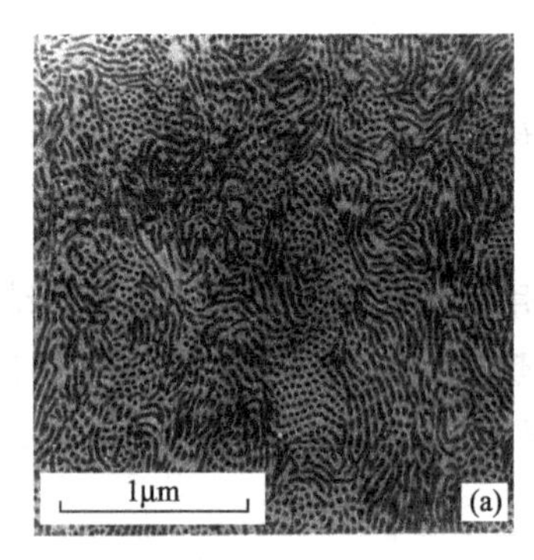

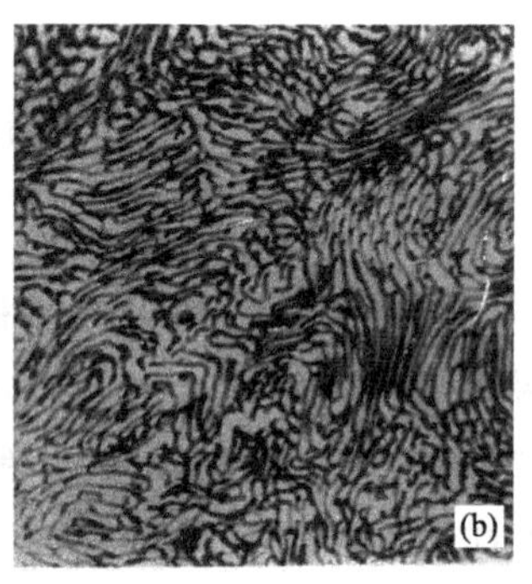

图3.23　苯乙烯-*b*-丁二烯-*b*-苯乙烯三嵌段共聚物(40%丁二烯)甲苯溶液浇注试样，聚丁二烯部分用 OsO_4 染色

两张图为薄膜从不同方向的切片
(a) 垂直方向；(b) 平行方向。
(a) 图显示的球形实际上是柱的横断面

专栏 3.5 热塑性弹性体 SBS

SBS 是苯乙烯-*b*-丁二烯-*b*-苯乙烯三嵌段共聚物的缩写。室温下呈橡胶弹性，在120℃时是熔融体，可塑成型，所以叫热塑性弹性体。

SBS 的凝聚态为两相结构，两端为 PS，是塑料相，中间为 PB，是橡胶相，PS 聚集在一起形成微区，为分散相(PS 团簇)，PB 为连续的橡胶相。由于两相互不相容，因此共聚物具有各自的玻璃化温度。在室温时，PS 的 T_g 高于室温，使分子链两端变硬，起物理交联的作用，阻止聚合物链的冷流，而 PB 的 T_g 低于室温，仍具有弹性。加热时，PS 相被破坏，可以流动成型具有热塑性。

SBS 嵌段共聚物中 PS 含量达到 28% 时，应力-应变行为接近天然橡胶，应力-应变曲线与其相似。拉伸强度超过 PS 含量相同的丁苯橡胶(苯乙烯与丁二烯的无规共聚物)。

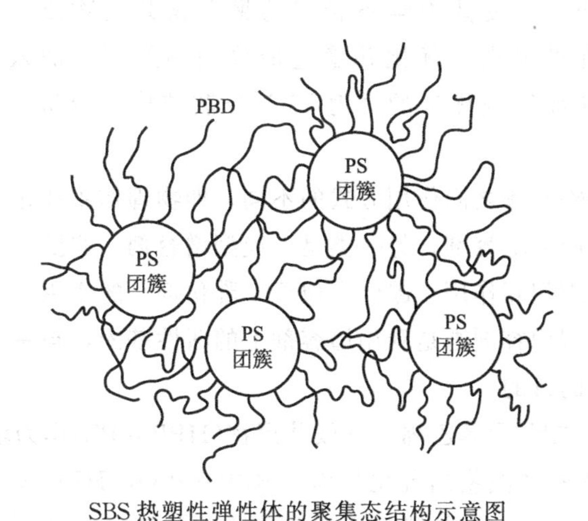

SBS 热塑性弹性体的聚集态结构示意图

3.5.4 不相容聚合物共混物的增容

热力学相容的聚合物共混可以得到均相共混物，这种共混物的性能通常只是组分聚合物性能的线性加和，因此均相结构并不是聚合物共混所追求的目标。由于聚合物之间的混合熵很小，而混合焓通常大于零，因此大多数聚合物间缺乏热力学相容性，所以聚合物共混物往往呈多相结构，这种多相结构可能带来某些特殊效应。

不相容聚合物的简单共混物很难形成均匀的、细小的分散，其界面黏结力小，往往成为材料的薄弱环节，受外力作用时，通常沿相界面发生破坏。理想的共混物即要有一定程度的相分离，又要在相界面间有良好的界面黏结力。为此，需要对不相容聚合物实施增容改性。常用的增容技术包括引入特殊作用基团、添加增容剂、原位增容、形成 IPN 结构等，其中以添加增容剂和原位增容的应用最广泛。

最典型的增容剂就是组分聚合物的嵌段共聚物或接枝共聚物，由于结构上的特点，其中的一部分链段与某组分相容，另一部分链段与另一组分相容，因此增容剂分布在两相界面，起到类似于乳化剂的作用(见图 3.24)。

增容剂在共混过程中的作用可以概括为：①降低不相容两相之间的界面张力。界面

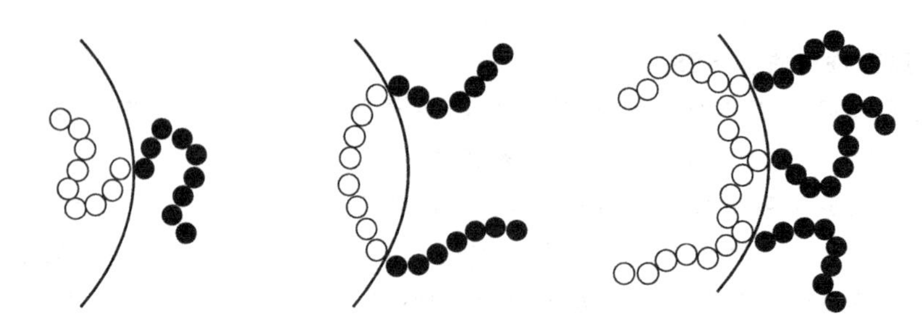

图 3.24 二嵌段、三嵌段、接枝共聚物在非均相聚合物共混物相界面的示意图

张力越低，就越能促进聚合物在共混过程中相的分散，从而提高共混的分散度，使分散相颗粒细微化和均匀分布。不相容共混物在增容后，分散相的平均粒径通常可以达到亚微米级。同时，较低的界面张力可以强化不相容两相间的黏结力，不同相区间能够更好地传递所受的应力，使热力学不相容的聚合物共混物成为工艺学相容的聚合物共混物。②阻止分散相的凝聚，优化并稳定最终的相形态。加入增容剂可以改善不相容共混物的相形态，从而得到优良的“海-岛”分散结构、分散相纤维化结构以及分散相层化结构等。

按照增容剂与聚合物基体之间作用方式的不同，即物理作用和化学作用，增容剂可以分为两大类：一类是非反应型增容剂，另一类是反应型增容剂。非反应型增容剂通过增容剂分子和聚合物主链间的物理相互作用，起到类似于“乳化剂”的作用，来降低相界面张力，提高相界面黏结力；反应型增容剂则是利用增容剂上的活性基团，与基体主链上的活性基团发生化学反应而达到增容的目的。

Fayt 等用氢化聚丁二烯-聚苯乙烯二嵌段共聚物(HPB-*b*-PS)作为增容剂，系统地研究了聚乙烯/聚苯乙烯(PE/PS)共混物的乳化行为。HPB-*b*-PS 中 HPB 段与 PE 相容，可以均匀地分散在 PS 和 PE 相界面间，有效降低了界面张力。用四氢呋喃刻蚀除掉其中的 PS 相之后，对共混物断裂表面的相形态进行观察。结果发现 HPB-*b*-PS 的加入促进了共混组分的分散，提高了 PS 与 PE 相的黏结力。在对共混物力学性能的研究中发现，随着 HPB-*b*-PS 含量的增加，PS 与 LDPE、HDPE 和 LLDPE 共混物的冲击强度和断裂伸长率都得到了大幅度的提高。而且，通过调节 HPB-*b*-PS 中 HPB 段的含量可以实现对 PE/PS 共混物韧性的控制。

原位增容技术是在熔融共混的过程中，通过聚合物官能团间的反应“原位”生成接枝或嵌段共聚物，在共混体系中充当增容剂。实验证明，原位增容生成的嵌段或接枝共聚物可以降低分散相和基体之间的界面张力，改善不相容聚合物共混物的相形态，即使在高的剪切应力下仍然可以保持这种形态。

Guo 等采用原位增容技术制得聚苯乙烯/聚烯烃弹性体(PS/POE)的反应性共混物，并对其结构、性能与形态进行了表征。在 PS/POE 共混物中加入 $AlCl_3$，引发 Friedel-Crafts 烷基化反应，得到 PS-*g*-POE 接枝共聚物，该接枝共聚物作为 PS 和 POE 分子间的增容剂，使大分子链间的作用力增强，所以相容性有了一定程度的提高。图 3.25 所示是 PS/POE (80/20，质量比) 共混物中加入不同量的 $AlCl_3$ 后的扫描电镜照片。显然，$AlCl_3$ 的添加量越大，得到的 PS-*g*-POE 接枝共聚物越多，增容效果越好，分散相尺寸越小。同时，力学性能也明显提高，见表 3.8。

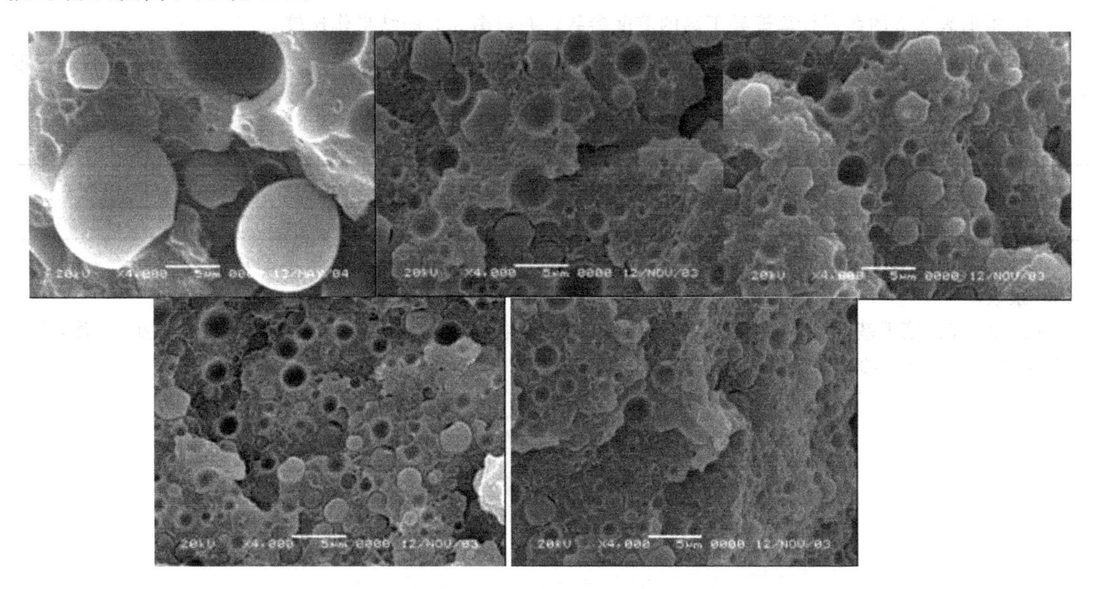

图 3.25 PS/POE(80/20，质量比)共混物中加入不同量的 $AlCl_3$ 后的扫描电镜照片

$AlCl_3$ 用量依次为 0，0.2，0.5，0.8，1.0（质量分数）

表 3.8 $AlCl_3$ 原位增容 PS/POE 共混物的力学性能

试样及配方	简支梁冲击强度 /(kJ/m^2)	拉伸强度 /MPa	断裂伸长率 /%
PS	1.4	20.1	3.3
PS/POE(80/20)	6.3	15.9	6.5
PS/POE/$AlCl_3$(80/20/0.8)	8.5	19.6	22.6

习题与思考题

概念题

1. 解释以下概念：溶度参数，内聚能，Flory-Huggins 相互作用参数，Θ 溶液，黏数，极限黏数，体积排除色谱，最低临界共溶温度，最高临界共溶温度，双节线，旋节线，成核-生长相分离机理，旋节线相分离机理，增容剂，原位增容。

问答题

2. 聚合物的溶解过程有哪些特点？

3. 交联聚合物为什么只能溶胀，不能溶解？

4. 为什么绝大多数聚合物共混物呈现最低临界共溶温度，而不是最高临界共溶温度？

5. Θ 条件下，Flory-Huggins 相互作用参数和第二 Virial 系数的值分别是多少？

6. 简述渗透压法测定聚合物的分子量的原理，该方法测定的分子量是哪种平均分子量？除分子量外，该方法还可以得到哪些参数？

7. 简述光散射法测定聚合物的分子量的原理，该方法测定的分子量是哪种平均分子量？除分子量外，该方法还可以得到哪些参数？

8. 简述黏度法测定聚合物的分子量的原理，该方法测定的分子量是哪种平均分子量？除分子量外，该方法还可以得到哪些参数？

9. 简述体积排除色谱测定聚合物的分子量及分子量分布的原理。

10. 不相容聚合物共混物的增容方法有哪些？为什么 A-B 嵌段共聚物可以作为 A/B 共混物的增容剂？

计算题

11. 根据表3.2的数据计算聚异丁烯的溶度参数，并与图3.3的结果作比较。

12. 将1000g聚苯乙烯与1000g聚丁二烯混合，假定两种聚合物的分子量均为1×10^5g/mol，其理论混合热是多少？预计150℃下这两种聚合物是否相容？

13. 在25℃下测得不同浓度的聚苯乙烯甲苯溶液的渗透压，结果如下：

$c\times10^3$/(g/cm^3)	1.55	2.56	2.93	3.80	5.38	7.80	8.68
π/(g/cm^2)	0.15	0.28	0.33	0.47	0.77	1.36	1.60

已知甲苯的密度为0.862g/mL，聚苯乙烯的密度为1.087g/mL，试求此聚苯乙烯的数均分子量和第二Virial系数。

14. 20℃时，聚甲基丙烯酸甲酯试样在丙酮中的特性黏数是6.7mL/g，其黏均分子量是多少？（注：从手册中查得，$K=5.5\times10^{-3}$mL/g，$a=0.73$）

第 4 章　非晶聚合物的结构与热转变

聚合物链通过分子间相互作用力堆砌在一起形成凝聚态。通常所见的聚合物，如塑料、橡胶、纤维、胶黏剂、涂料在使用的时候一般都是处于凝聚态的。聚合物的凝聚态有时也称聚集态或固态，包括非晶态和结晶态。由于非晶聚合物的内部结构多数是无序的，所以有时也称之为无定形聚合物。

聚合物的凝聚态结构与其链结构密切相关。不能结晶的聚合物的链结构通常有一定的无规性，如分子中带有较大的侧基、支化、无规立构、无规共聚等，自由基聚合得到的聚苯乙烯、聚甲基丙烯酸甲酯是典型的例子。而结晶聚合物的链结构通常有一定的规整性，典型的有高密度聚乙烯、等规聚丙烯、聚氧乙烯等。

聚合物的凝聚态结构还与加工工艺密切相关。同一批次的聚合物原料，在不同的厂家采用不同的加工工艺生产，其产品质量会相差甚远。其原因就在于聚合物制品的性能(特别是物理力学性能)不仅取决于聚合物的化学结构，还取决于其凝聚态结构。如果把纯聚合物比喻为砖的话，那么，用同样的砖可以砌成完全不同的建筑。

4.1　非晶聚合物的凝聚态结构

许多聚合物在通常条件下是非晶状态的，如聚苯乙烯、聚甲基丙烯酸甲酯、聚醋酸乙烯酯等。无定形聚合物没有晶体的 X 衍射图案，没有一级熔融转变。如果说结晶聚合物的凝聚态结构是规整、有序的话，则非晶聚合物的凝聚态结构或多或少具有一些无序性。但非晶聚合物的凝聚态结构究竟如何，却一直是高分子界争论的问题。

4.1.1　固体、液体与软物质

早期的文献常把无定形态称为液态。拿水来说，它是非晶密集状态，当然是液体。但像聚苯乙烯或聚甲基丙烯酸甲酯这样的聚合物在室温下是玻璃状的，要有明显的蠕变或流动需要几个月乃至数年时间。与之相似，摩天大楼也会随着钢梁的蠕变(流动)而蠕变，数十年后可以测出其变矮了。所以，把玻璃态的无定形聚合物称为无定形固体更确切一些。

事实上，聚合物是典型的“软物质”(与此相对应，金属、陶瓷等被认为是“硬物质”)。1991 年，法国物理学家 P. G. De Gennes 在诺贝尔奖授奖会上以“软物质(soft matter)”为演讲题目，用“软物质”一词概括复杂液体等一类物质，得到广泛认可。软物质是一类“柔软”的物质，其结构多介于固体和液体之间，在相互作用、熵和外力作用下常显示自组织现象，只要受到相对微小的作用力，就可以发生从形状到性能的极大变化。

在玻璃化温度之上，无定形的线形聚合物将会流动，尽管黏度可能很大。这种材料是现代意义上的液体。实际上，玻璃化转变名称本身就是从普通玻璃这种无定形的无机聚合物软化得来的。

结晶聚合物显然是固体，熔点以上变成无定形态，由于熔点总是高于玻璃化温度，所以线形的结晶聚合物熔融后就直接变成液体。

交联聚合物永远不会流动，也就永远不会成为真正的液体，而会保持软的无定形固体状态，橡胶带就是很好的例子。

专栏 4.1　链缠结

链缠结是指分子链缠绕、交叠、贯穿及由链段间动态相互作用形成物理交联点的作用，是聚合物凝聚态的重要特征之一。

通常所说的链缠结是一种拓扑缠结，是指聚合物链之间相互穿越、勾缠，链之间不能相互移动，这种缠结是聚合物长链结构所决定的。当分子量达到一定值(通常为几万)时，缠结开始产生重要作用。根据零切黏度与分子量的标度关系可以确定临界缠结分子量。一般的非晶态聚合物是分子链之间相互穿透的多链凝聚态。

除了拓扑缠结之外，还有另一种类型的缠结：凝聚缠结。它是相邻聚合物链间局部的向列相互作用，如链上双键和芳环电子云的相互作用，使局部链段接近平行堆砌而形成的一种物理交联点，其密度要明显高于拓扑交联点。

凝聚缠结只是相邻链间的局部相互作用，相互作用能是很小的，容易形成也容易解开。在非晶态聚合物中，小区域内无规线团的几个链单元由于相互作用而形成的平行排列可看成是一种局部有序，这种局部有序的存在并不影响大尺度范围内整个聚合物的形态，即整链仍然是无规线团。

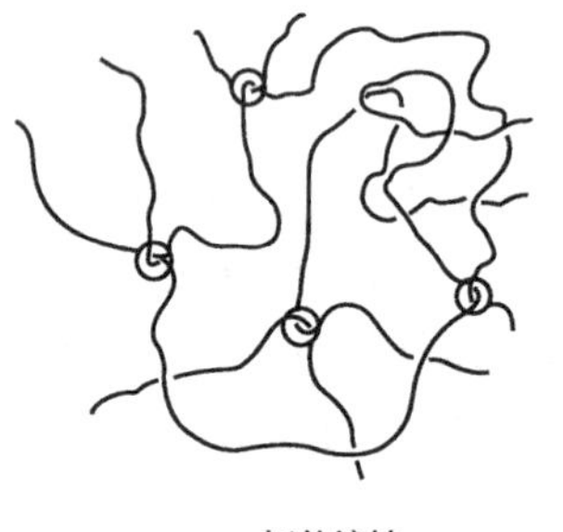

拓扑缠结

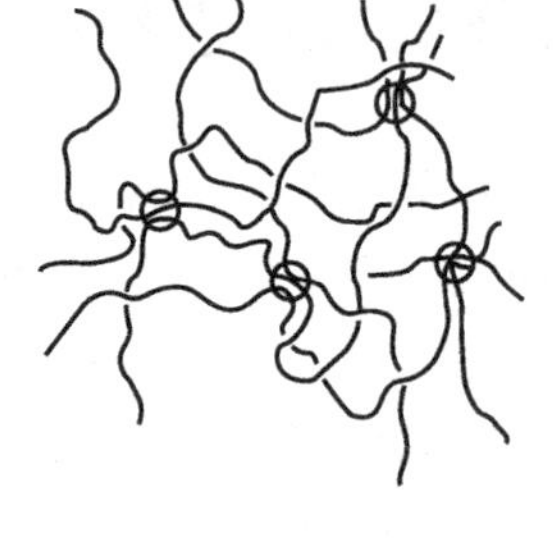

凝聚缠结

4.1.2　非晶聚合物中的残余有序性

无定形聚合物到底是完全无序的还是局部有序的，这历来是一个焦点问题。形象地说，本体无定形聚合物就像一堆面条(或者一堆蛇)，各根面条之间无规地穿来穿去。如果面条更长一些，则此模型就更确切了，因为普通面条的长径比仅与石蜡相当，比高聚物要小得多。

面条模型对于无定形聚合物的残余有序性问题提供了一个入口。如果仔细观察相邻面条的相对位置就可以发现它们多少有些短程平行。一些实验发现聚合物也存在类似的平行排列区域，聚合物链的短程平行排列是填充空间、得到比较高的密度的需要，而这点恰恰是最有争议的地方。

支持无序观点的最有力的证据是通过小角中子散射(SANS)测量实际聚合物链在本体状态的旋转半径的实验事实。SANS的原理与上一章讨论的聚合物稀溶液光散射相同，只是这里的聚合物是氘代的，而“溶剂”是含氢(未氘代)的同种聚合物。

表4.1列出了一些聚合物的 $(\overline{R_g^2}/M)^{1/2}$ 值。无扰状态下，该值与分子量无关，是每个聚合物的特征值。从表4.1可以发现在 Θ 溶剂和在本体状态下的值之间的偏差在实验误差范围之内。这一重要发现证明了早期的理论，即认为在这两种条件下，聚合物链由于无法区

分与其接触的溶剂分子和聚合物链段，所以这两个值必然是相等的。而因为聚合物链在稀溶液中是无规线团，这一发现也就提供了聚合物链在本体无定形态是无规线团的有力证据。

表 4.1 部分本体聚合物样品的分子尺寸

聚合物	本体状态	$(\overline{R_g^2}/M)^{1/2}/(\mathrm{nm}\cdot\mathrm{mol}^{1/2}/\mathrm{g}^{1/2})$	
		SANS,本体	光散射,Θ溶剂
聚苯乙烯	玻璃态	0.028	0.0275
聚乙烯	熔融态	0.045	0.045
聚甲基丙烯酸甲酯	玻璃态	0.031	0.030
聚氯乙烯	玻璃态	0.030	0.037

4.1.3 非晶聚合物的结构模型

自从 Staudinger 提出大分子假说以来，高分子科学家一直在考虑聚合物链的空间形状，包括在稀溶液中和在本体中。最早提出的模型包括棒状和弹簧状等，X 衍射以及力学性能研究导致无规线团模型[图 4.1 (a)]的发展。在这一模型中，聚合物链在空间任意排列，只要不经过自己或其他链已经占据的位置即可。

随着无规线团模型的发展，逐渐产生了本体无定形态聚合物链构象的模型。中子散射发现在本体中的链构象与在 Θ 溶液中的相近，更加强化了无规线团模型的地位。

当然，也有一些学者认为聚合物链有不同程度的局部或长程有序。其最重要理由包括：高的无定形区/晶区密度比，电子衍射和 X 衍射发现的局部有序性。

图 4.1 中画出了最有代表性的几个模型。

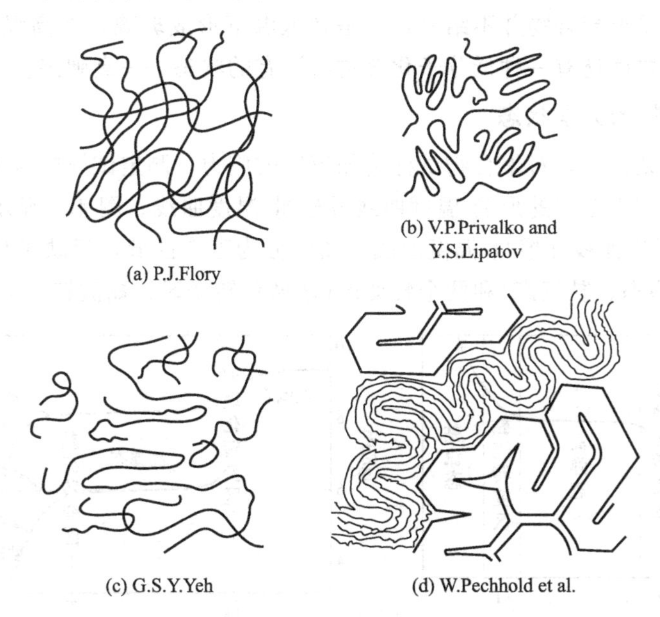

图 4.1 无定形态模型图示

(a) 无规线团模型；(b) 两相球粒模型；
(c) 折叠链缨状微束模型；(d) 曲棍模型。
由 (a) 至 (d) 有序程度逐渐增加

虽然人们提出了各种各样的模型，但许多模型之间其实有许多相似性。Privalko 和 Lipatov 就指出了无规线团模型[图 4.1 (a)]与他们自己提出的两相球粒模型[图 4.1 (b)]的关系，他们认为：由于热运动，无定形聚合物中短程有序区域的大小和位置取决于观察时间。聚合物的瞬间构象接近于松散折叠链。但是，当观察时间延长至大于分子运动所需的时间时，不同的链构象将会被平均掉，而旋转半径也就更像无扰的无规线团。对于玻璃态的聚合物，也有类似的争议，大量聚合物链的不同构象的平均就相当于一条链随时间变化的不同构象的平均。

有意思的是，无规线团模型的一个主要优势是其简单性。由于没有任何有序结构，无规线团得到深入的数学处理。因此，无规线团模型已经很好地用于描述橡胶弹性和熔体黏度的理论。反之，其他模型很少或根本没有得到数学上的分析，无法定量预测聚合物的宏观性能。光从这一点就足以解释为什么无规线团模型至今一花独秀。

从以上讨论可知，无定形聚合物的凝聚态是局部有序的，但无规线团模型至少对于许多聚合物来说是合适的。

4.2 非晶聚合物的力学状态与热转变

众所周知，低分子量化合物的物态可以分为结晶态、液态与气态，而熔融与沸腾是区分这些物态的一级转变。另一重要的一级转变为晶-晶转变，此时化合物由一种结晶形式转变为另一种结晶形式。

相反地，聚合物不能蒸发为气体，由于分子间相互作用远远高于化学键，聚合物在达到沸点前即发生分解。另外，除单晶状态外，没有聚合物可以达到全部结晶态。

事实上，很多重要聚合物并不结晶，而是在低温下形成玻璃，在高温下成为黏性液体。而且在这两种状态之间还有一种低分子化合物所没有的状态——高弹态。

4.2.1 非晶聚合物的力学状态

在恒速升温的条件下，对聚合物试样施加恒定的应力，测定试样的应变(或模量)与温度的对应关系，就得到聚合物的形变-温度曲线或模量-温度曲线。图 4.2 显示了典型的线形非晶聚合物的形变-温度曲线和模量-温度曲线，图中分为五个区域，反映了聚合物的三种力学状态(玻璃态、高弹态、黏流态)和两个转变区(玻璃化转变区、黏流转变区)。

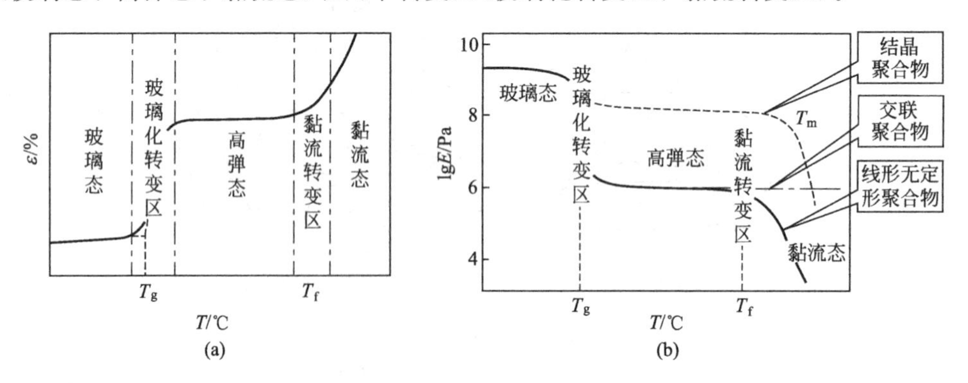

图 4.2 聚合物的形变-温度曲线 (a) 和模量-温度曲线 (b)

4.2.1.1 玻璃态

在玻璃化温度以下，聚合物呈玻璃态，通常为刚性的固体。玻璃态聚合物的模量几乎在同一量级，大致为 10^9 Pa。聚苯乙烯与聚甲基丙烯酸甲酯是在室温下处于该状态的典型例子。在玻璃态，分子运动主要涉及小尺寸单元的运动，如振动与短程旋转运动。

4.2.1.2　玻璃化转变区

温度升高至玻璃化转变区。在 20～30℃温度区间内，聚合物模量通常下降 1000 倍。聚合物在该区域的行为非常类似于皮革，很小几摄氏度的温度变化可以显著影响皮革的硬度。

聚合物玻璃态与高弹态之间的转变温度(一般取模量降低速率最大时的温度)称为玻璃化温度(T_g)。本质上，玻璃化转变对应长程、协同分子运动开始发生的温度。

在玻璃化温度以下，分子运动只涉及 1～4 个主链原子的小尺寸单元。在玻璃化转变区，分子运动约包括 10～50 个主链原子。这些原子获得足够高的热能，以协同方式进行运动(见表 4.2)。协同运动的主链原子数目(10～50)是从 T_g 与交联点间分子量 M_c 关系的实验结果中推测出来的。在 T_g-M_c 图上，当 T_g 不随 M_c 而明显变化时，可以推测协同运动所需的主链原子数目。

表 4.2　部分聚合物的玻璃化温度及所涉及的主链原子数目

聚合物	T_g/℃	所涉及的主链原子数目
聚二甲基硅氧烷	−127	40
聚乙二醇	−41	30
聚苯乙烯	−100	40～100
聚异戊二烯	−73	30～40

4.2.1.3　高弹态

温度继续升高，聚合物就进入高弹态。在图 4.2 中，该区域称为高弹平台区或橡胶平台区。在玻璃化转变区迅速降低之后，模量在橡胶平台区又几乎变成恒定值，大致为 10^6 Pa 的量级。在橡胶平台区，聚合物显示长程橡胶弹性，即弹性体拉伸时可伸长几倍，而松开后可以回复到其初始长度。

该区域有三种情况需加以区分：

①线形无定形聚合物　模量缓慢降低，如图 4.2 (b) 中的实线所示。模量平台的温度区间主要取决于聚合物的分子量。如图 4.3 所示，分子量越高，模量平台越宽。

②交联聚合物　服从图 4.2 (b) 中点画线所示的规律，橡胶弹性得以提高，而蠕变部分得以抑制，橡胶平台区大大加宽。在该区域内，分子运动受蛇行与扩散控制。弹性体受到拉伸时，分子链通过一系列快速的链段协同运动而实现形变。当链段末端被固定在交联网络上后，分子运动涉及若干相互键接的链段，变得更加复杂。

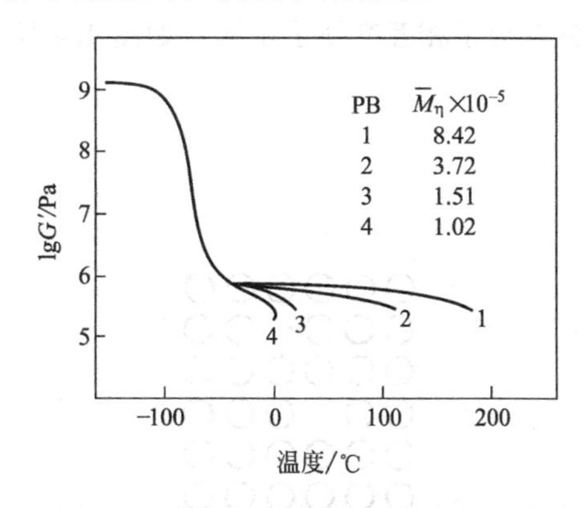

图 4.3　分子量对橡胶平台宽度的影响

③结晶聚合物　遵从图 4.2 (b) 中虚线所示的规律。结晶聚合物中通常既含有晶区也含有非晶区。温度升高到 T_g 以上时，非晶部分软化，模量下降，但晶区类似于填料起增强作用，同时又作为物理交联点而使分子链相互连接。因此，结晶聚合物的平台高度(模量)取决于结晶度，结晶度越高，模量越大。由于熔点以下晶区不会破坏(熔融温度总是高于玻璃化温度)，所以结晶聚合物的橡胶平台区可以延伸到聚合物的熔点。在熔融温度附近，模量迅速降低，并直接进入黏流态。

4.2.1.4 黏流转变区

当温度高于橡胶平台区时，线形无定形聚合物进入黏流转变区(亦称橡胶流动区)。此时，取决于实验时间尺度，聚合物可表现为橡胶弹性，也可具有流动性。在短时实验中，物理交联点来不及松弛，材料仍具有弹性；在长时实验中，温度升高使分子运动加剧，分子链以集合体的形式进行协同运动（取决于分子量），从而发生流动。

需要强调的是，交联聚合物不存在黏流转变，其橡胶平台一直延伸到聚合物分解温度。

4.2.1.5 黏流态

在更高温度下，聚合物进入黏流态(液体流动区)，可以快速流动。该区域的理想极限情况应遵循牛顿流动定律。此时链段所获得的能量足够高，可通过蛇行而越过缠结点，以单分子的形式发生流动。

4.2.2 玻璃化转变理论

玻璃化转变是非晶聚合物或部分结晶聚合物中非晶相发生玻璃态-高弹态的转变，其分子运动本质是链段运动发生“冻结”与“自由”的转变。发生玻璃化转变的温度称为玻璃化温度(有时称玻璃化转变温度)，以 T_g 表示，是聚合物的特征温度。它是非晶态热塑性塑料使用温度的上限，是橡胶使用温度的下限。玻璃化转变对聚合物性能尤其是力学性能的影响很大，非晶聚合物的模量可产生 3～4 个数量级的变化。

在玻璃化转变区，聚合物的许多性能发生不连续变化，具备热力学二级转变的特征。但实验研究发现，T_g 与测试时间密切相关，升温速率或降温速率越快(意味着测试时间越短)，所测得的 T_g 越高，这又与热力学转变相悖。人们会提出以下问题：玻璃化转变究竟是不是热力学二级转变？如何在分子水平上解释玻璃化转变？

玻璃化转变理论试图回答这些问题。下面将介绍三个主要的玻璃化转变理论：自由体积理论、动力学理论与热力学理论。虽然这些理论就像谚语所说的“三个瞎子摸大象”一样，但它们还是从三个不同角度解释了同一现象，并在定性方面达到成功的统一。

4.2.2.1 自由体积理论

Eyring 等学者最早指出，分子在本体中的运动依赖于空穴的存在，分子移进空穴时，空穴与分子相互交换了位置，如图 4.4 所示。

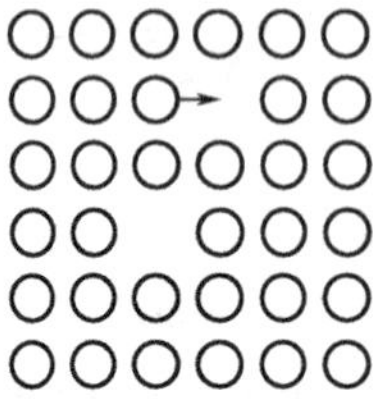

图 4.4 具有空穴的准晶格
（圆圈代表分子，箭头表示分子运动）

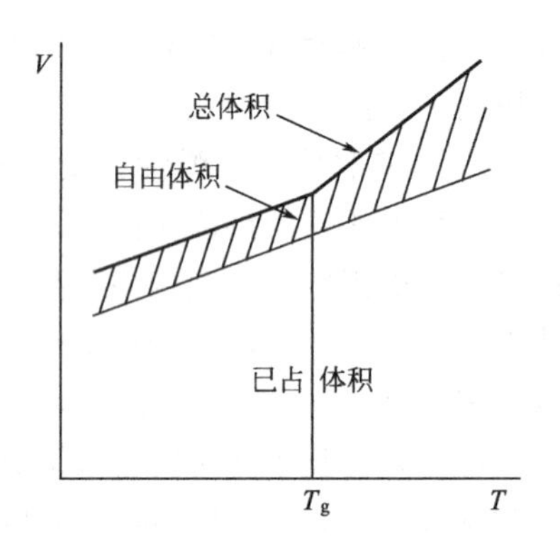

图 4.5 自由体积示意图

图 4.4 所示的模型是针对小分子的，但可以建立聚合物链运动的类似模型。与小分子相比，同一位置需要不止一个“空穴”来实现链段的协同运动。因而，在链段能够从当前位置迁移到邻近位置之前，一定的临界空穴体积的存在是必需的。这些空穴的总和定义为自由体积。

自由体积理论的要点是：没有空穴的存在，分子运动就不能发生。如下所述，该理论最重要的考虑是定量确定聚合物体系中精确的自由体积分数。

自由体积理论认为：高分子材料由两部分组成(图 4.5)，一部分是被分子占据的体积，称为已占体积；另一部分是未被占据的自由体积，后者以“空穴”的形式分散于整个物质中，为分子运动提供了活动空间，使分子链可能通过转动或位移而调整构象。在高弹态，高分子材料内部有足够大的自由体积供链段运动。而当聚合物冷却时，起先自由体积逐渐减少，到某一温度时，自由体积将达到一最低值，这时自由体积将不足以保证链段的运动(或者说，链段运动被冻结)，聚合物进入玻璃态。在玻璃态下，自由体积维持一恒定值。大量实验证明，许多聚合物在 T_g 时的自由体积为 2.5%。

由自由体积理论可以推导出著名的 WLF 方程，该方程将在时温等效原理(6.2.4 节)中介绍。

专栏 4.2 如何理解自由体积理论

若把人体看成一个聚合物分子(整链)，手臂看成链段，手指看成更小尺寸的运动单元。在一台核载 13 人的电梯中，进入 5 个人时，电梯内的自由体积很大，足以让人自由移动，此时相当于聚合物处于黏流态；进入 13 人时，自由体积大大减少，整个人要移动就很困难了，但手臂还可以活动，此时相当于聚合物处于高弹态；若电梯里挤进 30 人，则自由体积恐怕就不容许手臂活动了，最多只能动动手指，此时相当于聚合物处于玻璃态。

4.2.2.2 动力学理论

实验发现，玻璃化温度随实验时间尺度而变化，测试速度慢时得到 T_g 低，转变附近所测得的松弛时间与实验时间尺度比较接近。因而，转变是一个动力学现象。

动力学理论认为：在玻璃化温度下，高分子主链中链段运动的松弛时间与实验观察时间尺度相当。冷却时，高分子的体积收缩是通过链段的构象重排实现的，这是一个松弛过程。当松弛时间适应不了降温速率时，这种运动就被冻结而出现玻璃化转变。

高分子的降温实验可以看作一系列的温度跃变。在高温时，链段运动的松弛时间短，恢复速率快，每一个温度跃变后很快就达到平衡；温度降低后，恢复速率慢，降温跃变后一时达不到平衡，于是 V、H、S 等物理量就偏离了平衡线，这时就出现玻璃化转变。

当降温速率变慢时，相当于连续两次降温跃变之间体系恢复平衡的时间延长，于是平衡线就能延续到较低温度后再发生偏离，T_g 降低。

4.2.2.3 热力学理论

所有非晶聚合物都显示热力学二级转变的特点：虽然体积与热焓本身是连续的，但它们对温度的微分(热膨胀系数、热容)对 T 作图不连续，见图 4.6。

Gibbs 与 DiMarzio 认为，即使所观察到的玻璃化转变实际上是一个动力学现象，其潜在的真实转变在理论上具有平衡态性质，虽然这在实验上难以实现。他们预言，观察时间无穷长时，存在一个真正的热力学二级转变，材料最终达到平衡状态。实验速率无穷慢时，最终形成较为有序的玻璃态，其熵值只是稍高于晶体。习惯上将这一真实 T_g 称为 T_2。用常规手段所观察到的 T_g 通常比 T_2 高约 50℃。

上面介绍了三个看起来毫不相关的玻璃化转变理论。表 4.3 扼要地概括了一下它们的优

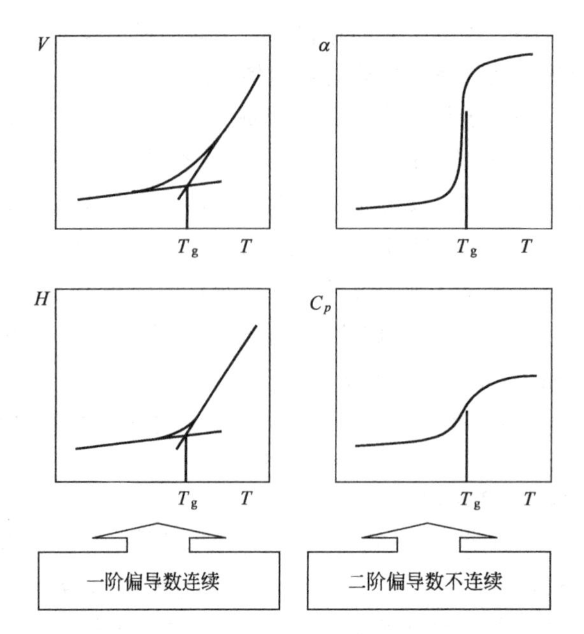

图 4.6　非晶聚合物的玻璃化转变体现出热力学二级转变的特征：
虽然体积 V 或热焓 H 本身是连续的，
但其对温度的偏导数（热膨胀系数 α、热容 C_p）不连续

缺点。

表 4.3　三个玻璃化转变理论的对比

理论	优点	不足
自由体积理论	① 将与 T_g 相关的黏弹行为与时间和温度相关联；② 将 T_g 上下的膨胀系数相关联	不能清楚地定义真实的分子运动
动力学理论	①确定了时间尺度对 T_g 观察值的影响；② 确定了热容	不能预言无穷长时间的 T_g
热力学理论	① 预言了 T_g 随分子量、稀释剂、交联密度的变化；② 预言了热力学二级转变	① 测试需要无穷长时间；② 不能清楚地定义热力学二级转变温度

4.2.3　化学结构对玻璃化温度的影响

影响玻璃化温度的因素包括内因和外因两方面，内因指聚合物本身的化学结构，包括主链结构、侧基、分子量、交联等；外因包括共聚、共混、测试速率、压力等。表 4.4 列出了常见聚合物的玻璃化温度。

表 4.4　常见聚合物的玻璃化温度

聚合物	T_g/℃	聚合物	T_g/℃
聚二甲基硅氧烷	−123	PBT	40
顺式聚丁二烯	−108(−95)	尼龙 610	40
聚乙烯	−80(−120,−30)	尼龙 6	50
聚异丁烯	−75(−60)	尼龙 66	60
顺式聚异戊二烯	−73	PET	69
聚己二酸己二酯	−70	聚乙烯醇	85
聚氧乙烯	−66	聚氯乙烯	87
聚甲醛	−50(−85)	聚苯乙烯	100(105)

续表

聚合物	T_g/℃	聚合物	T_g/℃
聚偏二氟乙烯	−35(−40)	聚丙烯腈(间同)	104(130)
聚丙烯酸乙酯	−24	聚甲基丙烯酸甲酯(无规)	105
聚氟乙烯	−20(40)	聚丙烯酸	106
聚偏二氯乙烯	−17	聚四氟乙烯	128(−65)
聚丙烯(全同)	−10	聚碳酸酯	150
聚丙烯酸甲酯	3	聚 α-甲基苯乙烯	192(180)
聚乙酸乙烯酯	28	聚苯醚	220

注：不同方法测定的数据有所不同，表中数据为占优势的文献报道结果的平均值，部分聚合物的玻璃化温度还有较大争议，括号内数据为另一些学者主张的数据。

化学结构是决定聚合物 T_g 的决定性的因素。因为 T_g 是链段运动解冻的温度，所以，使链段发生运动所需能量增大的因素均使 T_g 升高，而降低能量的因素则使 T_g 降低。Boyer 总结了一些影响 T_g 的结构因素，见表 4.5。

表 4.5 影响 T_g 的化学结构因素

使 T_g 升高的因素	使 T_g 降低的因素
分子间相互作用	提高柔性的链内基团(双键等)
高内聚能密度	柔性侧基
链内立体位阻	对称取代
大的刚性侧基	

4.2.3.1 主链结构对 T_g 的影响

主链有饱和单键构成的聚合物，因为分子链可以围绕单键内旋转，所以一般 T_g 都不太高。

当主链引入苯环、芳杂环后，单键比例减少，分子链刚性增加，T_g 提高。例如芳香族聚酯、聚碳酸酯、聚酰胺、聚砜、聚苯醚等都具有比相应的脂肪族聚合物高得多的 T_g，是耐热性较好的工程塑料。

反之，主链上含有孤立双键的高分子链都比较柔顺，所以 T_g 比较低，二烯类橡胶都属于这种结构，所以在零下几十摄氏度仍能保持高弹性。

4.2.3.2 取代基对 T_g 的影响

在单取代乙烯基聚合物或其他一些类型的聚合物中，强极性取代基增加了分子间作用力，从而使单键内旋转所需的能量增加，T_g 升高。例如，聚乙烯、聚丙烯、聚氯乙烯、聚丙烯腈的取代基(—H、—CH_3、—Cl、—CN)的极性依次递增，其 T_g(−120℃、−20℃、87℃、104℃)也依次递增。

大取代基增加了单键内旋转的空间位阻，从而使单键内旋转所需的能量增加，T_g 升高。例如，聚乙烯、聚丙烯、聚苯乙烯、聚萘乙烯的取代基(—H、—CH_3、苯基、萘基)体积依次递增，其 T_g(−120℃、−20℃、100℃、162℃)也急剧升高。

柔性侧基的作用类似于“内稀释剂”，降低分子链间摩擦，使 T_g 降低。例如，在聚丙烯酸与聚甲基丙烯酸的脂肪酯及其他聚合物中，T_g 随侧链—CH_2—单元数目的增大而降低。在脂肪族侧链更长的情况下，侧链开始结晶而限制主链运动，T_g 反而升高，材料呈蜡状。在极限情况下，聚合物就像轻度稀释的聚乙烯。

4.2.3.3 立构规整度对 T_g 的影响

立构规整度对 T_g 有显著的影响。通常全同或间同立构聚合物的 T_g 高于相应的无规立构聚合物。如全同聚丙烯的 T_g 为－10℃，而无规聚丙烯的 T_g 为－20℃。

如表 4.6 所示，在二取代的乙烯基聚合物中，间同构型的两个主要旋转异构体间的能量差异大于全同构型。在单取代的乙烯基聚合物中，其他取代基为氢原子，一对异构体两个旋转态间的能量差相等。因而，表 4.6 中聚丙烯酸酯的两个异构体具有相同的 T_g，而聚甲基丙烯酸酯具有不同的 T_g，其中全同立构总是低于间同立构。

表 4.6 聚丙烯酸酯与聚甲基丙烯酸酯立构规整度对 T_g 的影响

侧基	T_g/℃				
	聚丙烯酸酯		聚甲基丙烯酸酯		
	全同	间同为主	全同	间同为主	100%间同
甲基	10	8	43	105	160
乙基	－25	－24	8	65	120
正丙基		－44		35	
异丙基	－11	－6	27	81	139
正丁基		－49	－24	20	88
异丁基		－24	8	53	120
2-丁基	－23	－22		60	
环己基	12	19	51	104	163

4.2.3.4 交联密度对 T_g 的影响

交联降低构象熵，增加了分子链运动受到的约束程度，所以使玻璃化温度升高。Nielsen 曾给出了交联密度与 T_g 的经验关系式

$$T_{gx} - T_{g0} \approx \frac{3.9 \times 10^4}{\overline{M_c}} \tag{4.1}$$

式中，$\overline{M_c}$ 为交联点之间的有效网链的数均分子量；T_{g0} 为相应的未交联聚合物的玻璃化温度。

4.2.3.5 分子量对 T_g 的影响

增加体系中共价键合的重复单元数目等价于末端基团数目的减小，因而自由体积随分子量的增大而减小。根据 Fox 与 Flory 的理论分析，分子量 M 所对应的 T_g 与无穷大分子量所对应的 $T_{g,\infty}$ 之间有如下关系，

$$T_g = T_{g,\infty} - \frac{K}{(\alpha_R - \alpha_G)M} \tag{4.2}$$

式中，K 为与聚合物结构有关常数；α_R 和 α_G 分别为聚合物在高弹态和玻璃态下的热膨胀系数。

人们对聚苯乙烯的研究多于其他聚合物。图 4.7 所示为外推至升温速率为 0 时的 DSC 数据，可以表达为

$$T_g = 106 - \frac{2.1 \times 10^5}{\overline{M_n}} \tag{4.3}$$

4.2.4 影响玻璃化温度的其他因素

4.2.4.1 共聚、共混和增塑对 T_g 的影响

采用共聚或共混方法可以向聚合物体系中引入第二组分，而采用增塑方法可以向聚合物中添加低分子量化合物。在这种多组分体系中，对 T_g 的影响应区分单相(相容)与多相(不

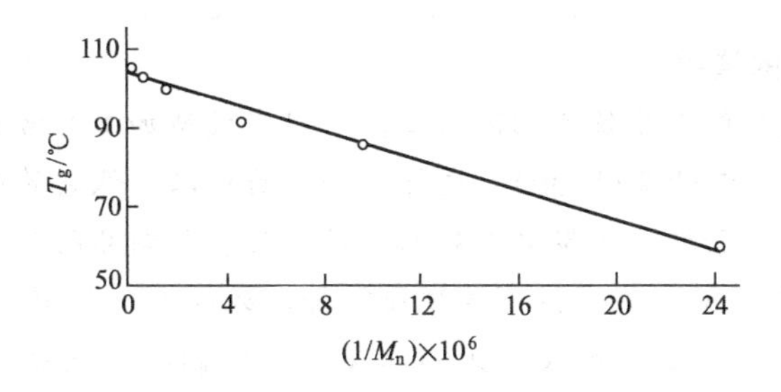

图 4.7 聚苯乙烯的玻璃化温度随分子量的变化

相容或部分相容)体系。

(1) 单相体系

单相体系(如无规或交替共聚物、相容共混物、增塑体系等)只有一个玻璃化转变，其 T_g 介于组分的 T_g 之间。根据玻璃化转变的热力学理论，克赫曼导出了相容聚合物共混体系的 T_g 与组成的关系

$$\ln\left(\frac{T_g}{T_{g1}}\right)=\frac{w_2\Delta C_{p2}\ln(T_{g2}/T_{g1})}{w_1\Delta C_{p1}+w_2\Delta C_{p2}} \tag{4.4}$$

式中，T_{g1} 与 T_{g2} 分别为组分 1、2 的玻璃化温度；w 为质量分数；ΔC_p 为热容增量。

图 4.8 所示为 PPO/PS 共混体系的 T_g 与 PPO 质量分数的关系，可以看出，式 (4.4) 很好地拟合了实验结果。

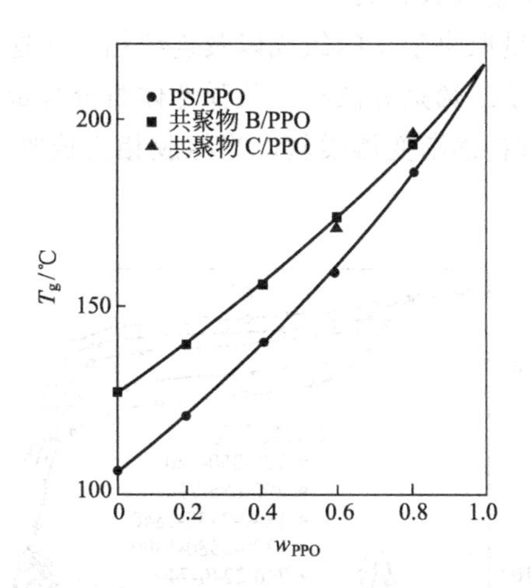

图 4.8 PPO/PS 共混体系的 T_g 与 PPO 质量分数 w_{PPO} 的关系

[B 和 C 为含 PS 的共聚物，实线根据式 (4.4) 计算]

由式 (4.4) 可推导出四个特殊的混合律关系。其中有大家所熟知的 Fox 方程

$$\frac{1}{T_g}=\frac{w_1}{T_{g1}}+\frac{w_2}{T_{g2}} \tag{4.5}$$

和线性加和方程

$$T_g=w_1T_{g1}+w_2T_{g2} \tag{4.6}$$

这些式子也可应用于含有增塑剂、小分子化合物的聚合物体系。此时，增塑剂就是具有较低 T_g 的组分，其效果是降低聚合物的玻璃化温度，降低模量，并在特定温度范围内使聚合物软化。

专栏 4.3 聚氯乙烯的增塑

聚氯乙烯由于热分解温度低于黏流温度，所以在成型加工时常加入邻苯二甲酸二丁酯(DBP)或邻苯二甲酸二辛酯(DOP)。这样，一方面可以降低它的黏流温度，以便在较低温度下加工；另一方面增加了聚氯乙烯的柔性，改善了制品的耐寒性和抗冲击性。

纯 PVC 的 T_g 为 78℃，在室温下是硬质塑料，加入 45%DOP 后，T_g 降至－30℃，可作为橡胶的代用品。增塑剂加入的比例越大，塑料制品越柔软。当加入量小于 5% 时，塑料制品为硬质；当加入量在 15%～25%时，塑料制品为半硬质；当加入量大于 25%时，塑料制品为软质。

在聚氯乙烯中加入 5%～15%增塑剂时会出现反增塑现象，使聚合物的硬度增加而伸长率降低。研究表明，当聚合物中存在少量增塑剂时，由于高分子链运动能力增加，导致聚合物更容易结晶，结晶聚合物所具有的致密而规整的内部结构赋予聚合物较高的强度和模量。由于反增塑作用影响产品质量，一般应该避免。

(2) 两相体系

许多聚合物共混物及其相应接枝与嵌段共聚物，以及聚合物互穿网络等，都发生相分离。在这种情况下，每一相都有其自身的 T_g。在图 4.9 中，一系列聚苯乙烯-*b*-聚丁二烯-*b*-聚苯乙烯三嵌段共聚物(SBS)在整个组成范围内均显示两个玻璃化转变。转变的强度(损耗模量的峰面积)与相应相的质量分数有关。

两个转变之间的储存模量取决于总的组成以及连续相。在这个例子中，电子显微镜观察显示聚苯乙烯是连续相，聚丁二烯是分散相。随弹性体组分含量的增加（首先是微球状，然后是柱状，最后是层状)，材料逐渐变得柔软。当橡胶相变成唯一的连续相时，储存模量将降低至约 1×10^8 dyn/cm^2。

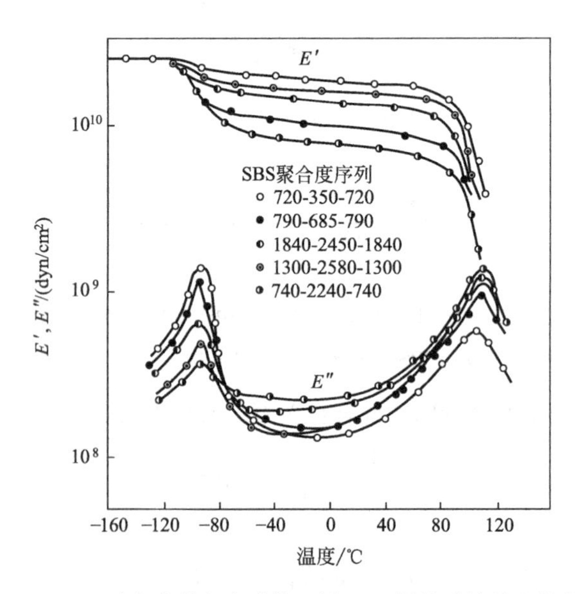

图 4.9 SBS 动态力学行为随苯乙烯-丁二烯物质的量比的变化

如果两个组分聚合物发生适当的混合，两相的 T_g 均向内移动(相互靠近)，每个 T_g 的变化都可以用式(4.4)～式(4.6)来描述。

实际上，共混前后 T_g 的变化是判断聚合物相容性最常用的方法，见图 4.10。完全相容的聚合物共混物只有一个玻璃化转变，转变温度介于两个组分聚合物的转变温度之间；完全不相容的聚合物共混物有两个玻璃化转变，转变温度保持在组分聚合物的位置；部分相容的聚合物共混物也有两个玻璃化转变，但转变温度相互靠近。

4.2.4.2 结晶对 T_g 的影响

结晶聚合物也具有玻璃化转变。此时，玻璃化转变只发生在这些聚合物的非晶部分。微晶区的存在限制了非晶区中聚合物链段的运动，常使 T_g 升高。结晶聚合物的 T_g 有时不易检测到，特别是在高结晶度的聚合物中。

许多结晶性聚合物似乎具有两个玻璃化温度：低的一个记为 $T_{g(L)}$，来自于完全非晶态，其温度值仅与其化学结构有关；高的一个记为 $T_{g(U)}$，发生在结晶材料中，随结晶度及形态而变化，强烈地受到晶区的影响。

线形聚乙烯没有侧基，具有高结晶度，其结晶度通常超过 80%。由于结晶度很高，人们对与 T_g 相关的分子运动的认识仍相当模糊，经常将其与其他次级转变混淆。如图 4.11 所示，不同研究者曾报道聚乙烯的 T_g 在三个不同的温度区：－30℃、－80℃、－128℃。

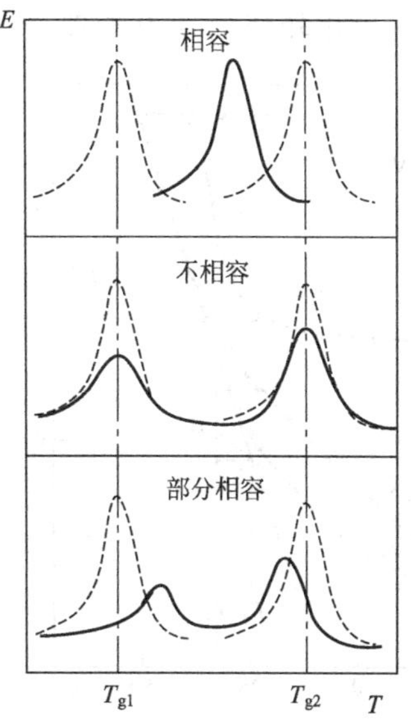

图 4.10 以玻璃化温度表征聚合物共混物的相容性（虚线为组分聚合物，实线为共混物）

为了排除晶区对 T_g 测定的影响，Boyer 测定了不同组成的一系列完全非晶的乙烯-丙烯酸乙烯酯共聚物的 T_g，并外推到丙烯酸乙烯酯含量为 0 的情况，发现聚乙烯的玻璃化温度为－80℃。由此判断－80℃为聚乙烯的 $T_{g(L)}$，而－30℃为 $T_{g(U)}$。而－128℃时的转变，一般认为是对应于曲柄运动的次级转变(见 4.2.5 节)。

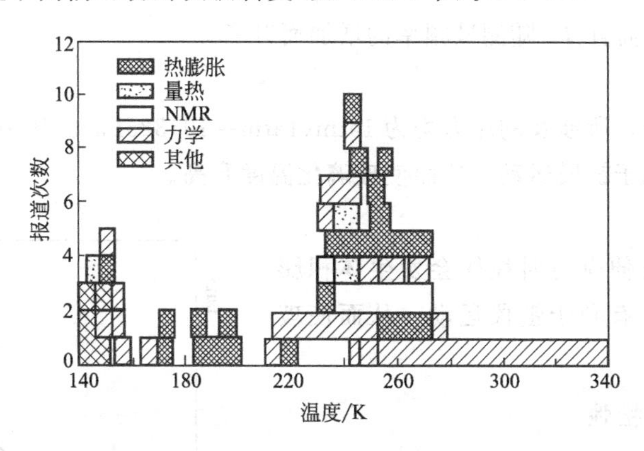

图 4.11 文献报道的采用各种方法所测线形聚乙烯的 T_g 柱状图

4.2.4.3 测试条件对 T_g 的影响

通常实验条件下观察的玻璃化转变过程不属于热力学相转变过程，而是一个松弛过程。同一个聚合物试样采用不同方法测定，或用同一方法但测定条件不同，所得到的 T_g 不一定相同。

(1) 温度改变速率

T_g 测定结果与温度改变速率(升温速率或降温速率)密切相关。温度改变速率变慢，所测得的 T_g 降低。

图 4.12 所示是膨胀计法测定聚醋酸乙烯酯的玻璃化温度的实验结果，采用两种降温速率，在 1℃/0.02h 下测得的 T_g 为 32℃，而在 1℃/100h 的极慢降温条件下测得的 T_g 为 25℃，降低约 7℃。

根据玻璃化转变的动力学理论，在玻璃化温度下，高分子主链中链段运动的松弛时间与实验观察时间尺度相当。当松弛时间大于实验观察时间时，这种运动就被冻结而出现玻璃化转变。

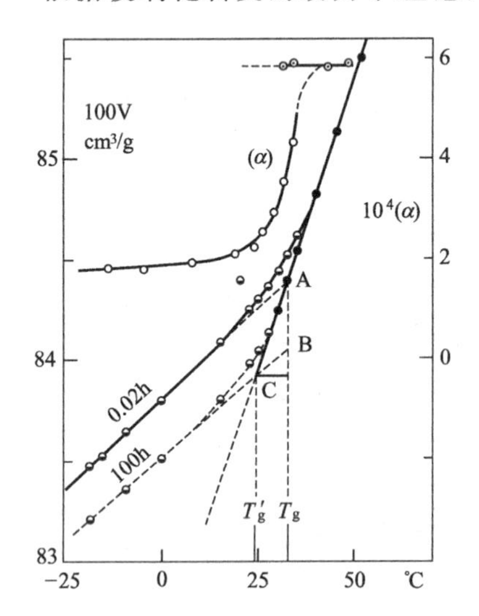

图 4.12 降温速率对膨胀计法测定的聚醋酸乙烯酯的玻璃化温度的影响(图中 α 为体膨胀系数)

高分子的变温实验，可以看作一系列的温度跃变。升温(或降温)速率快，意味着在每个温度区间的实验观察时间短，所对应的链段运动的松弛时间也就短，需要的温度(即实验测定的 T_g)也就偏高。当升温(或降温)速率变慢时，相当于每个温度区间的实验观察时间延长，于是所对应的链段运动的松弛时间也就短，需要的温度也就降低。

在测定玻璃化温度时，通常要求升温(或降温)速率不超过 1℃/min，以避免太大的实验误差。

(2) 测试频率

玻璃化转变过程是一个松弛过程，外力作用的速率将引起转变点的移动。用动态方法(如动态力学分析法、介电松弛谱法)测量的 T_g 通常要高于静态法(如膨胀计法、差示扫描量热法)测量的 T_g，而且 T_g 随测试频率的增加而升高。

(3) 压力

在以上的讨论中，所涉及的压力均为 1atm(1atm＝101325Pa)。压力增加导致体积收缩，自由体积降低，不利于链段运动，从而使玻璃化温度升高。

(4) 应力

聚合物试样受拉伸应力时往往会发生体积膨胀，自由体积增加，有利于链段运动，从而使玻璃化温度降低。

4.2.5 其他转变与松弛

由于运动单元的多重性，大多数聚合物除玻璃化转变外都具有其他若干转变。随温度降低，聚合物可依次发生次级转变(见图 4.13)。习惯上将玻璃化转变称为 α 转变，而将在较低温度下

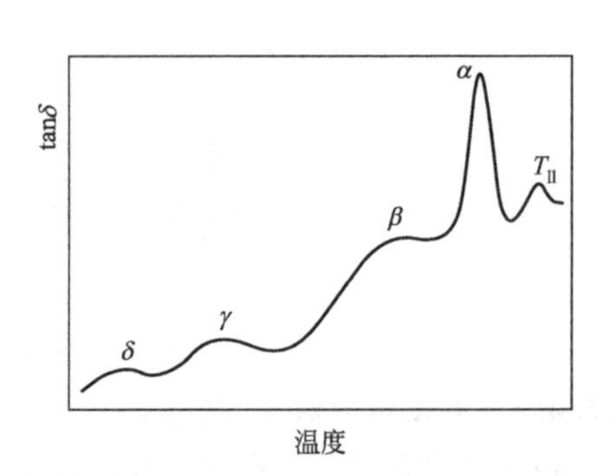

图 4.13 非晶聚合物的动态力学谱

发生的转变依次称为β、γ …转变，统称为次级转变。在T_g以上发生的一个重要的次级转变为T_{ll}(液-液)转变。表4.7列出了聚苯乙烯的多重转变及其可能的机理。

表4.7　聚苯乙烯的多重转变及其机理

温度/K	转变	可能的机理
433	T_{ll}	液体1→液体2
373	α,T_g	链段运动
325	β	苯环的扭转振动
130	γ	曲柄运动
38～48	δ	苯环的振动或摇摆

4.2.5.1　主链的曲柄运动

对于碳氢聚合物，玻璃化温度以下所发生的主链运动转变对应两个主要的机理，一个是长程协同运动，即链段运动；另一个是图4.14所示的曲柄运动。Schatzki认为，在8个—CH_2—单元所形成的链段中，两边各两个—CH_2—单元构成的第1个键与第7个键在同一直线上。在自由体积足够大时，中部4个—CH_2—单元可发生独立的旋转，如同早期汽车的曲柄运动。

至少需要4个连续的—CH_2—单元才能发生Schatzki曲柄运动，而聚乙烯在－120℃所发生的转变可能就对应这一机理。

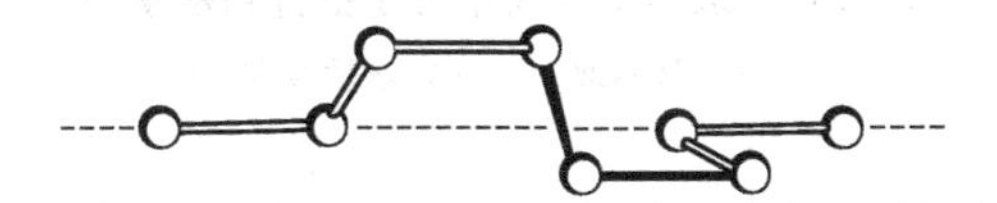

图4.14　Schatzki曲柄运动示意图
(中间4个—CH_2—单元以曲柄运动方式发生旋转)

4.2.5.2　侧基运动

许多聚合物具有侧基或侧链单元，这些单元当然也有其自身的运动，如扭转、旋转、摇摆等等。这些运动也都对应地有各自的转变温度。

主链与侧基运动对聚合物韧性的贡献不同。受到冲击时，主链运动比相应侧链运动能吸收更多的能量，同时主链运动所导致的能量吸收可抑制主链断裂。

4.2.5.3　液-液转变

液-液转变(T_{ll}转变)发生在玻璃化转变以上的温度。此时，大分子作为整体开始运动。在T_{ll}以上，物理缠结的贡献很小，分子可发生整体平移运动。

虽然很多证据支持T_{ll}的存在，但人们对此仍有争议。其原因是，T_{ll}具有分子量依赖性，对T_{ll}的分析结果依赖于所选择的黏弹模型。

4.3　聚合物的取向态

取向是在外场(力场、电场、磁场等)作用下，材料的结构单元沿外场方向作择优排列的过程。由于所有聚合物都是长链分子，其长度是直径的成百上千倍，分子形态具有显著的不对称性，因此，在聚合物熔体或溶液的流动、固体聚合物的拉伸和挤压过程中，聚合物分子链、链段、微晶等就会沿外力方向择优排列。

4.3.1 取向方式

按照外力作用方式，聚合物的取向分单轴取向和双轴取向两大类，见图 4.15。

单轴取向指聚合物只受到一维方向拉伸力的作用，长度增加，宽度和厚度减小，取向单元沿着平行于拉伸方向择优排列。合成纤维的拉伸是单轴取向最典型的例子。

双轴取向指沿着聚合物薄膜平面纵向和横向同时拉伸，面积增加，厚度减小，取向单元平行于所在平面，而在平面上的排列是无规的。聚合物薄膜的吹塑是双轴取向最典型的例子。

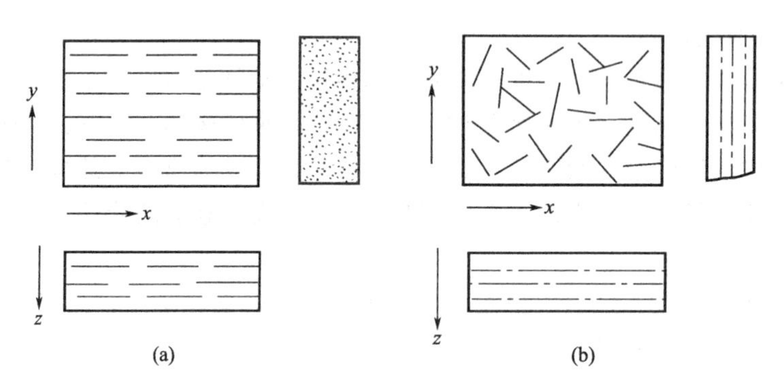

图 4.15 取向聚合物中分子链排列示意图

(a) 单轴取向；(b) 双轴取向

对于不同的材料，根据使用要求的不同，要采取不同的取向方式。纤维制品生产时，一般通过单向拉伸使聚合物发生单轴取向，提高取向方向上的断裂强度和模量。薄膜制品虽然也可以单轴拉伸取向，但单轴取向的薄膜平面内出现明显的各向异性，在平行于取向方向上，薄膜的强度有所提高，但在垂直于取向方向上的强度却下降了，甚至比未取向的薄膜还差，如包装用的塑料绳(称为撕裂薄膜)就是这种情况。因此，大多数薄膜制品(如电影胶片、包装膜等)需要通过双向拉伸或吹塑使聚合物发生双轴取向，使平面内任意方向的性能均有所提高。

4.3.2 取向机理

由于聚合物结构的特点，聚合物取向的结构单元是多重的，可以是分子链、链段或基团，也包括晶粒、晶面、变形的球晶等。

非晶聚合物的取向单元有两种：整链取向和链段取向，见图 4.16。链段取向时，链段沿外场方向平行排列，但分子链的排列可能是杂乱的；整链取向时，整个聚合物链沿外场方向平行排列。

整链取向需要聚合物的各个链段的协同运动，所以只有聚合物在黏流状态下才能实现。而链段取向比整链取向容易得多。在外力作用下首先发生链段取向，然后才是整链的取向。温度较低时(高弹态下)，整个分子不能运动，只能发生链段取向。表 4.8 对比了链段取向与整链取向的特点。

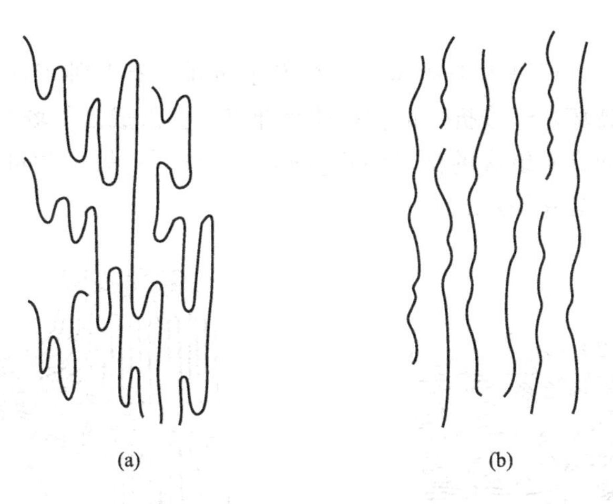

图 4.16 非晶聚合物的两种取向单元

(a) 链段取向；(b) 整链取向

表 4.8 链段取向与整链取向的对比

项目	链段取向	整链取向
机理	单键的内旋转造成的链段运动	高分子各链段的协同运动
取向时所处状态	高弹态	黏流态
各向异性	不明显	明显
取向速度	快	慢
发生时间	外力作用下首先发生	其后发生或不发生

取向过程是聚合物在外场作用下的有序化过程。外力除去后，分子热运动使聚合物分子排列无序化，即解取向。在热力学上，解取向是自发过程，而取向则必须依靠外力的帮助才能实现。因此，聚合物的取向态是热力学的非平衡态，只有相对的稳定性。为了维持取向状态，必须在聚合物取向后把温度降至玻璃化温度以下，使取向单元的运动冻结起来之后才能撤去外场。

对于结晶聚合物而言，在外场作用下，除了发生非晶区的分子链和链段取向外，还会发生晶粒的取向。

聚合物在熔融状态冷却结晶时，往往生成由折叠链晶片组成的球晶。拉伸取向过程也是球晶的变形过程。如图 4.17 所示，在弹性形变阶段，球晶稍被拉长，但长短轴差别不大；在不可逆形变的初始阶段，球晶被拉长成细长的椭球形；到大形变阶段，球晶转变为带状

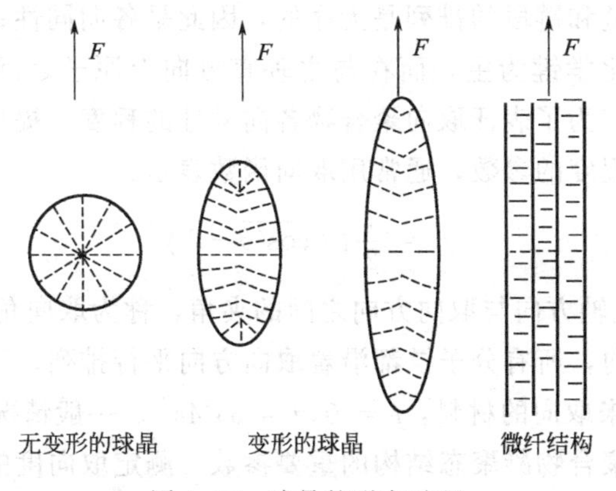

图 4.17 球晶的形变过程

结构。

在外形变化的同时，球晶内部的晶片也会发生重排。有两种可能：一种是晶片发生倾斜、滑移、转动甚至破坏，部分折叠链被拉伸为伸直链，形成沿外场方向取向的折叠链晶片和贯穿在晶片之间的伸直链组成的微丝结构[图 4.18（a)]；另一种可能是原有的折叠链晶片被拉伸转化为伸直链晶片[图 4.18（b)]。

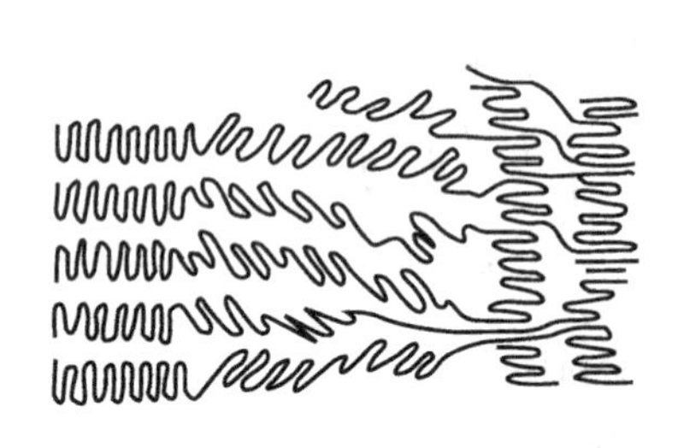

(a)

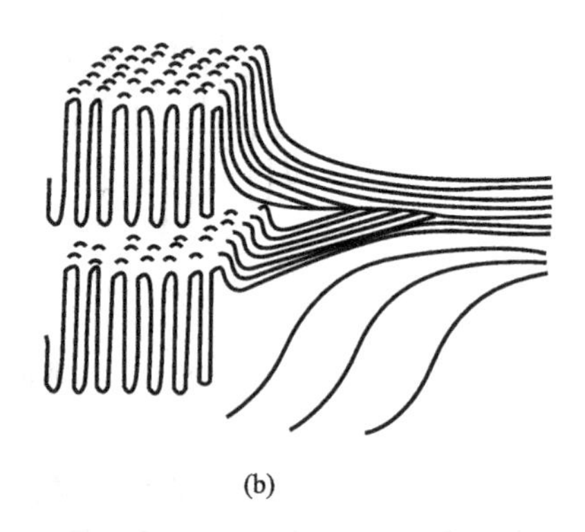

(b)

图 4.18　结晶聚合物拉伸取向过程中晶片结构的变化

（a）形成微丝结构；（b）形成伸直链晶体

结晶聚合物中晶片的取向在热力学上是稳定的，在晶体被破坏之前不会发生解取向。

专栏 4.4　取向态与结晶态的差异

取向态与结晶态都与聚合物的有序排列有关，而且取向还能诱导结晶，但两者是有本质区别的。

首先，取向态与结晶态的有序程度不同。取向态是一维或二维有序，而结晶态是三维有序。

其次，结晶态是热力学稳定状态，而取向态是热力学非平衡态。取向时聚合物链或链段沿外场方向伸展，是熵减过程，不可能自发进行。为了使聚合物的取向结构相对稳定，必须把稳定降到玻璃化温度以下，冻结链段和整链运动。但聚合物的热运动是一个松弛过程，时间长了仍然会发生解取向。

4.3.3　取向度及其测定方法

聚合物未取向时，链和链段的排列是无序的，因此呈各向同性；取向后，由于在取向方向上原子间的作用力以化学键为主，而在与之垂直方向上原子之间的作用力以范德华力为主，因此呈现各向异性。为了表征取向聚合物各向异性的程度，提出了取向度的概念。

取向度是表示取向程度的参数，通常用取向函数表示：

$$f=\frac{1}{2}(3\overline{\cos^2\theta}-1) \tag{4.7}$$

式中，θ 为分子链主轴方向与取向方向之间的夹角，称为取向角。

对于理想的单轴取向，所有分子链都沿着取向方向平行排列，平均取向角 $\bar{\theta}=0$ ，取向函数 $f=1$ ；对于完全未取向的材料，$f=0,\theta=54°44'$ 。一般情况下，$0<f<1$。

取向度是表征取向聚合物凝聚态结构的重要参数。测定取向度的方法很多，常用的实验方法有声速法、偏振红外光谱法、光学双折射法、红外二向色性法及 X 射线衍射法等。下面简要介绍声速法和光学双折射法。

(1) 声速法

声波沿聚合物主链方向的传播速率比垂直方向快得多。这是因为在主链方向上声波是通过分子内键合原子的振动来实现的，而在垂直于主链方向则是靠非键合的分子间的振动实现的。取向程度越高，取向方向上传播速率越快。因此可以用声波传播速率的快慢来表示取向度的高低，声速取向函数的表达式为

$$f_s = 1 - \left(\frac{c_0}{c}\right)^2 \tag{4.8}$$

式中，c_0 为声波在未取向聚合物中的传播速率；c 为声波在待测的取向聚合物中的传播速率。将式(4.8)与式(4.7)比较可得

$$\cos^2\theta = 1 - \frac{2}{3}\left(\frac{c_0}{c}\right)^2 \tag{4.9}$$

声速法测定的是样品的总取向，包括非晶区和晶区取向的共同贡献。由于声波的波长较大，该方法更多地反映了整个分子链的取向情况。

(2) 光学双折射法

当光线通过取向的聚合物时，会发生双折射现象，即取向使得平行于取向方向的折射率与垂直于取向方向的折射率产生差异。通常直接用折射率之差 $\Delta n = n_{//} - n_{\perp}$ 表征取向度。

双折射度 Δn 与取向函数间存在线性关系，必要时可以把 Δn 换算为取向函数。双折射取向函数的表达式为

$$f_B = \frac{\Delta n}{\Delta n_{max}} \tag{4.10}$$

式中，Δn_{max}为完全取向的样品的双折射度，由于完全取向的样品不易得到，通常采用最大双折射度代替。

光学双折射法测定的也是样品的总取向，包括非晶区和晶区取向的共同贡献。由于可见光的波长较短，该方法更多地反映了整个链段的取向情况。

例题 4.1 取向角的计算

某单轴取向聚合物纤维的双折射度为 0.03，已知该聚合物完全取向时的双折射度为 0.05，请问该聚合物纤维的取向度以及聚合物链与纤维轴之间的平均夹角是多少？

解答：

由式(4.10)，取向度

$$f_B = \frac{\Delta n}{\Delta n_{max}} = \frac{0.03}{0.05} = 0.6$$

由式(4.7)

$$f = \frac{1}{2}(3\,\overline{\cos^2\theta} - 1)$$

求得

$$\overline{\cos^2\theta} = 0.73$$

聚合物链与纤维轴之间的平均夹角为

$$\theta = 31.1°$$

4.3.4 取向的应用

取向对聚合物材料的各种性能都带来很大的影响，引起性能的各向异性。对力学性能的影响尤其重要，一般说，取向时物体在取向方向上的模量和强度会明显增大，但断裂伸长率会有所下降。适当调节取向状况，可在很大范围内改变高聚物的性能。例如聚合物纤维和薄膜等材料都是通过取向来达到其所需的优良性能的，但是不适当的取向也会使塑料制品尺寸不稳定或易于应力开裂。

塑料分子的取向可以是人为的也可以是非人为的，非人为的取向是指在塑料加工中发生的可被人接受的分子取向，过多的取向被冻结会使制品产生内应力，由于内应力的存在，制品受化学药品的影响或受热的情况下会引起应力开裂或产生银纹。聚合物分子最初是处于松弛状态，在无定形区分子链任意缠结，在结晶区分子有规则的排列并折叠。加工(如注塑模塑和挤出成型)中受到剪切作用时，在一定的温度、时间和压力下，熔体经过阻流区（模具、口模等），分子链被拉伸排列成平行状态，结果在平行方向上的性能和尺寸都发生变化。变化的大小取决于热塑性塑料的品种、材料受剪切作用的程度和冷却速率。最重要的是冷却速率，冷却越快，冻结的取向部分越大。加工后的制品因应力松弛，在性能和尺寸上也会发生变化，对于某些塑料和加工方法，这种变化是无关紧要的。如果这种变化很重要，则必须采取措施对工艺条件严加控制。

通过拉伸可以人为地使分子链沿拉伸方向取向，取向后聚合物固有的强度比自然的松弛状态更容易体现出来。在加热条件下拉伸无论在加工中或加工后(吹塑模塑、挤出成型、热成型等)都可进行，产品可在一个方向(单轴)或两个方向(双轴)进行拉伸，这样许多性能在单向或双向上都显著增加。表 4.9 显示了取向对聚酯纤维性能的影响。

表 4.9 取向对聚酯纤维性能的影响

牵伸倍率	ρ^{20} /(g/cm³)	X_c /%	Δn^{20}	σ /(g/den)	ε /%	T_g /℃
1	1.3383	3	0.0068	11.8	450	71
2.77	1.3694	22	0.1061	23.5	55	72
3.56	1.3804	40	0.1288	43.0	27	85
4.49	1.3841	43	0.1420	64.5	7	89

注：den(但)是纤维细度的衡量单位，指 9000m 长的纤维的质量，以克为单位。

设计具有取向的产品在聚合物工业中日益重要，包括单轴取向的细丝、双轴取向的薄膜和瓶子等。单轴取向在一个方向上拉伸模量和拉伸强度提高，而双轴取向在拉伸平面上具有相同的性能。双轴拉伸的瓶子，在瓶子的轴线上和垂直轴线上力学性能保持平衡。

对于取向加工的研究导致新的加工技术的出现。在挤出成型中将管材再加热然后充气膨胀产生取向，使管材的环刚度显著提高。在注射模塑中环形模具的模芯旋转，可产生螺旋形取向的模塑制品。碳酸饮料瓶的生产，是将注射好的聚酯型坯加热，在模具中充气膨胀形成双轴取向的瓶子。双向拉伸聚丙烯薄膜，是先挤出流延薄膜，再利用拉幅装置进行纵向和横向双轴拉伸。

专栏 4.5 热收缩材料

热收缩材料是经加热以后产生收缩变形的材料。如冷时是一个粗管，当加热以后可以收缩成细管，并紧贴在其附着的物体表面，从而可保证物体的绝缘或保证金属表面的防腐。如果材料是薄膜，用此包装食品，一经加热膜材料即收缩紧包住食品，使食品与空气隔绝，起到保鲜作用。

为什么这种材料有这种神奇的特性呢？就要从材料的结构来讨论。

热收缩材料也属于取向产品，其生产原理是把挤出后拉伸取向的大分子，通过迅速冷却冻结在制品中，当再加热到一定温度时，冻结的取向分子发生松弛，使制品产生收缩。

习题与思考题

概念题

1. 解释以下概念：结晶聚合物，无定形聚合物，软物质，链缠结，玻璃化温度，自由体积，增塑剂，次级转变，Schatzki 曲柄运动，单轴取向，双轴取向，整链取向，链段取向，解取向。

问答题

2. 作线形无定形聚合物的形变-温度图，命名黏弹行为的 5 个区域，给出在每一区域应用的商业高分子例子。

3. 作线形无定形聚合物的 $\lg E$-温度图。

① 指出黏弹行为 5 个区域的位置与名称。

② 若高分子是结晶性的，曲线如何变化？

③ 若对高分子进行交联，曲线如何变化？

④ 若实验进行得较快——在 1s 而不是 10s 时进行测试，曲线如何变化？

需分别作出②、③与④的示意图，正确地标明每一变化。

4. 试列举常用的几种测定聚合物玻璃化温度的方法(至少写出 3 种)，并任选其中一种说明其原理。

5. 简述聚合物玻璃化转变的自由体积理论。在玻璃态下，聚合物的自由体积是否会随温度的升高而增加？

6. 测定聚合物玻璃化温度时，发现对于同一个聚合物样品，升温速率越快，所测得的玻璃化温度越高，为什么？

7. 列表指出三个玻璃化转变理论主要的优点与缺点。

8. 聚苯乙烯和聚丁二烯分别是玻璃态和橡胶态的，在这个组成范围内它们均不相容，在组成比为 50/50时，怎么制备软的(低模量)或硬的(高模量)共混材料？

9. 一种新的聚合物在 50℃时软化，请设计两个简单的实验来区分这是它的玻璃化温度还是熔点。

10. 聚合物的取向态与结晶态有何异同？

11. 在合成纤维生产中，为了获得既有较高强度、又有适当弹性的纤维，通常要对熔融挤出的纤维进行缓慢的牵伸，然后用热空气或水蒸气迅速地对纤维进行热定型。试用取向的观点解释这一工艺。

计算题

12. 聚苯乙烯均聚物 $T_g=100℃$，聚丁二烯 $T_g=-90℃$，试估计 50/50(质量比)聚（苯乙烯-丁二烯）无规共聚物的 T_g。

13. 已知：环氧/丙烯酸共混物总的组成为 60/40(质量比)。测试了共混物及纯组分的损耗模量，结果如下图所示，问

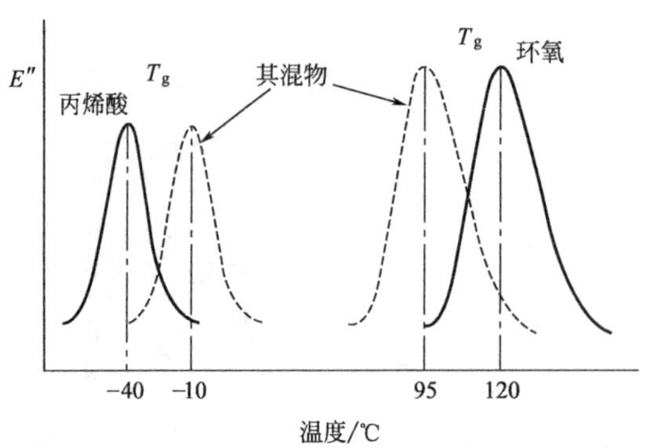

①该共混物是完全不相容体系还是部分相容体系？

②每一相内部的组成如何？

③两相的质量分数是多少？

14. 已知声音在未取向的尼龙 6(锦纶)中的传播速率为 1.3km/s，测得某锦纶长丝中的声速为 3.3km/s，请计算该锦纶长丝的取向度。

第5章 结晶聚合物的结构与热转变

聚合物的凝聚态包括晶态和非晶态。

聚合物能否结晶取决于其链结构的规整性。全同和间同聚合物通常是结晶的，而无规聚合物一般不结晶。两种可以结晶的聚合物单体无规共聚或交替共聚后也会失去结晶能力，如聚乙烯和聚丙烯都能结晶，在室温下作为塑料使用，但其无规共聚物则是非晶的，室温下是耐候性很好的弹性体(乙丙橡胶)。

由于晶态的位能比液态或非晶态低，对于小分子物质，可以完全由液态或非晶态转变为晶态。但对于结晶性聚合物，在通常条件下很难全部结晶。通常是两相共存的，即使在极稀溶液中培育的单晶，也有约10%的非晶部分。

在结晶聚合物中，晶区的完善程度还可能有差异，有序程度不同的晶区将在不同温度下熔融。因此，结晶聚合物的熔点不如小分子晶体那么明确，不能通过熔点的测定来鉴定聚合物是否纯净，也不能用重结晶的方法来纯化聚合物。

5.1 聚合物的晶态结构

绝大多数聚合物是半结晶的，即材料中一部分是无定形区，另一部分是晶区。聚合物不能100%结晶的原因主要源于大分子长链。长链贯穿许多晶胞，其缠结特性限制了其运动，在有限的冷却或退火时间内，聚合物不可能完全解缠结并很好地排列起来，从而留下无定形区，甚至连晶区部分也不是很规整。

5.1.1 聚合物的结晶度及其测定方法

结晶度(X_c)通常用晶区的质量分数表示

$$X_c = \frac{m_c}{m_c + m_a} \times 100\% \qquad (5.1)$$

式中，m_c 和 m_a 分别为结晶部分和非晶部分的质量。

许多聚合物的结晶度在40%～75%之间。聚四氟乙烯可以达到90%的结晶度，而聚氯乙烯往往只有不到15%。后者基本上是无规的，只有一些间规的短链段对结晶作贡献。这与低分子量化合物的结晶有很大差别。

测定聚合物结晶度的方法有许多种，比较常用的有X射线衍射法、热分析法和密度法。

5.1.1.1 X射线衍射法

X射线衍射法是研究结晶结构最重要的方法。衍射指光线照射到物体通过散射继续在空间发射的现象。如果采用单色平行光，则衍射后将产生干涉结果。相干波在空间某处相遇后，因位相不同，相互之间产生干涉作用，引起相互加强或减弱。根据衍射的结果可以分析晶体的性质。

X射线照射两个晶面距为 d 的晶面时，受到晶面的反射，两束反射X光程差($2d\sin\theta$)是入射波长的整数倍，即满足Bragg方程时，

$$2d\sin\theta = n\lambda \qquad (5.2)$$

两束光的相位一致，发生相长干涉，这种干涉现象称为衍射。式(5.2)中，θ 称为衍射角(入射或衍射X射线与晶面间夹角)；n 为反射级数，在聚合物中，通常一级反射($n=1$)的强度最大。

衍射光的强度依赖于电子数，从而正比于密度。在衍射图中，如图5.1所示，除了晶区的布拉格衍射线之外，还有无定形区的衍射晕。由于分子排列相对不规整，无定形区的衍射晕比相应的结晶峰要宽。结晶度可以用下式计算

$$X_c = \frac{A_c}{A_c + KA_a} \times 100\% \tag{5.3}$$

式中，A_c 为结晶峰的峰面积；A_a 为非晶区的衍射晕环面积；K 为校正系数，等于某聚合物完全结晶的衍射强度与完全非晶的散射强度之比。每一种聚合物有特定的 K 值，如 $K_{PS}=2.16, K_{PP}=1.30, K_{PE}=2.17, K_{POM}=0.56$。

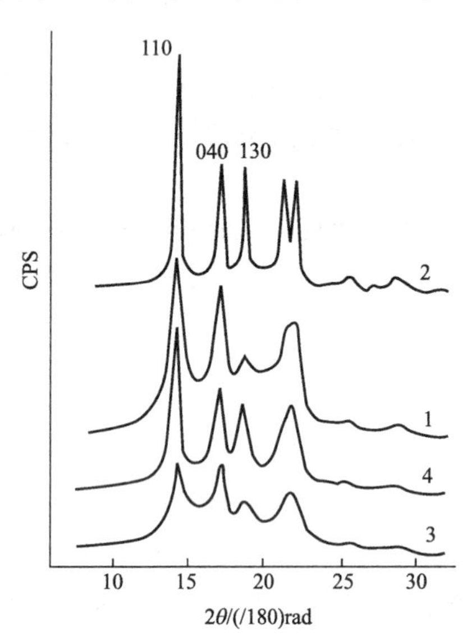

图5.1 不同条件下结晶的iPP的广角X射线衍射谱
1—原始试样；2—145℃结晶5h的试样；
3—淬冷试样；4—从溶液中结晶的试样

5.1.1.2 热分析法

热分析法通过测定试样的熔融热计算结晶度，目前最常用的是差示扫描量热法(DSC)。

DSC是在程序控制温度下，测量输给物质和参比物的功率差与温度关系的一种技术。将样品和在所测定温度范围内不发生相变且没有任何热效应产生的参比物，在相同的条件下进行等温加热或冷却，当样品发生相变时，在样品和参比物之间就产生一个温度差。放置于它们下面的一组差示热电偶即产生温差电势，经放大后送入功率补偿放大器，功率补偿放大器自动调节补偿加热丝的电流，使样品和参比物之间温差趋于零，两者温度始终维持相同。此补偿热量即为样品的热效应，以电功率形式显示于记录仪上。

升温或降温过程中所有与热量有关的物理和化学的变化在DSC曲线中都会产生响应，如熔点、熔化热、结晶点、结晶热、相变反应热、玻璃化温度、热稳定性(氧化诱导期)等。

图5.2所示为高密度聚乙烯的DSC升温曲线，由熔融峰的面积可以测定熔融热。结晶度的通过下式计算

$$X_c = \frac{\Delta H_m}{\Delta H_m^0} \times 100\% \tag{5.4}$$

式中，ΔH_m 为试样的熔融热；ΔH_m^0 为完全结晶试样的熔融热。

5.1.1.3 密度法

晶区的分子链比非晶区的分子链堆砌得更紧密，因此结晶聚合物的密度就比较高，通过测量聚合物试样的密度即可计算出结晶度，采用两相模型，并且假定晶区与非晶区的比体积有加和性，可以推导出结晶度与密度的关系式

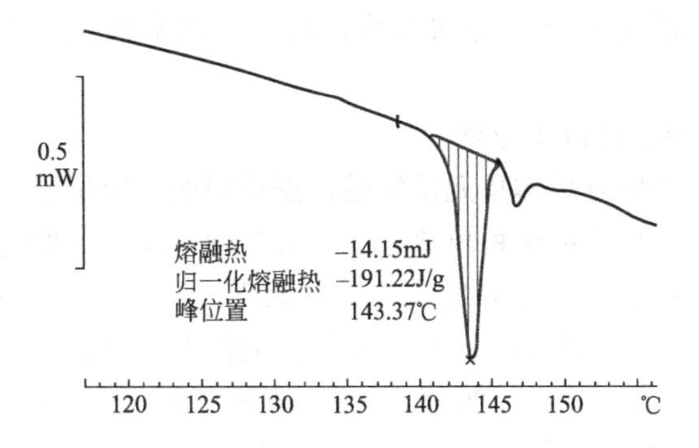

图 5.2 HDPE 的 DSC 曲线，升温速率 4K/min

$$X_c = \frac{\rho - \rho_a}{\rho_c - \rho_a} \times 100\% \qquad (5.5)$$

式中，ρ 为试样的实际密度，一般采用密度梯度管来测定；ρ_a 和 ρ_c 分别为无定形材料和 100%结晶材料的密度。其中 100%结晶材料的理论密度就是晶区密度，可以通过 X 射线衍射测定，或根据晶胞参数计算。而无定形材料的密度则通过将熔体密度外推到实验温度得到，见图 5.3。表 5.1 列出了部分聚合物的 ρ_a 和 ρ_c。

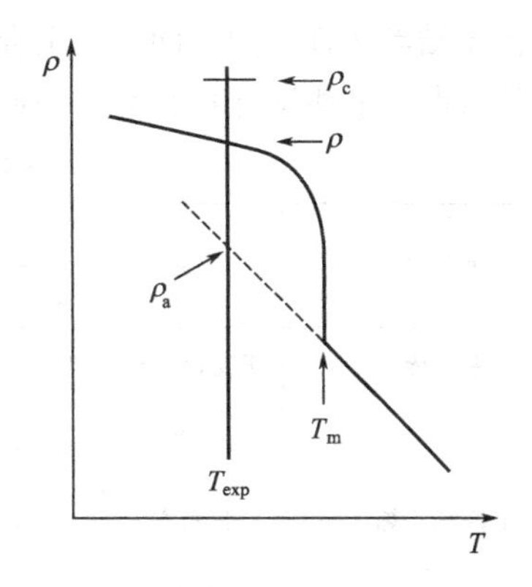

图 5.3 密度法测定聚合物的结晶度实验

表 5.1 完全非晶和完全结晶的聚合物密度

聚合物	ρ_c/(g/cm³)	ρ_a/(g/cm³)
聚乙烯	1.000	0.852
等规聚丙烯	0.937	0.854
等规聚苯乙烯	1.111	1.054
聚乙烯醇	1.345	1.269
聚对苯二甲酸乙二醇酯	1.455	1.335
双酚 A 聚碳酸酯	1.300	1.200
尼龙 66(α)	1.220	1.069
顺式 1,4-聚丁二烯	1.020	0.926

要注意的是，由于聚合物的晶区与非晶区的界限不明确，在一个样品中同时存在不同程度的有序状态。而不同方法涉及不同的有序状态，这些方法不可能得到完全相同的结果，有时甚至会有很大出入，但趋势还是一致的。

5.1.2 结晶聚合物的晶胞与链构象

聚合物结晶的研究在证明 Staudinger 提出的大分子假说过程中起了重要作用。如果聚合物是长链结构的，它怎么适应尺寸只有数埃的晶胞？答案是：一个晶胞只含有几个单元，重复单元在相邻晶胞重现，这样，晶胞与长链的关系就很容易理解了。

5.1.2.1 晶体结构确定原理

通过 X 射线衍射、电子衍射以及红外光谱和拉曼光谱的应用，已经得到聚合物结晶的大量数据。但实验并不能直接给出聚合物的晶体结构，研究人员还是需要利用自己的直觉推出晶体结构的模型，然后将其与实验结果作比较，并逐渐修正模型，才能最终得到晶体结构。

确定晶体结构时需要遵循以下原则：

① 等同原则　晶体中所有单体单元沿链轴占据等同的空间位置。

② 能量最低原则　晶体中的链构象接近于其沿链轴取向的单根链的最低位能的构象。

③ 堆砌原则　在晶格中尽可能多地放入对称元素，这样，沿链轴方向不同的单体单元上的位置相同的原子就会与其邻接链上相应的原子占据同一位置。

晶体有七种晶系：立方、六方、四方、三方(菱形)、正交(斜方)、单斜、三斜。由于聚合物是长链分子，进入晶格的是受链束缚的链节或链段，所以聚合物的晶胞没有最高级的晶系——立方晶系。

由于结晶条件不同，同一种聚合物可以形成不同的晶型。表5.2总结了一些重要聚合物的结晶学数据。某些聚合物有不止一种晶型，如聚四氟乙烯在19℃发生结晶-结晶一级相转变。

表5.2　一些结晶聚合物的数据

聚合物	晶系	晶格常数						N	分子构象	晶体密度/(g/cm^3)
		a/Å	b/Å	c/Å	α	β	γ			
聚乙烯	正交(斜方)	7.417	4.945	2.547				2	PZ2_1	1.00
	单斜	8.09	2.53	4.79		107.9		2	PZ2_1	0.998
聚四氟乙烯	假六方	5.59	5.59	16.88			119.3	1	H13_6	2.35
	三方	5.66		19.50				1	H15_7	2.30
	正交(斜方)	8.73	5.69	2.62				2	PZ2_1	2.55
	单斜	9.50	5.05	2.62			105.5	2	PZ2_1	2.74
it-聚丙烯	单斜	6.65	20.96	6.50		99.3		4	H3_1	0.936
	六方	19.08		6.49				9	H3_1	0.922
	三方	6.38		6.33				1	H3_1	0.939
it-聚苯乙烯	三方	21.90		6.65				6	H3_1	1.13
cis-1,4-聚异戊二烯	单斜	12.46	8.89	8.10		92		4	Z2_0	1.02
聚氯乙烯	正交(斜方)	10.6	5.4	5.1				2	PZ2_1	1.42
聚四氢呋喃	单斜	5.59	8.90	12.07		134.2		2	PZ2_1	1.11
尼龙6	单斜	9.56	17.2	8.01		67.5		4	PZ2_1	1.23
	单斜	9.33	16.88	4.78		121		2	H2_1	1.17
尼龙66	三斜	4.9	5.4	17.2	48.5	77	63.5	1	PZ1_0	1.24
	三斜	4.9	8.0	17.2	90	77	67	2	PZ1_0	1.248
尼龙610	三斜	4.95	5.4	22.4	49	76.5	63.5	1	PZ1_0	1.157
	三斜	4.9	8.0	22.4	90	77	67	2	PZ1_0	1.196
聚对苯二甲酸乙二醇酯	三斜	4.56	5.94	10.75	98.5	118	112	1	P	1.455

注：N—每个晶胞的链数；PZ—平面锯齿型；H—螺旋型；Z—锯齿型；P—平面型。

5.1.2.2 聚乙烯的晶胞

聚乙烯是研究结晶的聚合物中最重要的品种之一，本体和单晶态的聚乙烯都得到深入研究。由于其结构简单，在实验室里将其作为模型聚合物进行研究。同时，其作为结晶聚合物的重要商业价值使研究结果可以立即见效。

通过聚乙烯单晶的研究发现，聚乙烯晶胞属正交晶系，晶胞尺寸为 $a=7.40\text{Å}$，$b=4.93\text{Å}$，$c=2.534\text{Å}$。一个晶胞含两个单体单元(见图 5.4)。其晶胞尺寸与分子量为 300～600g/mol 的石蜡相同。其分子链为伸展的锯齿形，即碳-碳键是对式构象，而不是旁式构象。

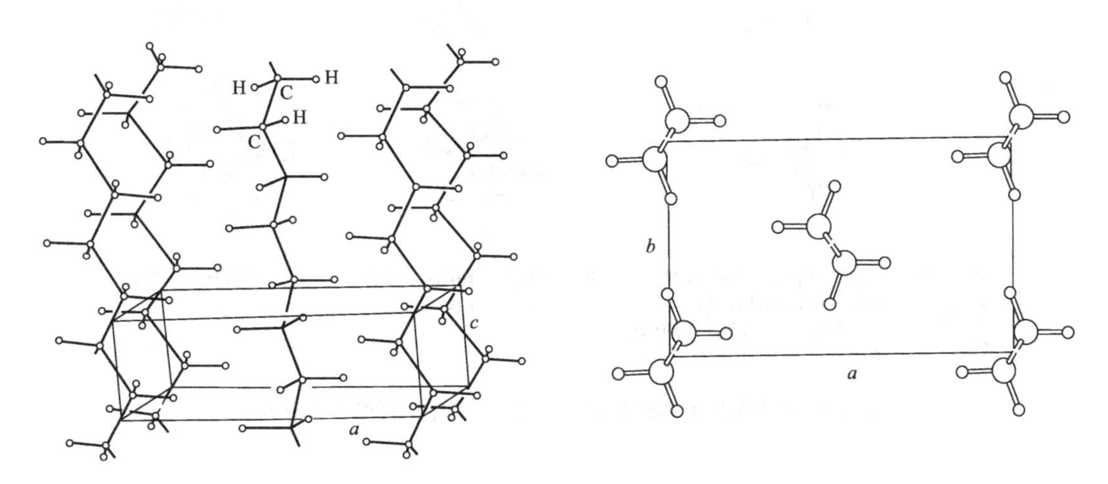

图 5.4 聚乙烯的晶胞及链的锯齿形构象（右图为沿链轴方向观察的聚乙烯晶胞）

5.1.2.3 其他烃类聚合物的晶胞

因为结晶要求链具有规整性，所以只有全同或间同结构的烃类聚合物才能结晶。像全同聚丙烯可以很好地结晶，并加工成纤维，而无规聚丙烯则是无定形的。

侧基较大的聚合物，为了减小空间位阻，必须采取部分旁式构象。如全同聚丙烯，其侧甲基的半径为 0.20nm，若取全反式构象，两个相邻甲基之间的距离只有 0.25nm，小于两个甲基的半径之和，甲基就会相互排斥。所以，全同聚丙烯在结晶中通常采取反式与旁式交替出现的构象(tgtgtg)。事实上，随着结晶条件不同，聚丙烯有单斜、六方、三方三种晶型，其中最稳定的 α 晶属于单斜晶系，晶胞尺寸为 $a=0.665\text{nm}$，$b=2.096\text{nm}$，$c=0.650\text{nm}$，$\alpha=\gamma=90°$，$\beta=99.20°$。

其他全同聚合物的一些可能的螺旋结构类型示于图 5.5。这些链可以看成是 n/p 螺旋构象，其中 n 是单体单元数，p 是特定周期内的螺距数。类型Ⅰ中，每三个单体单元构成一节螺旋，所以 $n=3$，$p=1$。类型Ⅱ中，七个单体单元构成两节螺旋，所以 $n=7$，$p=2$。类型Ⅲ中，每节螺旋含四个单体单元，所以 $n=4$，$p=1$。

5.1.2.4 极性与含氢键的聚合物的晶胞

以上讨论的烃类聚合物是非极性的，链之间仅以范德华力结合，横向有序处于次要地位。而当聚合物含有极性基团或能够形成氢键时，就会倾向于形成能量最有利的结晶结构，此时横向有序就很重要了。图 5.6 中画出了尼龙 66 晶体中的分子排列，链是完全伸展的平面锯齿结构。

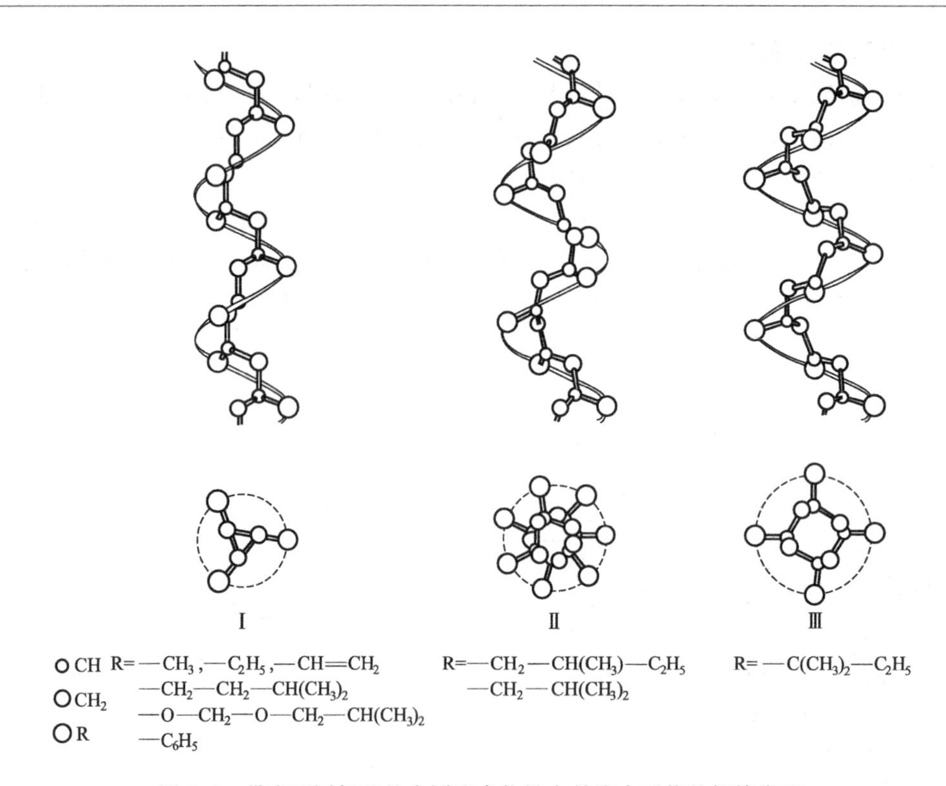

图 5.5　带有不同侧基的全同聚合物链在晶胞中可能的螺旋类型

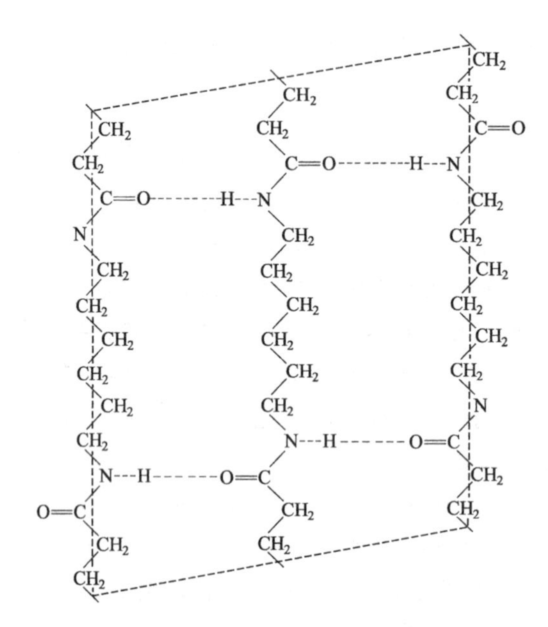

图 5.6　尼龙 66 在晶胞中的平面锯齿结构
（虚线为晶胞面）

聚对苯二甲酸乙二醇酯也属于三斜晶系，晶胞尺寸为 $a=4.56\text{Å}$，$b=5.94\text{Å}$，$c=10.75\text{Å}$，$\alpha=98.5°$，$\beta=118°$，$\gamma=112°$。聚酰胺和芳香族聚酯都是高熔点聚合物，前者存在氢键，后者具有刚性链。

5.1.3 聚合物的结晶形态

结晶形态是指由微观结构堆砌而成的晶体外形，一般尺寸为微米级到毫米级，可以在显微镜下直接观察到。

5.1.3.1 片晶

1955 年，Jaccodine 从 0.1%的二甲苯溶液中沉积得到的聚乙烯晶体，用电镜观察发现其为片状，见图 5.7，电子衍射显示出清晰的点状反射，说明其是单晶。

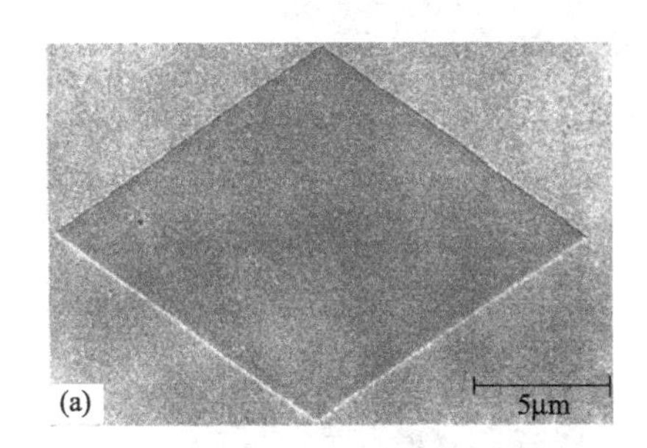

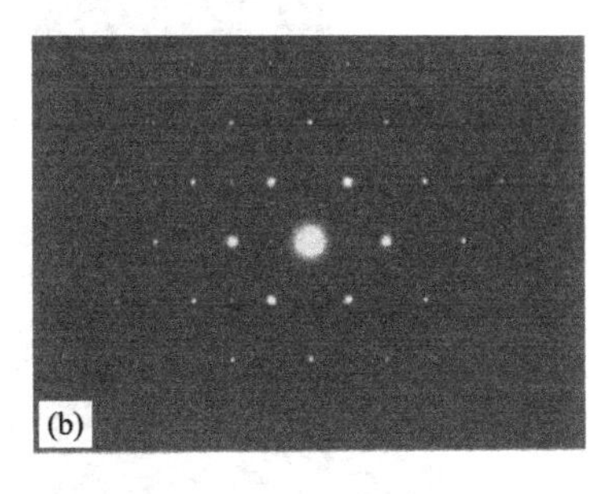

图 5.7 聚乙烯的单晶结构

(a) 用电子显微镜观察一个从二甲苯中沉积得到的聚乙烯单晶；(b) 该单晶的电子衍射图案

后来还从稀溶液中制备了其他聚合物的片状单晶，聚合物不同，其片晶的形状也不同。如尼龙 6、聚乙烯醇、聚丙烯腈单晶为菱形，聚对苯二甲酸乙二醇酯单晶为平面四边形，聚丙烯单晶为长方形，聚 α-甲基苯乙烯单晶为正六边形，聚 4-甲基-1-戊烯单晶为正方形等。

片晶的厚度大约为 10nm，横向尺寸为几微米。片晶中分子链是垂直于晶面方向折叠排列的，如图 5.8 所示。

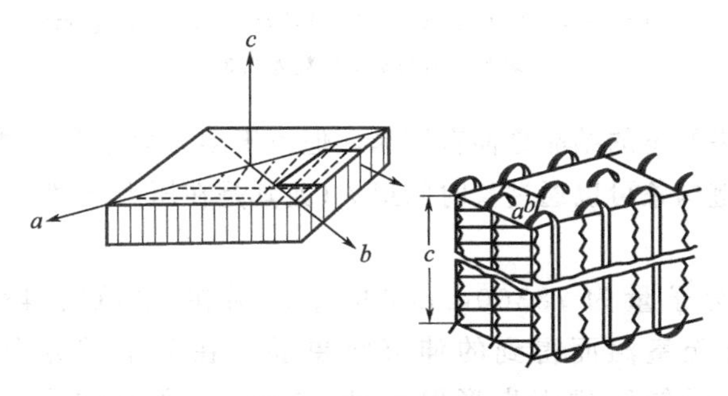

图 5.8 聚乙烯单晶中链折叠示意图

只有溶液极稀(约 0.01%)时才能得到单层片晶，浓度稍增加时通常形成多层片晶。晶体的生长不局限于侧面增长，由于位错而螺旋形阶梯状生长而得到金字塔状的多层片晶，如图 5.9 所示。

不仅仅均聚物可以形成单晶，在聚氧乙烯与聚苯乙烯的嵌段共聚物中，即使无定形的聚苯乙烯有相当高的百分比，聚氧乙烯也能形成单晶，见图 5.10。此时可以观察到正方形的晶体，伴随有少量螺旋结构，晶体将无定形的聚苯乙烯排斥到表面上去。

5.1.3.2 伸直链晶

伸直链晶是由完全伸直链平行规整排列形成的片状晶体，其链方向上的厚度可以达到微米级，与聚合物链的长度相当，甚至更大。

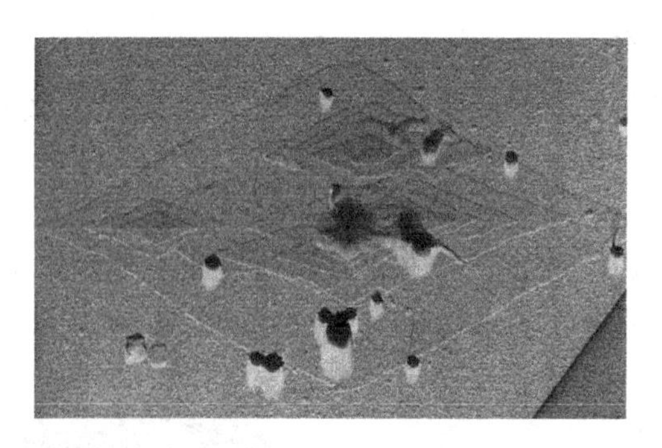

图 5.9 从甘油溶液中沉积的尼龙 6 单晶（晶片厚度约 6nm，黑点表示 1μm）

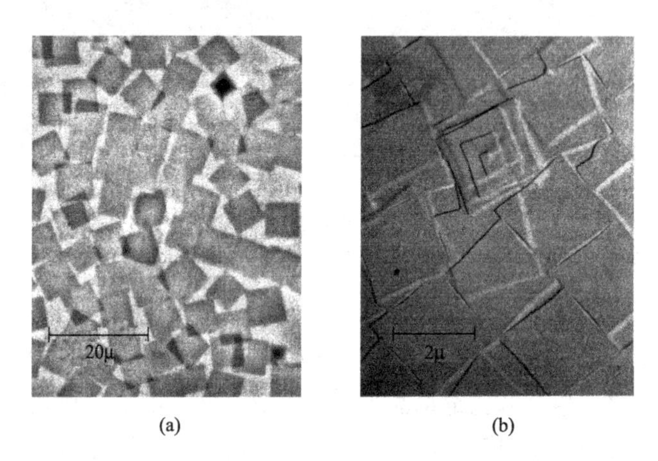

(a) (b)

图 5.10 聚氧乙烯-*b*-聚苯乙烯二嵌段共聚物单晶

(a) 光学显微镜照片；(b) 电镜照片。

M_n (PS) $=7.3\times10^3$g/mol；M_n (PEO) $=10.9\times10^3$g/mol；

聚苯乙烯的质量分数为 0.34

事实上，热力学平衡态的结晶是伸直链晶，但由于动力学原因，聚合物链在结晶过程中通常要折叠。而伸直链构象可以通过长时间退火(尤其是在压力下)实现，在此过程中，晶片的折叠周期逐渐增加。

图 5.11 为重均分子量为 78300g/mol 的聚乙烯在 225℃、4800atm 下生长 20h，然后以 1.6℃/h 冷却至室温而得到的伸直链单晶。在分子链方向的厚度达 3000nm，由于实验所用的聚乙烯伸展成锯齿形链长约 700nm，所以伸直链晶的厚度方向可以含有多于一条伸直链。该单晶在 25℃下的密度达 0.995g/cm³，相当于 97.5%的结晶度。

除聚乙烯外，聚四氟乙烯、聚三氟氯乙烯、聚偏氟乙烯、聚对苯二甲酸乙二醇酯、尼龙 6、尼龙 11 和尼龙 12 等都可以在高压下生成伸直链晶体。

5.1.3.3 球晶

当聚合物从熔体结晶时，最常见的结构是球晶。如其名称所示，球晶是从本体中形成的球状结构的晶体。从电镜照片(图 5.12)可以看出，球晶内部是由辐射状的亚结构单元(称为微纤或晶束)构成的，就像穿上辐条的车轮一样。晶束从中心向四周生长过程中，不断分叉以填补不断扩大的空间，最后形成径向对称的球体。

聚合物球晶的基本特征是晶核以径向对称的方式生长，而不在于最终生成的晶体形态是

图 5.11 高温高压下得到的聚乙烯伸直链晶，$\overline{M_w}$=78300g/mol

否为球状。事实上，通常在结晶的初始阶段球晶确实是球状的，但到结晶后期，相邻球晶会碰到一起(特别是晶核较多的情况下)。如果不同球晶是同时成核的，则它们的边界是直的。但是，如果成核时间不同，则它们的尺寸不同，边界也是双曲线型的。最后，球晶充满整个材料，见图 5.12。

图 5.12 聚氧乙烯球晶的 SEM 照片

球晶在实验室很容易制备和观察，熔体试样在两片载玻片间简单地冷却就可以了。球晶尺寸在 5μm 以上时，可以用偏光显微镜观察。在正交偏光显微镜下球晶呈现特有的黑十字(Maltese 十字)图案。这一消光图案始于球晶中心，十字的臂沿显微镜的起偏器和检偏器的振动方向伸展。如图 5.13 所示。

球晶结构的电镜观察发现球晶是由片晶构成的。X 衍射和电子衍射表明晶体的 c 轴与径向(球晶生长方向)垂直。因此，c 轴是与晶片平面方向垂直的，这与单晶结构相同。图 5.14 是球晶结构模型，相同厚度的晶片平行(但略岔开)排列，晶片上有小角度的支化点，新的晶片始于此，并长在原有晶片之间。

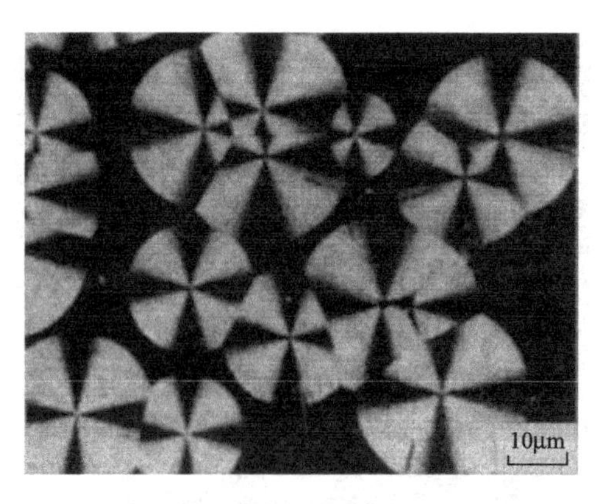

图 5.13　由正交偏光显微镜观察的聚氧乙烯球晶
（注意球晶还没有长满空间，但部分球晶已经碰到一起了）

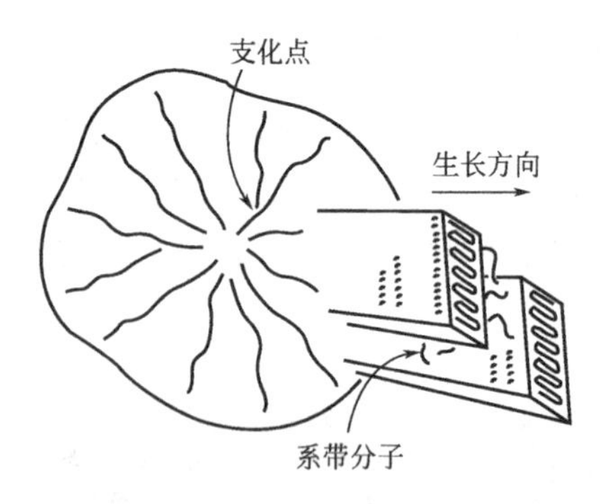

图 5.14　球晶结构模型（注意生长方向以及晶片的支化点，
这使结晶均匀地充满球晶的整个空间）

有些聚合物，如聚乙烯、聚酯、聚乳酸等，在特定条件下会形成环带球晶。其球晶的径向，晶片沿其晶胞的 b 轴螺旋扭转，见图 5.15。正交偏光显微镜下可以观察到消光圆环图案，消光环的间距正好等于螺距一半的距离。

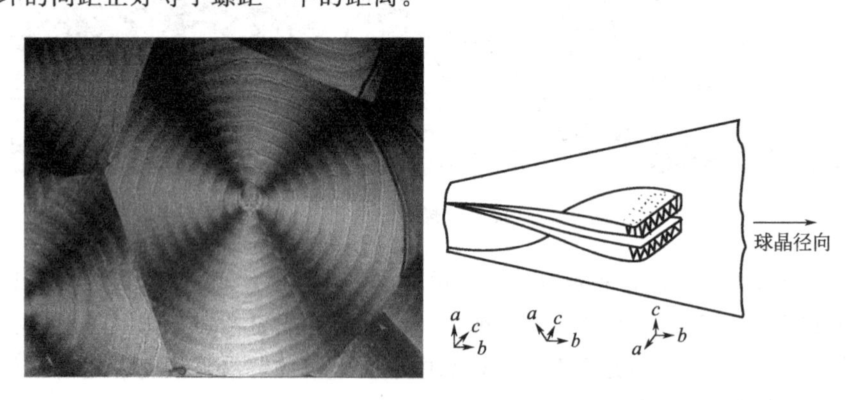

图 5.15　由正交偏光显微镜观察从熔体中结晶的聚酯环带球晶
（右图为扭转的晶片示意图）

尽管球晶中的晶片结构与单晶相似，但其链折叠的规整性则要差得多，晶片之间存在无定形材料，这部分材料富集了无规聚合物、低分子量的材料以及不同类型的杂质等。

球晶中的各个晶片由系带分子连在一起，系带分子的一部分在一个晶片中，另一部分在另一晶片中，有时甚至从一个球晶穿到另一个球晶。这些系带分子起到晶体间的连接体的作用，对于半结晶聚合物的韧性、耐开裂性能等起到非常重要的作用。

专栏 5.1 Maltese 十字图案的由来

用偏光显微镜观察球晶，在正交偏振光下可以看到明暗相间的黑十字图案，请说明这一现象。

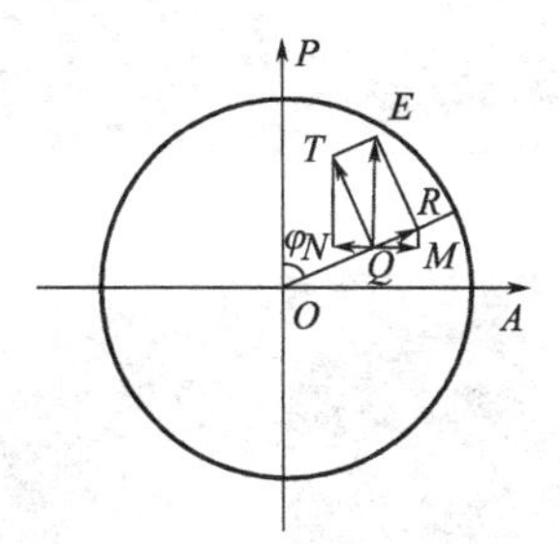

如上图所示，O 点表示球晶的晶核，OP 为起偏镜的偏振方向，OA 为检偏镜的偏振方向，$OP \perp OA$。考虑球晶中某一点 Q，其与晶核的连线 OQ 与 OP 的夹角为 φ，通过起偏镜射入球晶的偏振光 $E_0 \sin\omega t$ 在 Q 点发生双折射后分解为两束相互垂直的偏振光 R 和 T。

R：$R_0 \sin\omega t = E_0 \cos\varphi \sin\omega t$

T：$T_0 \sin(\omega t - \delta) = E_0 \sin\varphi \sin(\omega t - \delta)$

式中，δ 为两束光之间的相位差。这两束光能通过检偏镜的分量为 M 和 N。

M：$M_0 \sin\omega t = E_0 \cos\varphi \sin\varphi \sin\omega t$

N：$T_0 \sin(\omega t - \delta) = E_0 \sin\varphi \cos\varphi \sin(\omega t - \delta)$

它们的合成波为

$$E_0 \cos\varphi \sin\varphi \sin\omega t - E_0 \sin\varphi \cos\varphi \sin(\omega t - \delta) = E_0 \sin^2 2\varphi \sin(\delta/2) \cos(\omega t - \delta/2)$$

其强度为

$$I = E_0{}^2 \sin^2 2\varphi \sin^2(\delta/2)$$

当 $\varphi = 0$，$\pi/2$，π 和 $3\pi/2$ 时，$I = 0$，即在与起偏镜和检偏镜平行或垂直方向都发生消光现象；而当 $\varphi = \pi/4$，$3\pi/4$，$5\pi/4$ 和 $7\pi/4$ 时，$I = E_0{}^2 \sin^2(\delta/2)$，达到极大值，即在 45°角方向出射光最亮。由此出现黑十字图案。

对于各向同性的非晶聚合物，则不会发生双折射现象，通过起偏镜射入球晶的偏振光必然完全被与起偏镜垂直的检偏镜阻挡，视场全部是黑暗的。

5.1.3.4 其他结晶形态

除以上结晶形态外，聚合物还可以形成纤维晶、串晶、柱晶、树枝晶等等。图 5.16 是这些结晶形态的电镜照片。

5.1.4 结晶聚合物的结构模型

5.1.4.1 缨状微束模型

对本体材料的早期研究发现一些聚合物是部分结晶的。X 衍射线增宽表明这种结晶是很不完善的或很小的。1928 年，Hengstenberg 和 Mark 用 X 衍射线增宽的结果估算得苎麻晶

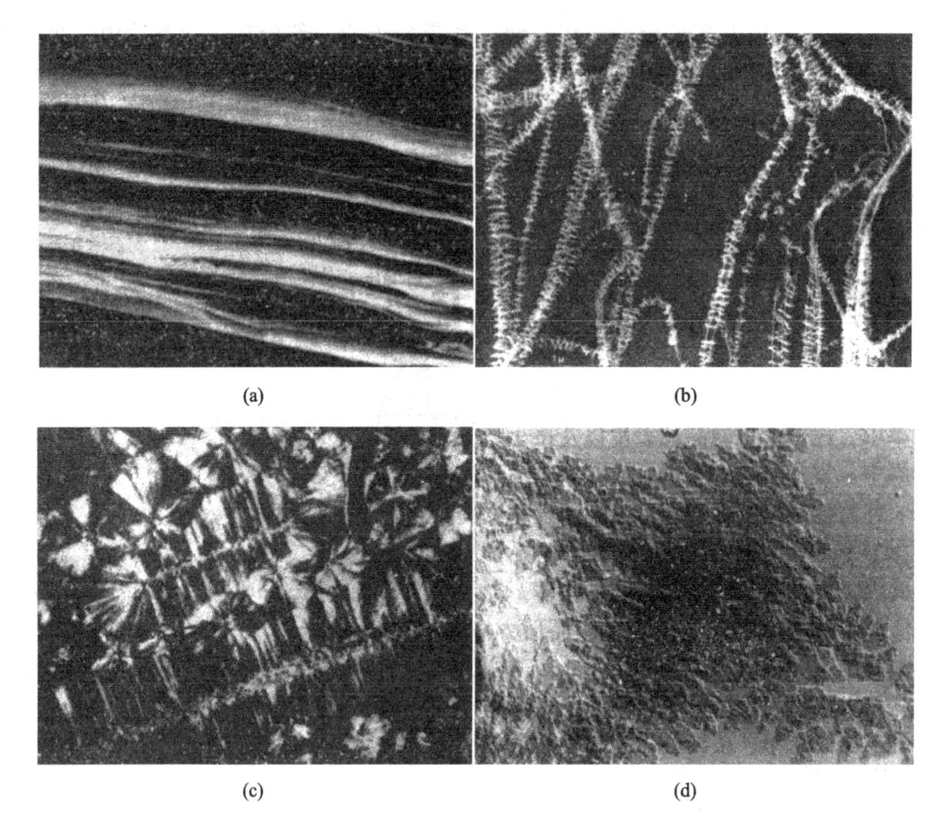

图 5.16 聚合物纤维晶 (a)、串晶 (b)、柱晶 (c)、树枝晶 (d) 的电镜照片

粒的尺寸为宽 5.5nm、长 60nm。当时已经知道聚合物链要穿过多个晶胞，而按照分子量估计的话，聚合物链的尺寸甚至比晶粒还长，所以很容易想到聚合物链也要穿过多个晶粒，这就导致缨状微束模型的提出。

根据缨状微束模型，聚合物的晶粒长度约 10nm(图 5.17)。将晶粒分开的无序区域就是无定形部分。聚合物链从无定形区进入晶粒，再回到无定形区，由于链很长，可以穿过多个晶粒并将它们绑在一起。

缨状微束模型在解释半结晶塑料和纤维的许多行为时获得极大的成功。如果无定形区处于玻璃态，那就是刚性塑料，如果无定形区处于 T_g 以上，则它们是橡胶态的，由硬的晶粒结合在一起。这一模型很好地解释了聚乙烯的皮革状行为。聚乙烯之所以比低分子量的石蜡强度高就是由于其无定形区的链穿过多个晶粒并使其通过化学键结合在一起。同样，纤维的柔性也可以进行类似的解释，此时聚合物链是沿纤维轴取向的。塑料或纤维的实际硬度与结晶度有关。

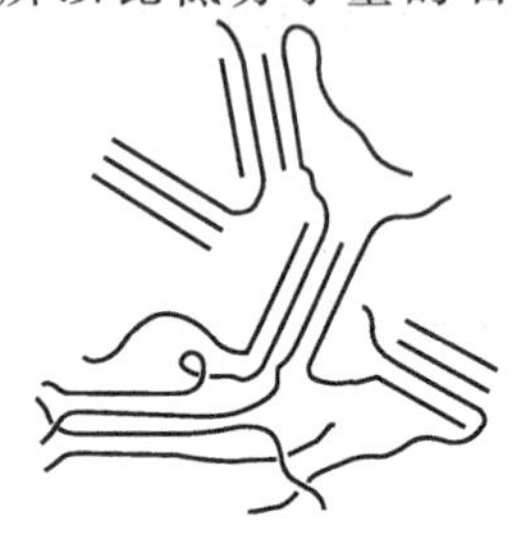

图 5.17 缨状微束模型（每条链都穿过不同晶粒，并将整个材料绑在一起）

5.1.4.2 折叠链模型

聚合物结晶的思想在 1957 年出现了一个转折，那年 Keller 通过将聚乙烯在热二甲苯的极稀溶液中沉淀成功地制备了聚乙烯单晶，这些单晶的厚度大约为 10～20nm(见图 5.7)。令人惊讶的是，电子衍射分析发现，单晶中聚合物链的轴是垂直于大的晶面的。因为链的轮廓长度约为 200nm 而单晶的厚度只有

10～20nm，所以 Keller 推断晶体中的聚合物分子链是自身折叠的，这些发现很快得到其他研究者的证实。

这一结果导致折叠链模型的产生，图 5.18 为近邻折叠链模型的示意图。此图以聚乙烯为模型聚合物，画出了其正交晶系结构以及相应的 a 轴和 b 轴，c 轴则平行于链轴方向，l 为晶体的厚度。溶液中生长的聚乙烯晶体的主要折叠面是（110）面。理想情况下，分子链以 U 形转弯来回折叠。这种近邻折叠结构已经被单晶的小角中子散射、红外分析以及 NMR 所证实。

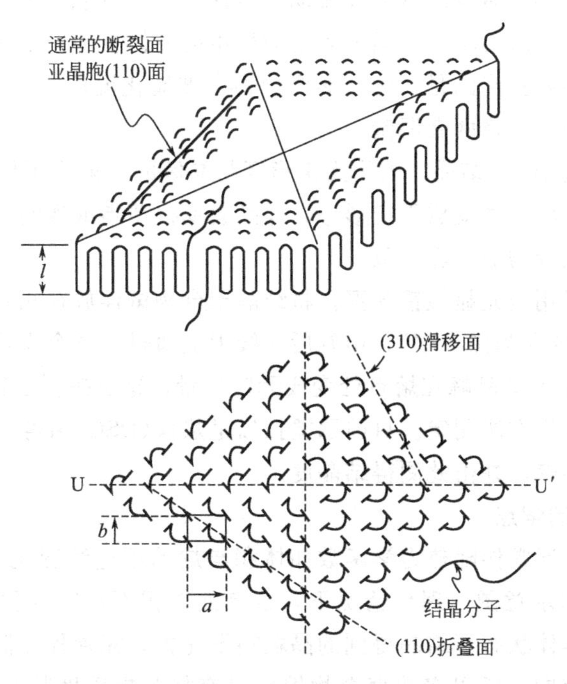

图 5.18 近邻折叠聚乙烯单晶示意图
（尺寸为 a 和 b 的正交晶胞示于图的下部分）

实际情况常常不像近邻折叠那么规整，在均聚物单晶的表面也有无定形材料，这些无定形材料源于链末端以及非规整折叠等。另外，有些链可以从一个晶片穿到另外一个晶片(系带分子)。相应地，也发展了松散折叠链模型、隧道-折叠链模型等。

5.1.4.3 插线板模型

自从 1957 年发现片状单晶以来，聚合物在单晶以及本体晶中的分子排列问题一直困扰着聚合物科学界。由于链长远远超出晶体厚度，链必须回到晶体中，或者到其他什么地方。在以上讨论中，晶片是通过近邻折叠形成的，这似乎过于简单化了。

图 5.19 为插线板模型示意图。插线板模型认为，链不是通过规整的折叠重新进入晶片的，而是多少有一些无规进入。这一模型多少有些像过去的插线板。当然，规整折叠和插线板模型都只代表有限的情况，实际体系可能兼而有之。

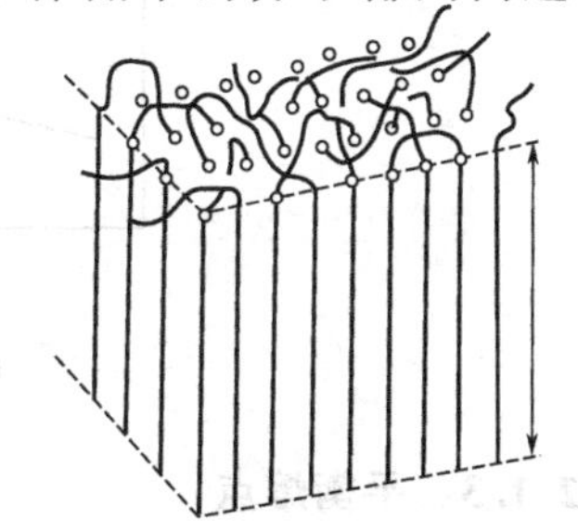

图 5.19 插线板模型示意图

5.2 熔融热力学

5.2.1 结晶聚合物的熔融与熔点

5.2.1.1 熔融现象的实验观察

结晶聚合物的熔融现象可以用许多实验观察。利用这些实验可以测定聚合物的熔点，研究结晶或熔融过程。

线形或支化聚合物熔融后变成液体并流动。但这一实验可能会有一些争议，首先，由于聚合物熔体的高黏性，熔融后不一定马上表现为简单的液体行为。如果聚合物是交联的，则根本就不会流动。特别要指出的是，无定形聚合物在玻璃化温度时软化，这显然不是熔融，但对于初学者而言，很容易将两者混淆。

聚合物通常不可能100%结晶。因为无定形区与晶区的折射率不同，半结晶聚合物往往是不太透明的。晶区熔融后也变成无定形态，样品会变得清晰或透明。因此，通过样品透明性的变化也可以观察聚合物的熔融现象。

结晶的消失也可以用偏光显微镜观察。将结晶聚合物试样放在相互垂直的偏振片之间可以看到一定的图案(如球晶为黑十字)，熔融后光线无法通过，整个视场全部变黑。

在X衍射中，尖锐的结晶峰在熔点处变成无定形晕，这也提供了很好的观察手段。

熔点还可以用热分析方法测定。目前示差扫描量热仪(DSC)用得非常普遍，它在测量熔点的同时还能得到熔融热，并由此测得结晶度。

5.2.1.2 结晶聚合物的熔点

熔融是一级转变，通常伴随热力学函数如体积与焓的不连续变化。图5.20给出聚合物理想与真实熔融情况的示意图。理想情况下，熔点处体积不连续变化，可以看到尖锐的熔点。然而，聚合物在本体状态下结晶得到的晶粒很不完善，完善程度低的晶区首先熔融，而完善程度高的晶区后熔融，所以多数聚合物熔融时有好几摄氏度甚至几十摄氏度的温度区间，见图5.20。该温度区间称为熔程或熔限。熔点通常取结晶最后消失的温度，也就是最大或最完善的晶区熔融的温度。

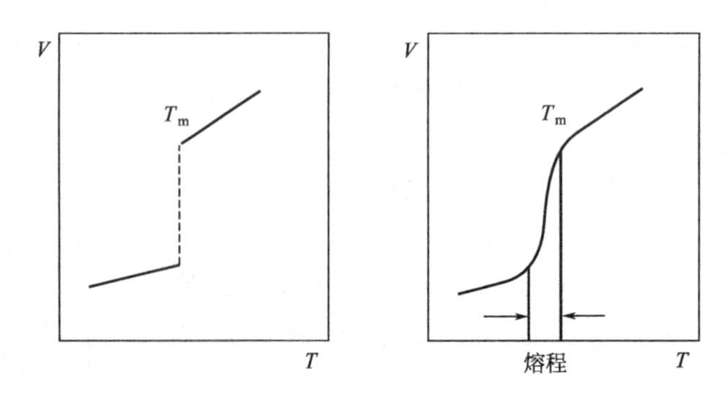

图5.20 聚合物熔融过程中的体积膨胀

5.2.1.3 平衡熔点

如前面所述，聚合物在本体状态下结晶得到的晶粒很不完善，因此实验所测定的熔点通常低于理想状态下的熔点。

目前，平衡熔点有几种不同的定义。Hoffman-Weeks 定义平衡熔点(T_m^*)对应结晶体的熔点，每一个结晶都足够大，表面效应可以忽略，且每一个晶体均与聚合物液体处于平衡状态。另外，在熔融温度下，晶体必须具有处于平衡态的完善程度，与 T_m^* 所对应的最小自由能相一致。

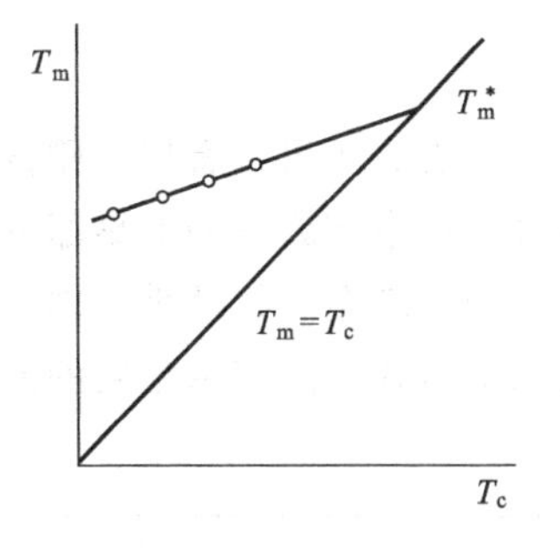

图 5.21 外推法测定平衡熔点

这一定义适用于大多数纯化合物。在常规条件下结晶的聚合物，由于晶体尺寸小、完善程度不高，在低于 T_m^* 的温度下即发生熔融。因而，结晶温度对实验测定的熔点有重要影响。Hoffman-Weeks 提出如下关系，

$$T_m^* - T_m = \phi'(T_m^* - T_c) \tag{5.6}$$

式中，T_c 为结晶温度；T_m 为实验测定的熔点；ϕ' 为与晶体尺寸及完善度有关的参数，处于 0 与 1 之间。

在实验中，经常将聚合物熔体快速冷却至低于熔点的某一温度 T_c，然后在该温度下进行等温结晶。当过冷度(结晶温度与熔点的差值)较大时，通常结晶速率快，但晶体的完善程度小，熔点较低；过冷度越小，聚合物所形成的晶体越完善，熔点越高。

为确定 T_m^*，可将 T_m 对 T_c 作图(图 5.21)，并作直线 $T_c=T_m$。将实验数据外推至与直线 $T_c=T_m$ 相交，其交点即为 T_m^*。

5.2.2 化学结构对熔点的影响

熔融自由能 ΔG_m 为

$$\Delta G_m = \Delta H_m - T\Delta S_m \tag{5.7}$$

式中，ΔH_m 与 ΔS_m 为摩尔熔融焓与熔融熵。ΔG_m 在熔融温度下为零，此时

$$T_m = \frac{\Delta H_m}{\Delta S_m} \tag{5.8}$$

因此，降低熵或增加焓均使 T_m 升高。对热力学参数有显著影响的分子内与分子间结构特征包括结构规整度、化学键柔顺性、紧密堆积能力、分子链间吸引力等。一般来说，高熔点对应高的结构规整度、刚性的分子、紧密的链堆积和强的链间吸引。

5.2.2.1 规整度的影响

可以通过具有如下一般结构的聚酯来说明结构规整度对熔点的影响。

$$\left[\overset{O}{\overset{\|}{C}} - C_6H_4 - \overset{O}{\overset{\|}{C}} - O - R - O \right]_n$$

上式为聚酯的一般化学式，其熔融温度与 R 基团有关。从表 5.3 可以看出，规整度越高，熔点也越高。高度不规整的无规丙烯单元甚至完全抑制了结晶。

表 5.3 不同规整度聚酯的熔点

R	T_m/℃
$-CH_2-CH_2-$	265
$\left[CH_2\right]_n$	220
$-CH_2-CH(CH_3)-$	不结晶

5.2.2.2　柔顺性的影响

用聚酯也可以说明化学键柔顺性的效应。此时，聚酯主链上含有刚性的芳香基团 R′：

$$\left[\overset{\overset{\displaystyle O}{\|}}{C} - R' - \overset{\overset{\displaystyle O}{\|}}{C} - O - R - O \right]_n$$

从表 5.4 可以看出，刚性越大，熔点也越高。虽然柔性脂肪族基团的尺寸与苯基相当，但含柔性脂肪族基团的聚酯的熔点很低。值得指出的是，Carothers 首次合成的脂肪族聚酯不能用于制作衣物纤维，因为聚酯在洗涤或熨烫过程中会发生熔融。芳香族聚酯以及芳香族尼龙则达到了高熔融温度的要求。

表 5.4　不同刚性聚酯的熔点

R′	T_m/℃
$\left[CH_2\right]_4$	50
$-C_6H_4-$（对亚苯基）	265
$-C_6H_4-C_6H_4-$（联苯基）	355

5.2.2.3　链间相互作用的影响

关于分子链间相互作用问题，可用如下取代聚酯加以说明。从表 5.5 可以看出，极性越大，链间相互作用越强，熔点也越高。

$$\left[O - \overset{\overset{\displaystyle O}{\|}}{C} - C_6H_4 - R'' - C_6H_4 - \overset{\overset{\displaystyle O}{\|}}{C} - O - CH_2 - CH_2 \right]_n$$

表 5.5　不同极性聚酯的熔点

R″	T_m/℃
$\left[CH_2\right]_4$	170
$-O-CH_2-CH_2-O-$	240
$-NH-CH_2-CH_2-NH-$	273

聚酰胺(尼龙)是强极性聚合物，其分子链上存在—NHCO—键，分子间可以形成氢键，所以其熔点比聚乙烯高得多。图 5.22 是脂肪族聚酰胺链中碳氢链段碳原子数目对熔点的影响。总体上看，随脂肪族基团长度的增加，聚酰胺的熔点逐渐降低并趋于聚乙烯的熔点(约 140℃)。有意思的是，熔点的下降并不是单调地而是呈锯齿形地下降，其原因是聚酰胺中氢键密度的减少不是单调地而是呈锯齿形地下降。当主链上相邻两酰胺基之间的碳原子数为偶数时，即聚酰胺是偶酸偶胺合成时(如尼龙 66)，所有酰胺基都能形成氢键，所以熔点较高；而当主链上相邻两酰胺基之间的碳原子数为奇数时，即聚酰胺是偶酸奇胺合成时，只有一半酰胺基能形成氢键，所以熔点较低。同理也可以解释聚 ω-氨基酸、聚氨酯、聚酯等聚合物的熔点随重复单元中碳原子数目的变化。聚酰胺形

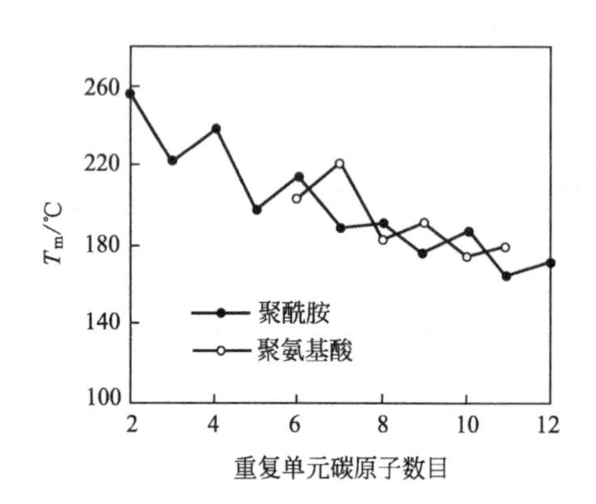

图 5.22　聚酰胺熔融温度随重复单元中碳原子数目的变化

成分子间氢键与重复单元中碳原子奇偶数的关系如图 5.23 所示。

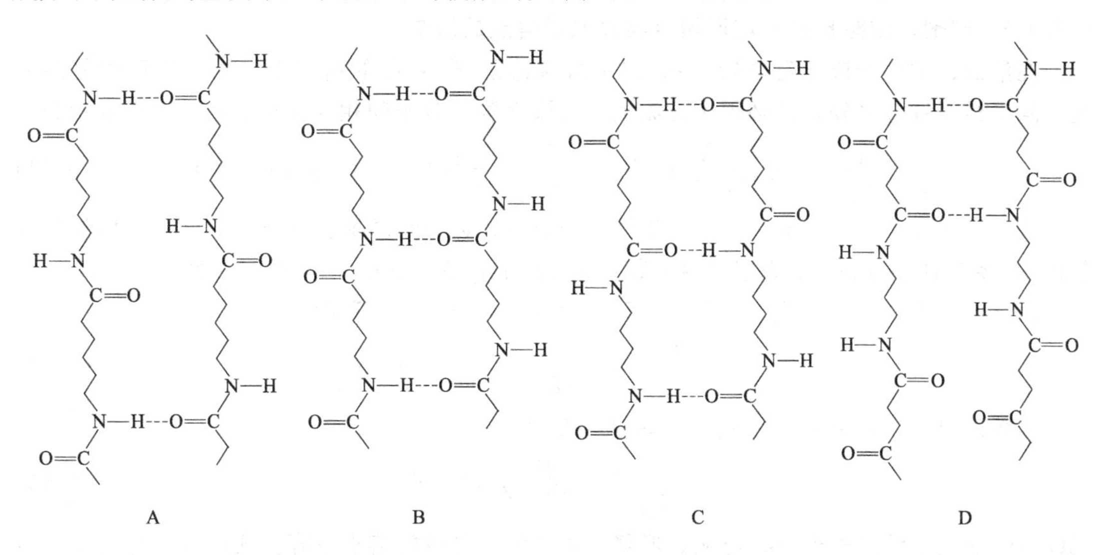

图 5.23 聚酰胺形成分子间氢键与重复单元中碳原子奇偶数的关系
A 偶数的氨基酸；B 奇数的氨基酸；C 偶酸偶胺；D 偶酸奇胺

5.2.3 影响熔点的其他因素

5.2.3.1 杂质对熔点的影响

与低分子结晶体系一样，杂质的存在使结晶聚合物的熔点降低。式(5.9)表示含杂质结晶聚合物相对于其纯状态的熔点降低，

$$\frac{1}{T_m}-\frac{1}{T_m^0}=-\frac{R}{\Delta H_m}\ln a \tag{5.9}$$

式中，a 为杂质存在时结晶聚合物的活度；ΔH_m 为每摩尔结晶聚合物的熔融热；R 为气体常数；T_m^0 为纯结晶聚合物的熔点。

结晶聚合物与少量其他单体共聚时，这些共聚单元可以视为杂质。设分子链中非结晶性共聚单体的摩尔分数为 X_B，可结晶性聚合物单体的摩尔分数为 X_A。用 X_A 代替式(5.9)中的活度 a，有

$$\frac{1}{T_m}-\frac{1}{T_m^0}=-\frac{R}{\Delta H_m}\ln X_A \tag{5.10}$$

当 X_B 很小时，$-\ln X_A=-\ln(1-X_B)\approx X_B$，于是

$$\frac{1}{T_m}-\frac{1}{T_m^0}=\frac{R}{\Delta H_m}X_B \tag{5.11}$$

由于分子链末端单元的化学结构总是不同于分子链中间的结构单元，末端单元可作为一类特殊的杂质，因而熔点与分子量有关。若 M_0 是末端单元的分子量（并假设两末端相同），则末端单元的摩尔分数约为 $2M_0/\overline{M_n}$。此时，式(5.11)转变为

$$\frac{1}{T_m}-\frac{1}{T_m^0}=\frac{R}{\Delta H_m}\times\frac{2M_0}{\overline{M_n}} \tag{5.12}$$

或

$$\frac{1}{T_m}-\frac{1}{T_m^0}=\frac{R}{\Delta H_m}\times\frac{2}{\overline{DP}} \tag{5.13}$$

式中，$\overline{DP}$ 为平均聚合度。该式说明，分子量无限大时熔点最高。

5.2.3.2 溶剂、增塑剂及无定形聚合物共混对熔点的影响

在溶剂、增塑剂或无定形聚合物(以下统称添加剂)存在的情况下，情况要稍微复杂一些。除了稀释效应之外，还必须考虑添加剂与聚合物的分子间相互作用。熔点可以表示为

$$\frac{1}{T_m}-\frac{1}{T_m^0}=-\frac{R}{\Delta H_m}\frac{V_2}{V_1}\left[\frac{\ln\phi_2}{x_2}+\left(\frac{1}{x_2}-\frac{1}{x_1}\right)(1-\phi_2)+\chi_1(1-\phi_2)^2\right] \tag{5.14}$$

式中，下标1指添加剂；下标2指结晶聚合物；V 为结晶聚合物重复单元或添加剂的摩尔体积；ϕ 为体积分数；x 为重复单元数；χ_1 为 Flory-Huggins 相互作用参数。

对于两种聚合物，x_1 与 x_2 均远大于1。此时，式(5.14)可简化为

$$\frac{1}{T_m}-\frac{1}{T_m^0}=-\frac{R}{\Delta H_m}\frac{V_2}{V_1}\chi_1(1-\phi_2)^2 \tag{5.15}$$

多数情况下，$V_1\approx V_2$，式(5.15)可进一步简化为

$$\frac{1}{T_m}-\frac{1}{T_m^0}=-\frac{R}{\Delta H_m}\chi_1(1-\phi_2)^2 \tag{5.16}$$

式(5.16)描述了结晶性聚合物与无定形聚合物共混所导致的熔点下降。式(5.15)与式(5.16)说明，只有当 χ_1 为负数时，才发生熔点降低。当 χ_1 为正值时，两聚合物混合物在熔体状态下就发生相分离，不可能观察到较显著的熔点下降行为。

对于含低分子量溶剂或增塑剂的结晶聚合物体系，$x_1=1$，$x_2\gg1$，式(5.14)可写成

$$\frac{1}{T_m}-\frac{1}{T_m^0}=\frac{R}{\Delta H_m}\frac{V_2}{V_1}[(1-\phi_2)-\chi_1(1-\phi_2)^2] \tag{5.17}$$

因为 $1-\phi_2=\phi_1$，所以

$$\frac{1}{T_m}-\frac{1}{T_m^0}=\frac{R}{\Delta H_m}\frac{V_2}{V_1}(\phi_1-\chi_1\phi_1^2) \tag{5.18}$$

分析式(5.18)，由于 ϕ_1 是一个小于1的量，只要满足 $\chi_1<1$，则 $T_m>T_m^0$。也就是说，在结晶聚合物中混入低分子量的溶剂或增塑剂，即便 χ_1 为正值，熔点仍下降，这与混入无定形聚合物是不同的。

例题5.1 溶剂对熔点的影响

设想用10%的苯溶胀聚氧乙烯。若样品在未溶胀状态时熔点为66℃，问溶胀后熔点是多少？已知聚氧乙烯与苯的相互作用参数为0.19，聚氧乙烯的熔融焓为8.29kJ/mol。

解答：

首先计算聚合物与溶剂的摩尔体积：苯含有6个碳原子与6个氢原子，摩尔质量 M=78g/mol，密度为0.878g/cm³，二者相除得88cm³/mol；聚氧乙烯单体单元分子量为44g/mol，密度为1.20g/cm³，摩尔体积为36.6cm³/mol。

将这些数值代入式(5.18)，得

$$\frac{1}{T_m}=-\frac{0.083\text{kJ/(mol}\cdot\text{K)}}{8.29\text{kJ/mol}}\times\frac{36.6\text{cm}^3/\text{mol}}{88\text{cm}^3/\text{mol}}\times(0.1-0.19\times0.1^2)+\frac{1}{339\text{K}}$$

T_m=297.8K 或 24.8℃

从计算结果可知，如果温度为25℃，则10%的苯增塑剂可以完全破坏聚氧乙烯结晶。

5.3 结晶动力学

结晶动力学研究高分子的结晶速率、活化能、成核方式，以及外界条件对结晶过程的影响。建立相关的结晶动力学理论，揭示结晶过程的分子机理，并对聚合物结晶行为进行预测。

结晶过程分为两类，等温结晶和非等温结晶。等温结晶是将聚合物从熔体状态快速降温到低于熔点的某个温度，然后研究在该结晶温度下聚合物的结晶度随时间的变化，适合理论研究。非等温结晶研究聚合物从熔体状态降温过程中结晶度随温度和时间的变化，该过程更接近实际过程，但由于温度和时间两个参数同时变化，难以理论研究。

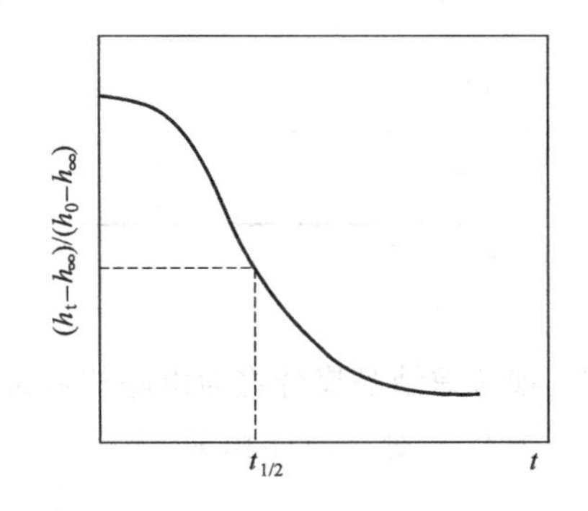

图 5.24 膨胀计法测定聚合物的等温结晶曲线

5.3.1 等温结晶动力学

由于晶区的密度高于无定形区，结晶过程伴随着体积的减小，利用这一现象可用膨胀计法研究结晶动力学。将聚合物装入膨胀计并加热到熔点以上，使聚合物完全熔融，再将膨胀计迅速置于设定温度的恒温槽中，记录膨胀计的毛细管中聚合物高度随时间的变化，得到高度收缩率与时间的关系曲线，见图 5.24。

假定毛细管横截面是均匀的，则高度收缩率等于体积收缩率。收缩率降低至一半的时间定义为 $t_{1/2}$，$t_{1/2}$越小，结晶速率越快。

图 5.25 为膨胀计法所测得的聚氧乙烯的等温结晶数据。聚氧乙烯的熔融温度为 66℃，此处结晶速率为零。随温度降低，过冷度增加，结晶驱动力增大，$t_{1/2}$减小，结晶速率增大。

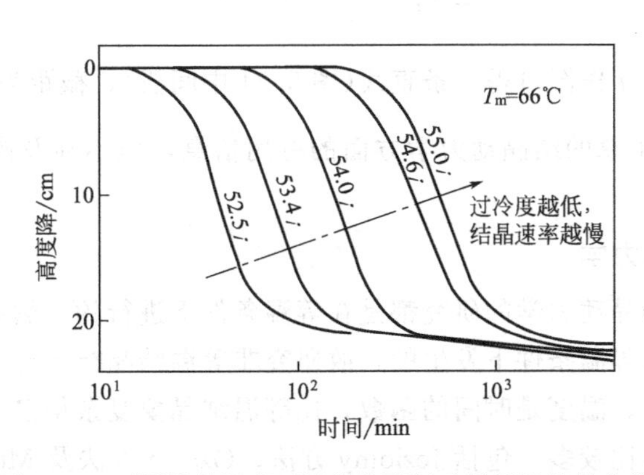

图 5.25 不同结晶温度下测得的聚氧乙烯等温结晶曲线

Avrami 将冶金学的理论借用到聚合物科学，得到描述等温结晶过程中结晶度(X_t)随时间(t)变化的 Avrami 方程：

$$1-X_t=e^{-Zt^n} \tag{5.19}$$

也可以写成对数形式：

$$\ln(1-X_t)=-Zt^n \tag{5.20}$$

式中，Z 为结晶速率常数；n 为 Avrami 指数。

Avrami 指数与聚合物的结晶机理相关，其值取决于成核维数与生长维数之和，如表 5.6 所示。典型聚合物的 n 值介于 2～4 之间。需强调的是，式(5.20)只适用于低结晶度的场合。实际上，变量 n 有时随结晶进行而降低。

表 5.6 聚合物结晶的 Avrami 指数

生长方式	生长维数	成核方式	成核维数	n
球状	3	均相成核	1	4.0
	3	异相成核	0	3.0
片状①	2	均相成核	1	3.0
	2	异相成核	0	2.0
棒状②	1	均相成核	1	2.0
	1	异相成核	0	1.0

①恒定厚度 d。

②恒定半径 d。

如考虑结晶聚合物为由晶相和无定形相组成的两相体系，无定形相体积为 V_a，结晶相体积为 V_c，那么总体积 V_t 为：

$$V_t = X_t V_c + (1 - X_t) V_a \tag{5.21}$$

由此，

$$1 - X_t = \frac{V_t - V_c}{V_a - V_c} \tag{5.22}$$

或者，对于热膨胀实验，假定膨胀计的毛细管横截面是均匀的，则

$$1 - X_t = \frac{h_t - h_\infty}{h_0 - h_\infty} \tag{5.23}$$

式中，h_0、h_t 与 h_∞ 分别表示时间为 0、t 与 ∞ 时的膨胀计读数。将式(5.23)与式(5.20)相结合，可以建立确定常数 Z 与 n 的实验方法(例如，见图 5.24)。

$$\ln\left(\frac{h_t - h_\infty}{h_0 - h_\infty}\right) = -Zt^n \tag{5.24}$$

以 $\ln\left(\frac{h_t - h_\infty}{h_0 - h_\infty}\right)$ 对 t 作图可得一条直线(图 5.24 中间段)，截距为 $-Z$，斜率为 n。

Avrami 方程提供了总的结晶动力学方面的有用信息，但不涉及晶区的分子构筑、球晶结构等。

5.3.2 非等温结晶动力学

很多关于聚合物结晶动力学的研究都是在等温条件下进行的，然而在实际加工过程中结晶几乎都是在动态、非等温条件下发生的，故研究非等温结晶行为对于指导实际加工更有现实意义。非等温条件下，温度是时间的函数，比等温结晶要复杂得多。目前，研究聚合物非等温结晶动力学的模型比较多，包括 Jeziomy 方法、Ozawa 方法及 Mo 方法等等。大多模型是从等温出发，结合非等温结晶特点进行修正。

在非等温结晶过程中，温度、时间和降温速率之间有如下关系：

$$t = \frac{|T_0 - T|}{\phi} \tag{5.25}$$

式中，T 为结晶 t 时刻对应的温度；ϕ 为降温速率。Jeziomy 用降温速率对结晶速率常数做如下校正

$$\ln Z_c = \frac{\ln Z_t}{\phi} \tag{5.26}$$

校正后，即可将 Avrami 方程用于解析等速变温结晶过程。

Ozawa 假定非等温结晶是等速降温过程，利用降温速率将 Avrami 方程改写成以下形式

$$\lg[-\ln(1-X_t)] = \lg K(T) - m\lg\phi \tag{5.27}$$

式中，$K(T)$为冷却速率的函数；m 为与 Avrami 指数类似的 Ozawa 指数。根据 Ozawa 方程，以 $\lg[-\ln(1-X_t)]$ 对 $\lg\phi$ 作图将得到一条直线，截距为 $\lg K(T)$，斜率为$-m$。

若冷却速率不均匀，则 Ozawa 方程的线性很差，难以很好地描述结晶过程。为了解决这一问题，莫志深等将 Jeziomy 方法与 Ozawa 方法相结合，得到一个新的动力学方程。考虑到 Avrami 方程是将结晶度与时间相关联，而 Ozawa 方程是将结晶度与降温速率相关联。那么，联立两个方程就可以将降温速率与时间关联起来，

$$\lg\phi = \lg F(T) - \alpha\lg t \tag{5.28}$$

式(5.28)称为 Mo 方程，其中 $F(T) = \left[\frac{K(T)}{Z_t}\right]^{1/m}$，$\alpha = \frac{n}{m}$。

速率参数 $F(T)$的物理意义是单位结晶时间内要达到特定结晶度所需要的冷却速率。根据式(5.28)，在给定结晶度下，以 $\lg\phi$ 对 $\lg t$ 作图将得到一条直线，其截距为 $\lg F(T)$，斜率为$-\alpha$。

图 5.26 是 PA6 和含 1%多壁碳纳米管(MWCNT)的 PA6 以不同速率降温过程的 DSC 曲线，从曲线的结晶峰上读取的主要参数列于表 5.7。从表中数据直观地看，随着降温速率的增加，起始结晶温度和峰值温度降低，半结晶时间缩短(说明结晶速率加快)，结晶度有所降低。

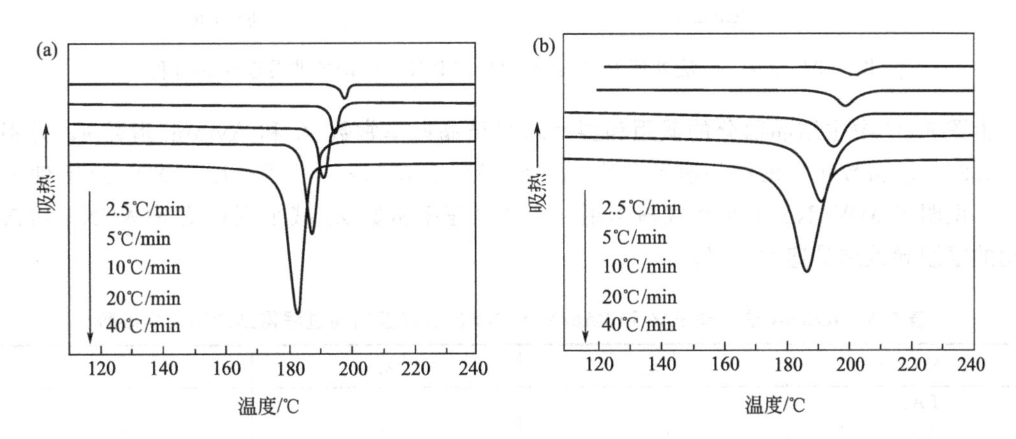

图 5.26 PA6(a)与 PA6/MWCNT (99/1) (b)以不同降温速率非等温结晶过程的 DSC 曲线

表 5.7 PA6 和 PA6/MWCNT 不同降温速率结晶过程的动力学参数

ϕ/(℃/min)	2.5	5	10	20	40
PA6					
T_0/℃	203.78	201.98	198.85	196.59	192.58
T_p/℃	198.06	195.07	191.51	187.30	182.98
D/℃	15.93	19.72	22.86	24.87	31.33
ΔH/(J/g)	39.70	42.21	43.29	44.86	45.86
$t_{1/2}$/min	2.07	1.28	0.85	0.50	0.31
PA6/MWCNT(99/1)					

续表

ϕ/(℃/min)	2.5	5	10	20	40
T_0/℃	213.85	213.64	212.97	209.38	203.32
T_p/℃	200.88	198.66	194.63	190.74	186.10
D/℃	28.25	30.72	41.04	42.59	43.71
ΔH/(J/g)	51.82	74.37	67.04	68.57	65.64
$t_{1/2}$/min	4.41	2.43	1.38	0.83	0.50

注：T_0—起始结晶温度；T_p—峰值温度；D—峰宽；ΔH—结晶焓；$t_{1/2}$—半结晶时间。

加入 MWCNT 后，T_0 明显提高，说明 MWCNT 有异相成核作用，使结晶提前发生，但半峰宽和半结晶时间加宽，这应该是碳纳米管对链段运动的限制所致。

以 $\lg[-\ln(1-X_t)]$ 对 $\lg t$ 作图，得图 5.27，可以发现结晶过程分为两段，主要部分为正常结晶过程，当球晶相互碰到一起后，主结晶停止，被包裹在球晶内部的非晶部分继续结晶(次级结晶)，其速率慢于主结晶，导致曲线出现拐点。

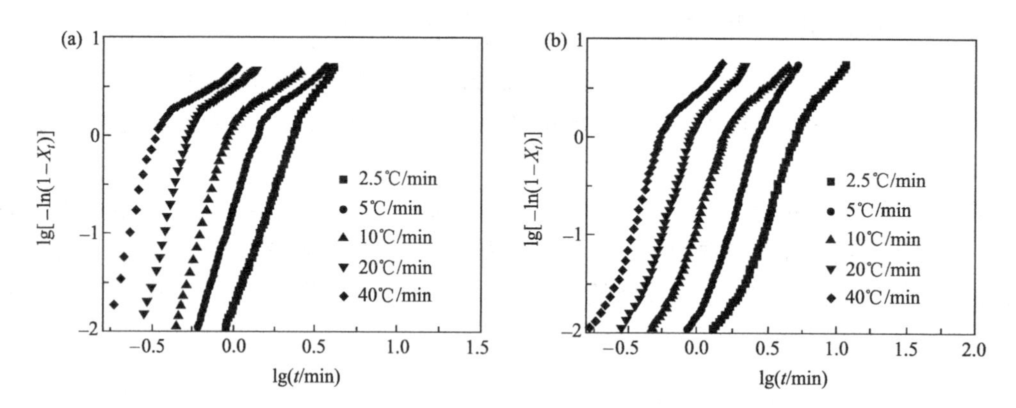

图 5.27 Jeziomy 法处理 PA6(a)和 PA6/MWCNT(b)的非等温结晶过程

由图 5.27 中主结晶部分的截距和斜率求得结晶速率常数 Z_t 和 Avrami 指数 n，并根据式 (5.26) 求得校正后的结晶速率常数 Z_c，结果列于表 5.8。显然，加入 MWCNT 使 n 值减小，说明了 MWCNT 的异相成核作用，而结晶速率常数 Z_c 减小则说明 MWCNT 对链段运动的限制导致结晶速率下降。

表 5.8 Jeziomy 法处理 PA6 和 PA6/MWCNT 的非等温结晶过程得到的动力学参数

ϕ/(℃/min)	n	Z_t	Z_c
PA6			
2.5	4.52	0.02	0.21
5	5.29	0.16	0.69
10	5.75	1.33	1.03
20	6.01	35.18	1.19
40	6.65	1577	1.20
MWNTs/PA6			
2.5	4.01	0.0017	0.0779
5	4.69	0.0102	0.41
10	4.40	0.14	0.82
20	4.61	1.43	1.02
40	4.62	15.61	1.07

以 $\lg[-\ln(1-X_t)]$ 对 $\lg\phi$ 作图(图 5.28)，并没有得到一条直线，说明 Ozawa 方法不

适合于本体系。因为非等温结晶是一个动态过程，结晶速率不再是一个常数，而是既与时间有关，又与降温速率有关的变量，准等温处理的 Ozawa 方法没有考虑这些因素，导致其失效。

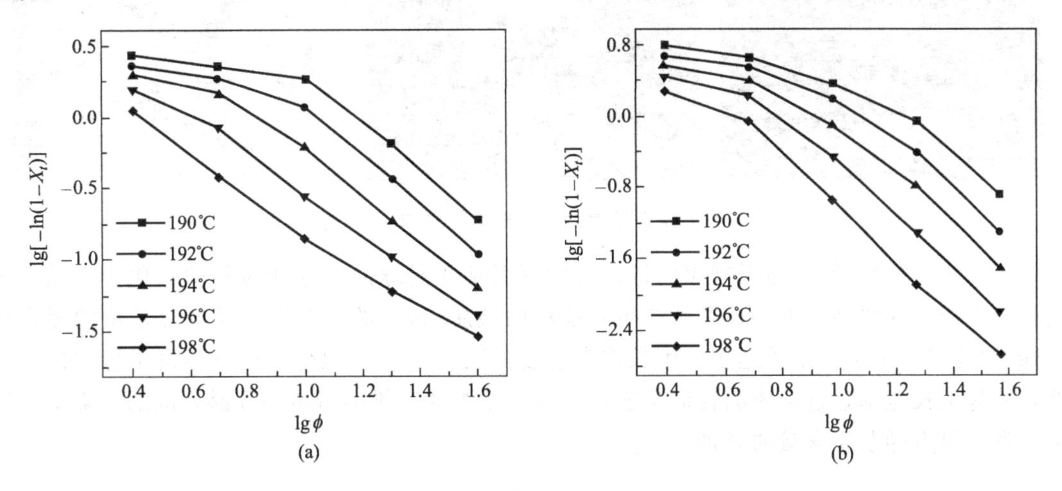

图 5.28 Ozawa 法处理 PA6(a)和 PA6/MWCNT(b)的非等温结晶过程

用莫志深方法处理该体系，发现 lgϕ 与 lg$t$ 有很好的线性关系(图 5.29)，说明该方法较好地描述了本体系的非等温结晶过程，从表 5.9 的数据看，α 值基本不受影响，但加入 MWCNT 后 $F(T)$明显增加，说明结晶速率降低。

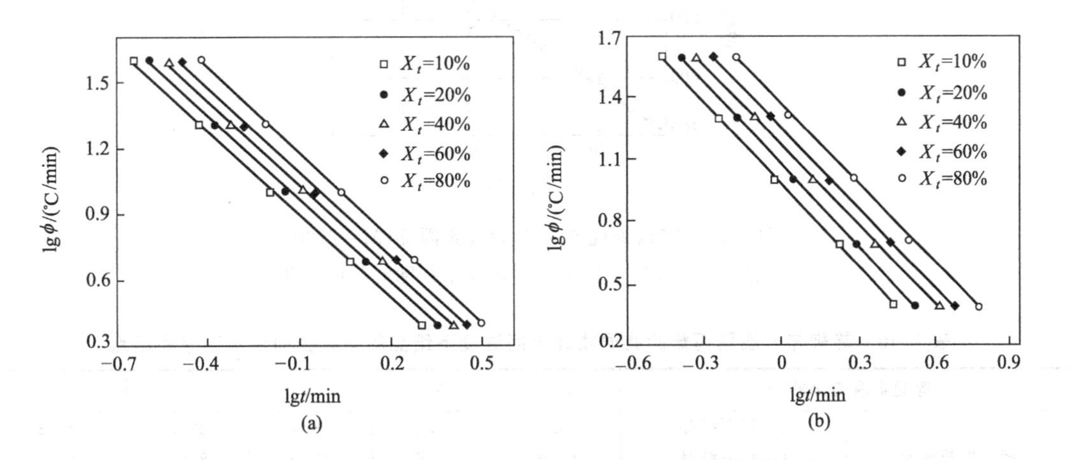

图 5.29 莫志深法处理 PA6(a)和 PA6/MWCNT(b)的非等温结晶过程

表 5.9 莫志深法处理 PA6 和 PA6/MWCNT 的非等温结晶过程得到的动力学参数

X_t/%	PA6		MWNTs/PA6	
	α	$F(T)$	α	$F(T)$
10	1.26	6.03	1.30	9.54
20	1.26	6.93	1.30	11.85
40	1.28	8.14	1.28	14.73
60	1.27	9.20	1.26	17.53
80	1.30	11.34	1.27	22.70

5.3.3 球晶径向生长速率及其温度依赖性

在显微镜下观察球晶随时间的生长过程，也可表征结晶速率，比如采用光学显微镜、透射电镜等观察薄膜样品，如图 5.30 所示。将球晶半径(R)对时间(t)作图通常得到一条直线，直线斜率就是球晶径向生长速率($\mathrm{d}R/\mathrm{d}t$)。

 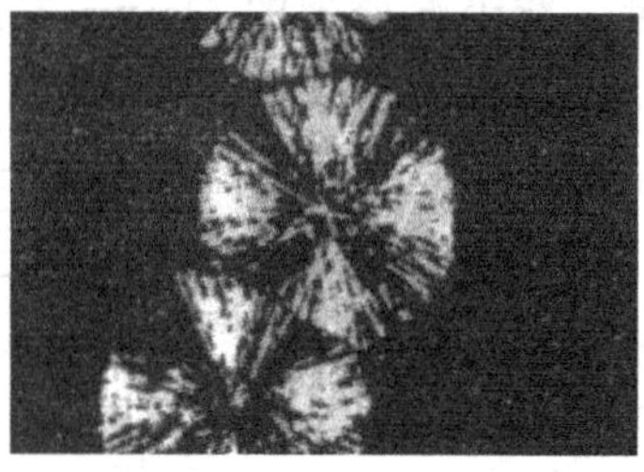 

图 5.30 偏光显微镜观察聚氧乙烯球晶生长过程

图 5.31 显示了等规与无规聚丙烯共混物等温结晶时球晶半径随时间的变化。球晶径向生长速率随时间线性增加，说明片晶生长前沿的杂质(这里的“杂质”是低分子量的无规聚丙烯)浓度保持恒定。杂质越多，生长速率越慢(见表 5.10)，但生长速率始终保持线性。显然，片晶生长速率超过杂质的径向扩散，因而杂质被片晶排出后留在片晶之间的空隙里。这也导致了熔点随杂质含量的增加而下降。

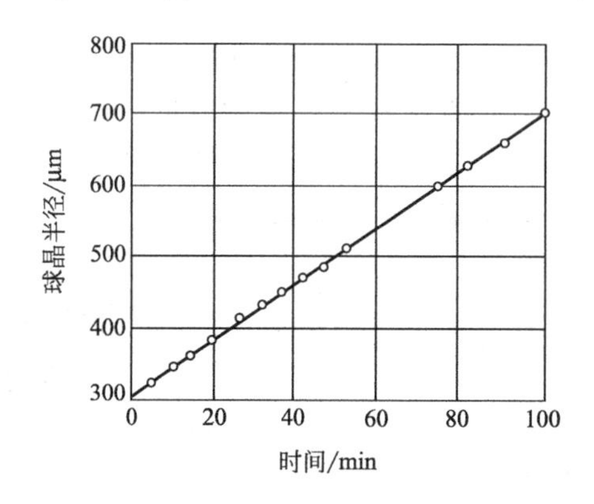

图 5.31 20%等规与 80%无规聚丙烯(M=2600)
共混物在 125℃等温结晶时球晶半径随时间的变化

表 5.10 等规与无规聚丙烯的共混物在不同温度下结晶的球晶径向生长速率和熔点

等规聚丙烯含量/%		100	90	80	60	40
径向生长速率/(μm/min)	120℃下结晶	29.4	29.4	26.4	22.8	21.2
	125℃下结晶	13.0	12.0	11.0	8.90	8.57
	131℃下结晶	3.88	3.60	3.03	2.37	2.40
	135℃下结晶	1.6	1.57	1.35	1.18	1.12
熔点/℃		171	169	167	165	162

Keith 与 Padden 建立了定量描述球晶生长速率的动力学理论。在球晶生长过程中，单独分子链垂直于球晶生长表面而发生折叠（见图 5.32）。通常，径向生长速率为常数，直到球晶相互碰撞（见图 5.30）。片晶随球晶生长而发生支化，杂质、无规组分等被包埋在片晶之间而形成无定形区。球晶中片晶间残余熔体与无序材料分布示意图如图 5.32 所示。

根据 Keith-Padden 理论，球晶的径向生长速率 G 可用以下方程表示

$$G = G_0 \mathrm{e}^{\Delta E/RT} \mathrm{e}^{-\Delta F^*/RT} \tag{5.29}$$

式中，ΔF^* 为形成临界尺寸表面核所需的自由能；ΔE 为聚合物链跨越势垒、进入晶体

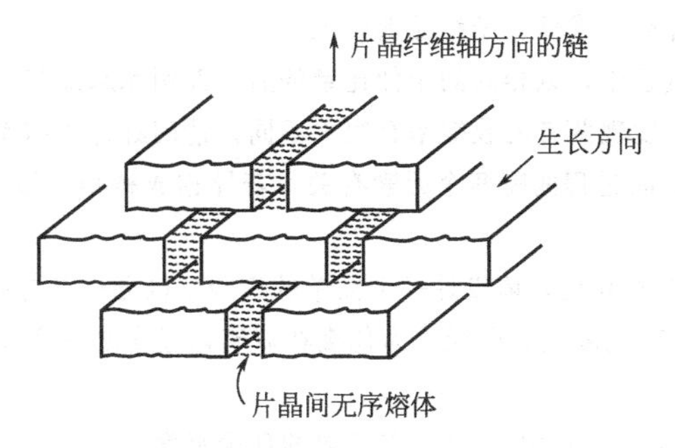

图 5.32 球晶中片晶间残余熔体与无序材料分布示意图

所需的活化自由能。式(5.29)说明，球晶生长速率的温度依赖性取决于两个竞争性的因素。聚合物链在熔体中的扩散速率随温度升高而增大，成核速率则随温度升高而降低(见图5.33)。在低温下(Ⅲ区)，扩散是控制因素；在高温下(Ⅰ区)，成核速率起主导作用。在这两个极限情况之间，当两个因素的作用大致相当时(Ⅱ区)，生长速率达到最大值。

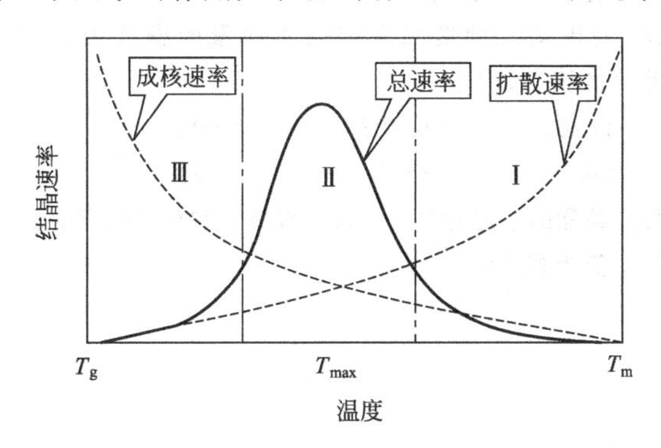

图 5.33 结晶速率与温度的关系（注意结晶发生的温度区间，在 T_g 以下，链段运动冻结，不能发生有效的结晶；在 T_m 以上，晶核无法形成，也不能发生有效的结晶）

球晶生长速率最大值出现的温度(T_{max})与聚合物的玻璃化温度(T_g)和熔点(T_m)有以下两个经验关系：

$$T_{max} = 0.63T_m + 0.37T_g - 18.5 \tag{5.30}$$

$$T_{max} = (0.80 \sim 0.85)T_m \tag{5.31}$$

注意温度单位为K(热力学温度)。这两个经验关系对于结晶聚合物加工工艺的选择非常有用。

习题与思考题

概念题

1. 解释以下概念：结晶度，熔程，平衡熔点，晶胞，单晶，片晶，球晶，纤维晶，柱晶，伸直链晶，系带分子，缨状微束模型，折叠链模型，插线板模型，等温结晶，非等温结晶，Avrami 指数。

问答题

2. 试述密度法测定聚合物结晶度的原理，其中完全结晶和完全无定形聚合物的密度是如何求得的？

3. 聚乙烯和聚四氟乙烯晶体中的聚合物分子链为伸展的锯齿形构象，而绝大多数单取代聚烯烃在结晶中则取螺旋链构象，为什么？

4. 单层片晶的厚度约 10nm，而分子量 100000g/mol 的聚合物链的长度约 1000nm，请问聚合物在片晶中是如何排列的？

5. 图示说明聚合物球晶的结构？

6. 结晶聚合物的熔点为什么不像低分子结晶那么尖锐？

7. 在聚丙烯的熔融纺丝过程中，以相同的牵伸比牵伸后，A用冰水冷却，B用60℃热水冷却，将这两种聚丙烯丝放在90℃环境中，发现两者的收缩率有很大不同，请问哪种收缩率较高，为什么？

8. Avrami指数与聚合物结晶过程的哪两个因素有关？若异相成核得到聚合物球晶，则Avrami指数等于几？

9. 一种新的聚合物在50℃时软化，请设计一个简单的实验来区分这是它的玻璃化温度还是熔点。

10. 画出聚合物的结晶速率-温度关系曲线。为什么在玻璃化温度之下聚合物不能结晶？

计算题

11. 聚乙烯的晶胞见图5.4，计算100%结晶聚乙烯的理论密度。

12. 完全结晶聚乙烯的密度为1g/cm^3，完全无定形聚乙烯的密度为0.865g/cm^3，试计算密度为0.970g/cm^{3}的线形聚乙烯和密度为0.917g/cm^{3}的支化聚乙烯的质量结晶度，为什么两者有如此显著的区别？

13. 某聚合物完全结晶时的密度为0.936g/cm^3，完全非晶态的密度为0.854g/cm^3，现测得该聚合物的实际密度为0.900g/cm^3，试问其体积结晶度应为多少？

14. 将密度为0.99g/cm^{3}的聚癸二酸癸二醇酯与不同量的密度为0.9445g/cm^{3}的二甲基甲酰胺$(CH_3)_2NCHO$混合，所观察到的熔点如下：

ϕ_1	0.078	0.202	0.422	0.603
T_m/℃	72.5	66.5	61.5	57.5

请问（a）纯聚癸二酸癸二醇酯的熔点为多少？（b）聚癸二酸癸二醇酯的熔融热为多大？（c）聚癸二酸癸二醇酯与二甲基甲酰胺的χ_1值为多大？

第6章 聚合物的变形与流动

固体材料在受到外力作用之后会发生变形，若除去作用力之后能够恢复原来形状的特性称为弹性；液体在外力作用下会发生流动，流体在运动状态下抵抗剪切变形速率能力的性质称为黏性。变形与流动的本质是相同的，都是物体在外力作用下发生的形状的变化。

事实上，任何材料都同时显示弹性和黏性，即所谓的黏弹性。比如，水是典型的黏性液体，但在打水漂(人类最古老的游戏之一，把扁平的石头以一定的角度用力撇向水面时，石头可以在水面上弹跳数次)时，却体现出典型的弹性行为。相比于其他物体，聚合物材料的这种黏弹性表现得更为显著，是典型的黏弹性体。

聚合物的变形与流动并不是聚合物链之间简单的相对滑移，而是运动单元依次跃迁的总结果。在外力作用下，聚合物链不可避免地要顺着外力方向伸展，除去外力，聚合物链又将自发地卷曲起来。这种构象变化所导致的弹性形变的发展和回复过程均为松弛过程，具有强烈的时间依赖性。

由于聚合物的高弹性、黏弹性和流变性这三部分内容均为聚合物松弛行为的反映，本章将把这三部分内容合为一章进行讨论。

6.1 聚合物的高弹性

聚合物的可逆弹性形变，包括普弹形变和高弹形变。处于高弹态的聚合物，其最大特点是它的高弹性。例如交联橡胶，受外力时可以伸长好几倍，除去外力后可以恢复原状，而一般的物质就没有这种性能。

6.1.1 橡胶与高弹性

橡胶类材料是典型的高弹性体。根据ASTM标准的定义，橡胶是指20～27℃下，1min可拉伸2倍的试样，当外力除去后1min内至少回缩到原长的1.5倍以下者，或者在使用条件下，具有10^6～10^7的弹性模量者。

与金属及小分子固体相比，因为聚合物链很长，内旋转导致构象熵变化很大，使其在宏观上表现出较强的高弹性。

高弹性具有以下特点：①高弹形变量很大且可逆，可达1000%以上，而一般金属材料的普弹形变量一般不超过1%；②高弹模量较小，比其玻璃态时的模量小3～5个数量级，比金属材料的普弹模量约小5～6个数量级，高弹模量随热力学温度的升高呈正比增加，而一般金属材料的普弹模量反而减小；③高弹性不符合Hooke定律，而一般金属材料的普弹性符合Hooke定律；④高弹形变的松弛时间远大于普弹形变的松弛时间(即高弹形变恢复慢于普弹形变恢复)；⑤形变时有明显的热效应，快速拉伸时(类似于绝热)，高弹性物体温度升高，而金属物体温度下降；⑥高弹性主要起因于构象熵的变化，普弹性主要起因于热力学能变化。热运动使分子链力图回复到无序的蜷曲状态，产生回缩力，温度越高，回缩力越大。从表6.1中可以看出高弹性与小分子普弹性的区别。

表 6.1　橡胶的高弹性与小分子普弹性的区别

项目	高弹性	普弹性
本质	熵弹(是由于受外力作用时构象熵的变化而产生的弹性)	能弹(是由于热力学能的变化而引起的弹性)
模量	小,10^5～10^6 Pa 温度升高,模量增大	大,10^{10}～10^{11} Pa 温度升高,模量降低
特点	形变具有松弛特性	形变具有瞬时性
形变	大而可逆(可达 1000%)	小而可逆(一般为 1%)
热效应	快速拉伸时放热	快速拉伸时吸热

橡胶弹性体的物理性能是非常独特的，兼有固体、液体和气体的物理性质。它与普通固体相似之处表现在它具有尺寸稳定性，并且在小应变时(<5%)它的弹性响应基本上属于Hooke 弹性；它与液体的类似之处表现在热膨胀系数和等温压缩系数与液体的相应值属于同一数量级，即橡胶的分子间作用力类似于液体中分子间作用力；它与气体的相似之处是在形变了的橡胶中，应力随温度的升高而增加，这与压缩气体的压力随温度的升高而增加非常类似。这种像气体一样的行为说明橡胶的弹性是一种熵弹性。

专栏 6.1　天然橡胶

天然橡胶是一种天然聚合物化合物，其成分中 91%～94%是顺式聚异戊二烯，其余为蛋白质、脂肪酸、灰分、糖类等非橡胶物质。

$$\left[CH_2-\underset{\underset{CH_3}{|}}{C}=CH-CH_2 \right]_n$$

天然橡胶由三叶橡胶树的胶乳制得。橡胶树的表面被割开时，树皮内的乳管被割断，胶乳从树上流出。从橡胶树上采集的乳胶，经过稀释后加酸凝固、洗涤，然后压片、干燥、打包，即制得市售的天然橡胶。天然橡胶根据不同的制胶方法可分为烟片胶、风干胶片、绉片、技术分级干胶和浓缩胶乳等。

未硫化的天然橡胶是聚合物量的线形聚合物，实际用途不大。1492 年，当哥伦布到达美洲大陆时，发现印第安人玩橡胶球。该物质在短时间内可以维持其形状。然而在放置过夜时，橡胶球发生蠕变，底部首先变平，最终成为薄烤饼状。

直到 1839 年，美国人固特异(C. Goodyear)发现了在橡胶中加入硫黄和碱式碳酸铅，经加热后制出的橡胶制品遇热或在阳光下曝晒时，才不再像以往那样易于变软和发黏，而且能保持良好的弹性，从而发明了硫化橡胶，至此天然橡胶才真正被确认其特殊的使用价值，成为一种重要的工业原料。

三叶橡胶树主要分布于东南亚国家和巴西，我国海南岛和云南省西双版纳地区也有种植。

6.1.2　高弹性的热力学分析

6.1.2.1　高弹性的热力学方程

从大量的实验研究得知，高弹形变是由于柔性聚合物链弯曲缠结的热运动所引起的。当分子链本身以及分子链之间发生链缠结时，不仅缠结点的摩擦系数增强，缠结链段的弹性也随之增高。高弹形变包括平衡态形变和非平衡态形变两种类型。其中，平衡态形变是指热力学平衡态构象之间的可逆过程形变；非平衡态形变是指松弛过程中的形变。本节讨论的高弹性热力学理论为交联橡胶热力学平衡态的高弹形变。

把橡胶试样当作热力学系统，环境就是外力、温度和压力等。假设：恒温、恒压、平衡态形变条件下，将长度为 l 的橡胶试样在拉力（张力）f 作用下，拉长了 dl。根据热力学第一、第二定律，可推得恒温。恒压下，橡胶变形产生的恢复力（所抵抗的外力）

$$f=\left(\frac{\partial H}{\partial l}\right)_{T,p}-T\left(\frac{\partial S}{\partial l}\right)_{T,p} \tag{6.1}$$

同样，可以在等温、等容条件下推出下列热力学方程

$$f=\left(\frac{\partial U}{\partial l}\right)_{T,V}-T\left(\frac{\partial S}{\partial l}\right)_{T,V} \tag{6.2}$$

从式（6.2）可以看出，外力作用在橡胶上，一方面使橡胶的热力学能随着伸长而变化，另一方面使橡胶的熵随着伸长而变化。或者说橡胶弹性体因形变而产生的恢复力是由焓和熵的变化引起的。

式（6.1）中的 $\left(\frac{\partial S}{\partial l}\right)_{T,p}$ 项不能通过实验直接测量，所以将其转变为实验可测的量 $\left(\frac{\partial f}{\partial T}\right)_{l,p}$

$$\left(\frac{\partial S}{\partial l}\right)_{T,p}=-\left(\frac{\partial f}{\partial T}\right)_{l,p} \tag{6.3}$$

所以橡胶恢复力

$$f=\left(\frac{\partial H}{\partial l}\right)_{T,p}+T\left(\frac{\partial f}{\partial T}\right)_{l,p} \tag{6.4}$$

6.1.2.2 热弹转换现象

在高弹性的热力学方程（6.4）中，$\left(\frac{\partial f}{\partial T}\right)_{l,p}$ 的物理意义是：在试样的长度 l 和压力 p 维持不变的情况下，试样张力 f 随温度 T 的变化，它可以从实验中测量得到。图 6.1 是天然橡胶在伸长 l 恒定时的拉力（或张力）-温度曲线。实验中，改变温度时，必须等待足够长的时间，使拉力达到平衡值。对于所有的伸长，拉力-温度关系都是线性的。但是，当伸长率（拉伸比或伸长比率 λ）大于 10%时，直线的斜率为正；伸长率小于 10%时，直线的斜率为负。这种随 λ 增大，应力-温度直线的斜率由负变正的现象称为热弹转换现象或热弹颠倒现象。

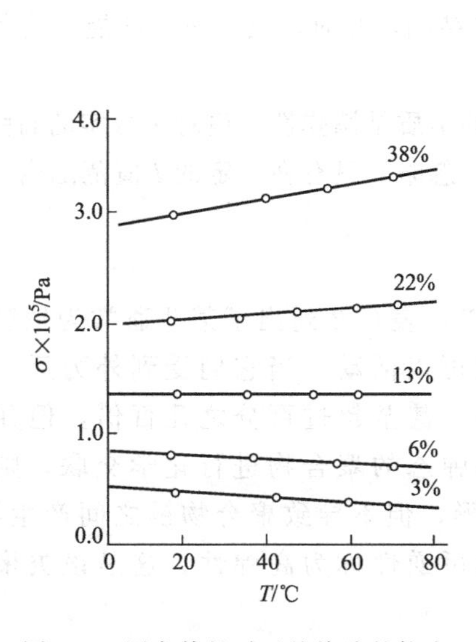

图 6.1 固定伸长时天然橡胶的拉力（或张力）-温度曲线

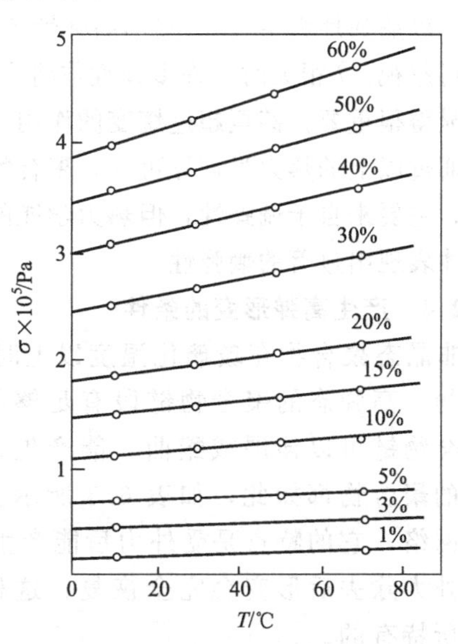

图 6.2 校正到固定伸长比时拉力（或张力）-温度关系

热弹转换现象是由于橡胶的热膨胀引起的。热膨胀使固定应力下试样的长度增加，这就相当于为维持同样长度所需的作用力减小。在伸长不大时，由热膨胀引起的拉力减小超过了在此伸长时应该需要的拉力增加，致使拉力随温度增加而稍有下降。

在此进一步从热力学上解释热弹转换现象。

根据公式(6.4)得到

$$\left(\frac{\partial f}{\partial T}\right)_{l,p}=\frac{1}{T}\left[f-\left(\frac{\partial H}{\partial l}\right)_{T,p}\right] \tag{6.5}$$

从图6.1中看出，当 f-T 直线斜率为负时，$\left(\frac{\partial H}{\partial l}\right)_{T,p}>f$，即 λ 较小的情况时，橡胶正的热膨胀占优势。

当 f-T 直线斜率为正时，$\left(\frac{\partial H}{\partial l}\right)_{T,p}<f$，即 λ 较大时，与 f 相比，$\left(\frac{\partial H}{\partial l}\right)_{T,p}$ 较小，近似有 $f\approx-T\left(\frac{\partial S}{\partial l}\right)_{T,p}$，即各 f-T 直线截距约为0。

为了克服热膨胀引起的效应，改用恒定拉伸比 $\lambda=l/l_0$ 来代替恒定长度 l，直线就不再出现负斜率了，见图6.2。图中，伸长率在一定范围内($\lambda<3$)时，在相当宽的温度范围内，各直线外推到 $T=0$K 时，几乎都通过坐标原点，由式（6.1）、式（6.2）可知，$\left(\frac{\partial H}{\partial l}\right)_{T,p}\approx 0$，即

$$f\approx-T\left(\frac{\partial S}{\partial l}\right)_{T,p} \tag{6.6}$$

由此可以得到理想高弹体的概念。理想高弹体就是指形变时 $\left(\frac{\partial H}{\partial l}\right)_{T,p}=0$ 的弹性体。也就是说，理想弹性体拉伸时，热力学能不变，而主要引起熵的变化。

6.1.2.3　真实橡胶的弹性

理想高弹体在实际中是不存在的，对于真实的橡胶有以下的特点：① l 较大时，能弹性很小，以熵弹性为主(属于实用高弹性范围)；② l 较小或很大时，热力学能变化对弹性的贡献不可忽视。l 很大时，许多弹性体将发生应变诱导结晶，此时，反映热力学能变化的焓变贡献显得很重要，甚至超过熵变的作用。

通过以上的热力学推导可知：聚合物的高弹性的本质是熵弹性。但对于真实的高弹体的弹性，主要来自于熵弹性，但热力学能的贡献也不容忽略。只有在一定的 l 值范围内，真实橡胶才表现出显著的熵弹性。

6.1.2.4　产生高弹形变的条件

非晶态聚合物在玻璃化温度以上时处于高弹态，表6.2列出了某些通常为橡胶状的聚合物。高弹态的聚合物链段有足够的自由体积可以活动，当它们受到外力后，柔性的聚合物链可以伸展或蜷曲，能产生很大的变形，甚至超过百分之几百倍，但并不是所有的聚合物都如此，如表6.3所示。如果将高弹态的聚合物进行化学交联，则形成交联网络，它的特点是受外力后能产生很大的变形，但不导致聚合物链之间产生滑移，因此外力除去后形变会完全恢复，这种大形变的可逆性称为高弹性。这是该类聚合物材料所特有的。

因此若想产生高弹形变则需要满足以下几个条件：①弹性体的分子量要很大；②柔性的聚合物链；③轻度交联的弹性体。

表 6.2 某些通常为橡胶状的聚合物

聚合物	结构单元	T_g/℃	T_m/℃
天然橡胶	—CH_2—C(CH_3)═CH—CH_2—	−73	28
丁基橡胶	—C(CH_3)$_2$—CH_2—	−73	5
聚二甲基硅氧烷	—Si(CH_3)$_2$—O—	−127	−40
聚丙烯酸乙酯	—CH_2($COOC_2H_5$)—CH_2—	−24	—
苯乙烯-丁二烯共聚物	—CH(C_6H_5)—CH_2— —CH═CH—CH_2—CH_2—	低	—
乙烯-丙烯共聚物	—CH_2—CH_2— —CH(CH_3)—CH_2—	低	—

表 6.3 某些通常为非橡胶状的聚合物

聚合物	结构单元	原 因
聚乙烯	—CH_2—CH_2—	高度结晶
聚苯乙烯	—CH(C_6H_5)—CH_2—	玻璃状
聚氯乙烯	—CHCl—CH_2—	玻璃状
弹性蛋白	—CO═NH—CHR—	玻璃状
聚硫	—S—	链不太稳定
聚对亚苯基	—C_6H_4—	链太刚性
酚醛树脂	—C_6H_4(OH)—CH_2—	链太短

例题 6.1 温度对高弹形变的影响

不受外力作用，橡皮筋受热伸长；在恒定外力作用下，受热收缩，试用高弹性热力学理论解释。

解答：

不受外力作用，橡皮筋受热伸长是由于正常的热膨胀现象，本质是分子的热运动。

在恒定外力作用下，受热收缩，是由于聚合物链被伸长后倾向于收缩卷曲，加热有利于分子运动，从而利于收缩。

根据高弹性主要是由熵变引起的，

$$T\mathrm{d}S=-f\mathrm{d}l$$

其中，f 为定值，所以 $\mathrm{d}l=-\frac{T\mathrm{d}S}{f}<0$，即受热收缩，而且随着温度增加，收缩增加。

6.1.3 高弹性的统计理论

理想高弹体可看作是无数个占有体积的长柔性链聚集在一起的，由于热运动使柔性链的构象不断发生重排，所有这些构象的能量都相等，因此各种构象出现的概率都相等。从前面热力学分析的结果知道，对于理想高弹体来说，其弹性是熵弹性，形变时回缩力仅仅由体系内部熵的变化引起，因此有可能用统计方法计算体系熵的变化，进而推导出宏观的应力-应变关系。

热力学分析只能给出宏观物理量之间的关系。W. Kuhn、E. Guth 和 H. Mark 等把统计力学用于聚合物链的构象统计，并建立了橡胶弹性统计理论，即通过微观的结构参数求得聚合物链熵值的定量表达式，进而再从交联网形变前后熵变导出宏观应力-应变关系。

为了使橡胶具有平衡的弹性应力，线形聚合物链的集合必须连接起来成为无限的网络结构，否则聚合物链在外力作用下，因彼此之间的滑移会使橡胶呈现出流动性。为了方便起见，采用一个理想的橡胶模型，即"交联成无限网络的聚合物分子链集合"模型。

橡胶弹性统计理论有几个假设条件：①系统热力学能与各个网链的构象无关，即不论交联点之间的分子链的构象如何，不影响体系的热力学能；②每个交联点由4个有效链组成，交联点呈无规分布；③交联点之间的网链为高斯链，其末端距符合高斯分布；④由高斯链组成的各向同性网络的构象总数等于各个网链构象数的乘积；⑤网络中的各交联点处于其平均位置上，当橡胶变形时，交联点发生仿射变形。

对于一个孤立的柔性聚合物链，可以按等效自由结合链来处理，看作是含有 n_e 个长度为 l_e 链段的自由结合链，如果把它的一端固定在坐标原点(0,0,0)，则另一端出现在点(x_i，y_i，z_i)处单位体积内的概率(或构象数)可以用高斯分布函数来描述

$$\Omega_i = W(x_i, y_i, z_i)\,\mathrm{d}x\mathrm{d}y\mathrm{d}z = \left(\frac{\beta_i}{\sqrt{\pi}}\right)^3 \exp\left[-\beta_i^2(x_i^2+y_i^2+z_i^2)\right]\mathrm{d}x\mathrm{d}y\mathrm{d}z \tag{6.7}$$

$$\beta_i^2 = \frac{3}{2n_i l_i^2} \tag{6.8}$$

如果 $\mathrm{d}x\mathrm{d}y\mathrm{d}z$ 取成单位小体积元，则链构象数同概率密度 $W(x,y,z)$ 成比例，再根据Boltzmann公式，体系的熵 S 与体系的微观状态数(构象数)Ω 的关系为

$$S = k\ln\Omega \tag{6.9}$$

用$\bar{\beta}$取代 β_i，用$\overline{\beta^2}=\dfrac{3}{2\,\bar{h}_G^2}$取代 β_i^2，则形变之前网络的构象熵应为

$$S = C - k\,\overline{\beta^2}(x_i^2+y_i^2+z_i^2) \tag{6.10}$$

其中，$C=kN\ln\left(\dfrac{\bar{\beta}}{\sqrt{\pi}}\right)^3$，是与坐标($x_i$，$y_i$，$z_i$)无关的常量。

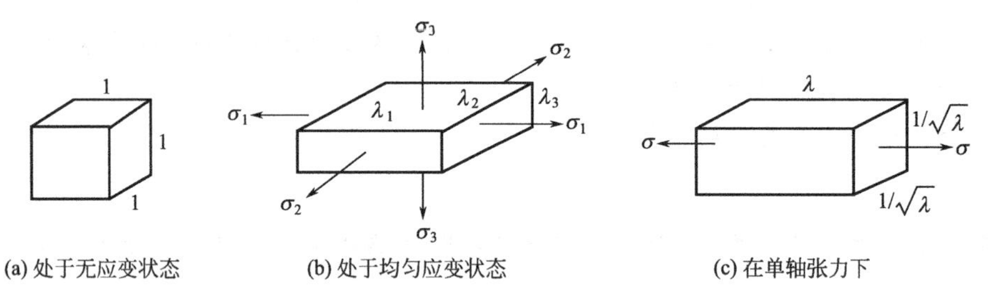

图6.3　橡胶的单位立方体

对于一块各向同性的橡胶试样，设取出其中的单位立方体，如图6.3(a)所示，当发生了一般的纯均相应变后，立方体转变为长方体[图6.3 (b)]。这种长方体在三个主轴上的尺寸是 λ_1，λ_2，λ_3，这些 λ 值叫做主伸长比率，其值分别为

$$\lambda_1 = \frac{X_i}{x_i},\ \lambda_2 = \frac{Y_i}{y_i},\ \lambda_3 = \frac{Z_i}{z_i} \tag{6.11}$$

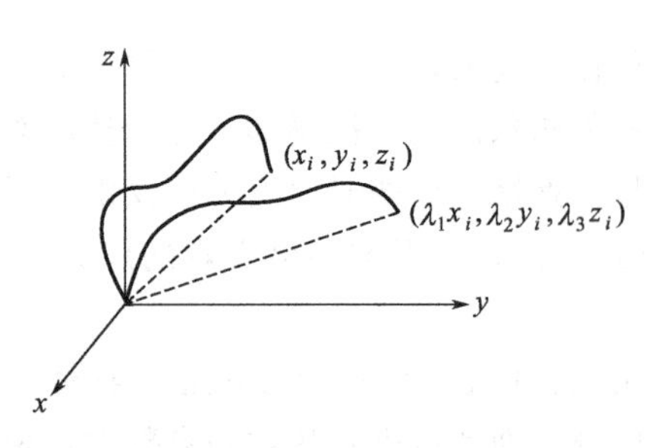

图6.4　网链"仿射"变形前后

与此同时，聚合物链的末端距也会发生相应的变化。根据仿射形变条件，如果交联网中第 i 个网链的一端固定在坐标原点，另一端形变前在点(x_i，y_i，z_i)处，则形变后应在点($X_i=\lambda_1 x_i$，$Y_i=\lambda_2 y_i$，$Z_i=\lambda_3 z_i$)处，如图6.4所

示。根据假设条件⑤，网链的构象熵可以引用式(6.10)的结果，即第 i 个网链形变前构象熵为

$$S_{i,\mathrm{u}}=C-k\overline{\beta^2}(x_i^2+y_i^2+z_i^2) \tag{6.12}$$

形变后的构象熵为

$$S_{i,\mathrm{d}}=C-k\overline{\beta^2}(\lambda_1^2x_i^2+\lambda_2^2y_i^2+\lambda_3^2z_i^2) \tag{6.13}$$

故形变时网链的构象熵的变化为

$$\Delta S=S_{i,\mathrm{d}}-S_{i,\mathrm{u}}=-k\overline{\beta^2}[(\lambda_1^2-1)x_i^2+(\lambda_2^2-1)y_i^2+(\lambda_3^2-1)z_i^2] \tag{6.14}$$

根据假设条件④，整个交联网形变时的总构象熵应为交联网中全部网链熵变的加和。如果交联网内共有 N 个网链，则橡胶网络的总熵变为

$$\Delta S=-k\sum_{i=1}^{N}\beta_i^2[(\lambda_1^2-1)x_i^2+(\lambda_2^2-1)y_i^2+(\lambda_3^2-1)z_i^2] \tag{6.15}$$

由于每个网链的末端距都不相等，所以取其平均值，则

$$\Delta S=-k\overline{\beta^2}N[(\lambda_1^2-1)\overline{x^2}+(\lambda_2^2-1)\overline{y^2}+(\lambda_3^2-1)\overline{z^2}] \tag{6.16}$$

又因为交联网络是各向同性的，所以

$$\overline{x^2}=\overline{y^2}=\overline{z^2}=\frac{\overline{h_G^2}}{3} \tag{6.17}$$

假设条件③中规定，网链的均方末端距等于高斯链的均方末端距，所以 $\overline{\beta^2}=\dfrac{3}{2\overline{h_G^2}}$，式(6.16)变为

$$\Delta S=-\frac{1}{2}kN(\lambda_1^2+\lambda_2^2+\lambda_3^2-3) \tag{6.18}$$

接着，由于假设形变过程中交联网的热力学能不变，$\Delta U=0$，故自由能的变化为

$$\Delta F=\Delta U-T\Delta S=-T\Delta S=\frac{1}{2}kTN(\lambda_1^2+\lambda_2^2+\lambda_3^2-3) \tag{6.19}$$

在等温等容条件下，外力对体系所做的功 W 等于体系自由能的增加。换句话说，外力做功储存在这个形变了的橡胶里，

$$W=\Delta F=\frac{1}{2}kTN(\lambda_1^2+\lambda_2^2+\lambda_3^2-3) \tag{6.20}$$

式(6.20)被称为高弹性的储能方程。

对于单轴拉伸情况，假定在 x 方向上拉伸，$\lambda_1=\lambda$，且考虑拉伸时体积不变，$\lambda_1\lambda_2\lambda_3=1$，因而 $\lambda_2=\lambda_3=\sqrt{\dfrac{1}{\lambda}}$，如图6.3(c)所示，则可以得到

$$W=\frac{1}{2}kTN\left(\lambda^2+\frac{2}{\lambda}-3\right) \tag{6.21}$$

如果试样在单向拉力 f 的作用下伸长了 $\mathrm{d}l$，则其对体系做的功

$$\mathrm{d}W=f\mathrm{d}l \tag{6.22}$$

注意到 $\lambda=l/l_0$，因此，

$$f=\left(\frac{\mathrm{d}W}{\mathrm{d}l}\right)_{T,V}=\left(\frac{\mathrm{d}W}{\mathrm{d}\lambda}\right)_{T,V}\left(\frac{\mathrm{d}\lambda}{\mathrm{d}l}\right)_{T,V}=NkT\left(\lambda-\frac{1}{\lambda^2}\right)\frac{1}{l_0} \tag{6.23}$$

用 N_0 表示单位体积内的网链数，即网链密度 $N_0=N/V_0=N/A_0l_0$，则拉伸应力为

$$\sigma=\frac{f}{A_0}=\frac{N}{A_0l_0}kT\left(\lambda-\frac{1}{\lambda^2}\right)=N_0kT\left(\lambda-\frac{1}{\lambda^2}\right) \tag{6.24}$$

式(6.24)中的网链密度 N_0 又可用单位体积内网链的物质的量 n_0 或网链的平均分子

量$\overline{M_c}$来表示，分别有下列关系

$$\sigma=n_0RT\left(\lambda-\frac{1}{\lambda^2}\right) \tag{6.25}$$

$$\sigma=\frac{\rho RT}{\overline{M_c}}\left(\lambda-\frac{1}{\lambda^2}\right) \tag{6.26}$$

式中，R 为气体常数；ρ 为试样的密度。公式（6.24）、式（6.25）和式（6.26）均称为交联橡胶的状态方程，描述了交联橡胶的应力-应变关系。

6.1.4 对交联橡胶状态方程的几点说明

6.1.4.1 橡胶的弹性模量

当 $\varepsilon \ll 1$ 时，$\lambda^{-2}=(1+\varepsilon)^{-2}=1-2\varepsilon+3\varepsilon^2-\cdots\approx 1-2\varepsilon \Rightarrow \sigma\approx 3NkT\varepsilon$，则橡胶的拉伸弹性模量

$$E=\frac{\sigma}{\varepsilon}=3N_0kT=\frac{3\rho RT}{\overline{M_c}} \tag{6.27}$$

这说明，当形变很小时，交联橡胶的应力-应变曲线符合 Hooke 定律。

又因为橡胶类聚合物在变形时，体积几乎不变，泊松比 $\mu=0.5$，拉伸模量与剪切模量的关系是 $E=3G$，由此可得到橡胶的剪切模量为

$$G=E/3=NkT \tag{6.28}$$

这一关系说明了橡胶的弹性模量随温度的升高和网链密度的增加而增大的实验事实。将式（6.28）代入交联橡胶状态方程，则可得到

$$\sigma=\frac{E}{3}\left(\lambda-\frac{1}{\lambda^2}\right)=G\left(\lambda-\frac{1}{\lambda^2}\right) \tag{6.29}$$

单轴拉伸时橡胶的储能函数也可用 G 表示

$$W=\frac{1}{2}G\left(\lambda^2+\frac{2}{\lambda}-3\right) \tag{6.30}$$

6.1.4.2 采用真应力的交联橡胶状态方程

真应力 $\sigma_{真}=\frac{f}{A}$，表观应力 $\sigma=\frac{f}{A_0}$，边长为 a、b 的横截面积形变后为

$$A=(a\lambda_2)(b\lambda_3)=ab\lambda_2\lambda_3=A_0\lambda_2\lambda_3 \tag{6.31}$$

对于体积不变的单轴拉伸，$\lambda_2\lambda_3=\frac{1}{\lambda}$，于是

$$\sigma_{真}=\frac{f}{A}=\frac{f}{\lambda_2\lambda_3A_0}=\lambda\frac{f}{A_0}=\lambda\sigma \tag{6.32}$$

$$\sigma_{真}=NkT\left(\lambda^2-\frac{1}{\lambda}\right) \tag{6.33}$$

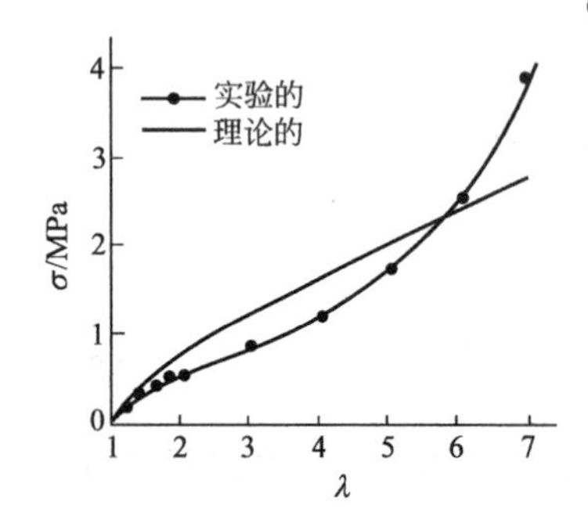

图 6.5 交联橡胶的应力(σ)与拉伸比(λ)的关系曲线

6.1.4.3 状态方程与实验值的偏离

将统计分析得到的交联橡胶状态方程与由实验得到的应力-应变曲线作比较，如图 6.5 所示。从图中可以看出拉伸形变量不很大时，状态方程与实验值较接近；拉伸比较大时（$\lambda>6$），状态方程与实际情况相差越来越大。

造成偏差有两方面可能的原因：一方面是由于高拉伸比时，高度变形的交联网中，分子链已接近极限伸

长，不再符合高斯链假设；另一方面是橡胶会发生应变诱导结晶，晶粒起着一种交联作用，交联度的提高会使弹性应力提高。在高度结晶时，交联点也起着填料的作用，提高了弹性应力，使材料形变能力降低，应力随形变量增加而急剧增大。

6.1.4.4 对状态方程的修正

在统计理论的推导过程中，采用了许多理想化的假设，如热力学能对弹性没有贡献、交联网是理想的、网链的末端距符合高斯分布、仿射变形以及拉伸时体积不变等。这些假设在作理论处理时，为简化问题是必要的，但是它们与实际情况存在明显的出入，必然导致理论推导结果与实验事实之间的差异。为了使理论更加符合实际，人们不断地对上述理论提出修正，相关修正方法见相关文献，在此不进行讨论。

例题 6.2 状态方程的应用

某种硫化橡胶的密度为 966 kg/m^3，其试件在 27℃ 下拉长一倍时的拉应力为 7.25×10^5 N/m^2。试求：(1) $1m^3$ 中的网链数目；(2) 初始的拉伸模量与剪切模量；(3) 网链的平均分子量$\overline{M_c}$。

解答:

(1) $1m^3$ 中的网链数目：

由题知 $\lambda=2$，$\rho=964kg/m^3=9.64\times10^5 g/m^3$，$T=27+273=300$ (K)

$$\sigma=N_0 kT\left(\lambda-\frac{1}{\lambda^2}\right)$$

$$k=1.381\times10^{-23}J/K$$

$$N_0=\frac{\sigma}{kT\left(\lambda-\frac{1}{\lambda^2}\right)}=\frac{7.25\times10^5}{1.381\times10^{-23}\times300\times\left(2-\frac{1}{4}\right)}=1.03\times10^{26}\ (\text{个}/m^3)$$

(2) 初始模量：

拉伸模量：$E=3NkT=3\times1.03\times10^{26}\times1.381\times10^{-23}\times300=1.28\times10^6$ (Pa)

剪切模量：$G=\frac{E}{3}=0.43\times10^6$ (Pa)

(3) 网链的平均分子量：

由公式 $\sigma=\frac{\rho RT}{\overline{M_c}}\left(\lambda-\frac{1}{\lambda^2}\right)$

得 $\overline{M_c}=\frac{\rho RT}{\sigma}\left(\lambda-\frac{1}{\lambda^2}\right)=\frac{9.64\times10^5\times8.314\times300}{7.25\times10^5}\left(2-\frac{1}{4}\right)=5804$

6.2 聚合物的黏弹性

材料在外力作用下将产生应变。理想弹性固体(Hooke 弹性体)的行为服从 Hooke 定律，应力与应变呈线性关系。受外力时平衡应变瞬时达到，除去外力时应变立即恢复。理想黏性液体(牛顿流体)的行为服从牛顿流动定律，应力与应变速率呈线性关系。受外力时应变随时间线性发展，除去外力时应变不能回复。实际材料同时显示弹性和黏性，即所谓黏弹性。相比于其他物体，聚合物材料的这种黏弹性表现得更为显著，是典型的黏弹性体，它具有弹性固体和黏性液体两者的特征。

黏弹性包括两类：①线性黏弹性 由服从 Hooke 定律的固体弹性和服从牛顿流动定律的液体黏性组合成的性质；②非线性黏弹性 由不服从 Hooke 定律的固体弹性和不服从牛顿流动定律的液体黏性组合成的性质。在本节中主要讨论的是线性黏弹性，外力作用时间和温度是必须加以考虑的两个重要参数。

6.2.1 黏弹性现象

黏弹性实验包括静态黏弹性实验和动态黏弹性实验两类。这些黏弹行为反映的都是聚合物力学性能的时间依赖性，统称为力学松弛。黏弹性的主要特征就是力学松弛，根据聚合物材料受到外部作用的情况不同，可以观察到不同类型的力学松弛现象，最基本的有蠕变、应力松弛、滞后和力学损耗等。

专栏 6.2 打水漂游戏

打水漂是人类最古老的游戏之一，据推测从石器时代就开始了。打水漂就是运用手腕的力量把撇出去的石头(最好是扁平状的)在水面上弹跳数次，成绩以石头在水面上弹跳的次数多少为依据，次数越多越好。

水是典型的低黏度液体，通常在外力作用下发生黏性流动，难以观察到其弹性行为。但这并不意味着水只有黏性而没有弹性，只是水的松弛时间太短，在通常的实验条件下观察不到而已。

打水漂时，石头以一定角度高速抛向水面，在与水面接触时，水面的弹性给了它向上的冲击力，使石头弹起。当然打水漂也需要一定的技术。法国科学家克里斯托夫•克拉内博士和他的同事使用高速视频照相机等设备，不断试验，最后得出结论：其他条件相同的情况下，石头首次接触水与水面成20°角时，水漂效果最为完美。而且石头旋转越快，打的水漂飞得越高、弹跳次数越多。

6.2.1.1 蠕变

在实际生活中我们经常看到这样的现象，在软质聚氯乙烯丝下挂上一定质量的砝码，细丝就会慢慢伸长，解下砝码后，细丝会慢慢缩回去，这就是软质聚氯乙烯丝的蠕变和回复现象。

所谓蠕变就是指在恒温、恒定应力条件下，聚合物的形变量随时间延长而逐渐发展的现象。图 6.6 是线形非晶态聚合物在 T_g 以上单轴拉伸时典型的蠕变曲线和蠕变回复曲线。

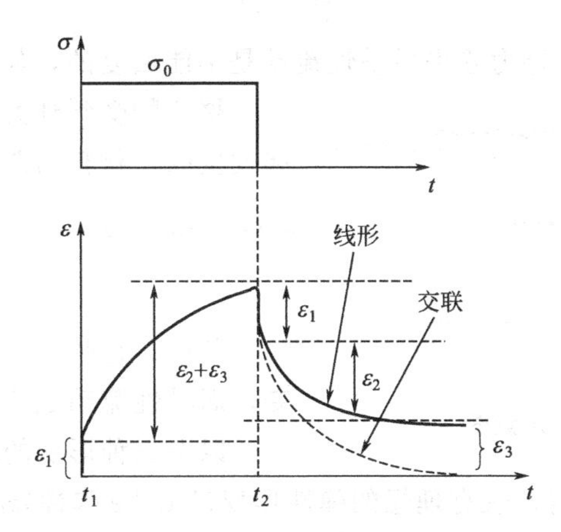

图 6.6 线形非晶态聚合物(实线)在 T_g 以上单轴拉伸时典型的蠕变曲线和蠕变回复曲线

从分子运动和变化的角度来看，蠕变过程包括下面三种形变。

(1) 理想弹性体形变

当聚合物材料受到外力作用时，分子链内部键长和键角立刻发生变化，如图 6.7 所示，这种形变量是很小的，称为普弹形变，用 ε_1 表示。

$$\varepsilon_1=\frac{\sigma_0}{E_1} \tag{6.34}$$

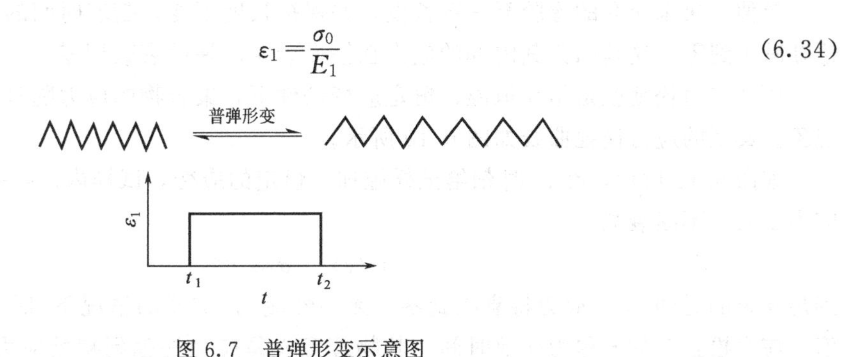

图 6.7 普弹形变示意图

(2) 高弹形变

高弹形变是分子链通过链段运动逐渐伸直的过程，形变量比普弹形变要大得多，形变与时间成指数关系，

$$\varepsilon_2=\frac{\sigma_0}{E_2}(1-e^{-t/\tau})=\varepsilon(\infty)(1-e^{-t/\tau'}) \tag{6.35}$$

式中，τ'为推迟时间，它与链段运动的黏度 η_2 和高弹模量 E_2 有关，$\tau'=\eta_2/E_2$，其物理意义是高弹形变量变到其平衡应变 $\varepsilon(\infty)$ 的 (1-1/e)倍时所需的时间。

外力除去时，高弹形变是逐渐回复的，如图 6.8 所示。

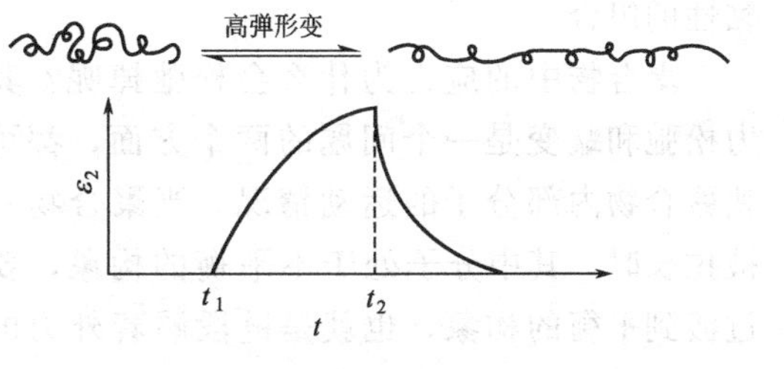

图 6.8 高弹形变示意图

(3) 黏性流动

分子间没有化学交联的线形聚合物，还会

产生分子间的相对滑移，称为黏性流动，用符号 ε_3 表示，

$$\varepsilon_3=\frac{\sigma_0}{\eta}t \tag{6.36}$$

式中，η 为本体黏度。外力除去后黏性流动是不能回复的，如图 6.9 所示。

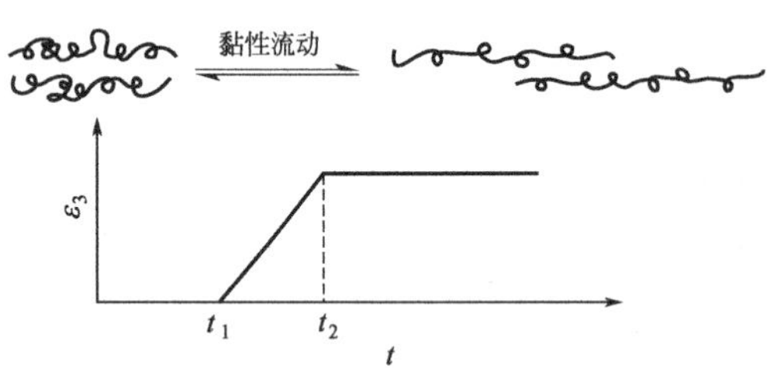

图 6.9　黏性流动示意图

聚合物受到外力作用时以上三种变形是一起发生的，材料的总变形为

$$\varepsilon(t)=\varepsilon_1+\varepsilon_2+\varepsilon_3=\frac{\sigma_0}{E_1}+\frac{\sigma_0}{E_2}(1-e^{-t/\tau})+\frac{\sigma_0}{\eta}t \tag{6.37}$$

其中，普弹形变 ε_1 和高弹形变 ε_2 为可逆形变，而黏性流动 ε_3 为不可逆形变。

以上三种形变的相对比例依具体条件不同而不同。在非常短的时间内，仅有理想的弹性形变(Hooke 弹性)ε_1，形变很小。随着时间延长，蠕变速度开始增加很快，然后逐渐变慢，最后基本达到平衡。这一部分总的形变除了理想的弹性形变 ε_1 以外，主要是高弹形变 ε_2，当然也存在着随时间增加而增大的极少量的黏流形变 ε_3。加载时间很长，高弹形变 ε_2 已充分发展，达到平衡值，最后是纯粹的黏流形变 ε_3。这一部分总的形变包括 ε_1、ε_2 和 ε_3 的贡献。

6.2.1.2　应力松弛

拉伸一块未交联的橡胶至一定长度，并保持长度不变，随着时间的增长，橡胶的回弹力逐渐减小到零。这是因为其内部的应力在慢慢衰减，最后衰减到零。

所谓应力松弛就是指在恒温、恒定应变条件下，聚合物的应力随时间延长而逐渐衰减的现象。典型的应力松弛曲线如图 6.10 所示。

如图 6.10 所示，在 t_1 时刻给试样施加一恒定的应变，试样内产生一瞬时应力 σ_0，以后应力 $\sigma(t)$ 不断衰减，

$$\sigma(t)=\sigma_0 e^{-t/\tau} \tag{6.38}$$

到足够长的时间 t_∞，应力将衰减到零。无黏性流动(交联的情况下)时，应力衰减到一恒定值。应力松弛时的 τ 称为松弛时间，其物理意义是应力松弛到初始应力 σ_0 的 1/e 倍时所需的时间。

应力松弛的分子机理是拉伸力迅速作用使大分子链构象变化，由蜷曲状态到伸展状态。在外力的继续作用下，大分子之间解缠结，甚至发生滑移，逐渐成为新的无规蜷曲状态，使保持既定长度所需的应力继续减小，直到试样中所受的应力完全消失为止。应力松弛仍是一种弹性和黏性的组合。

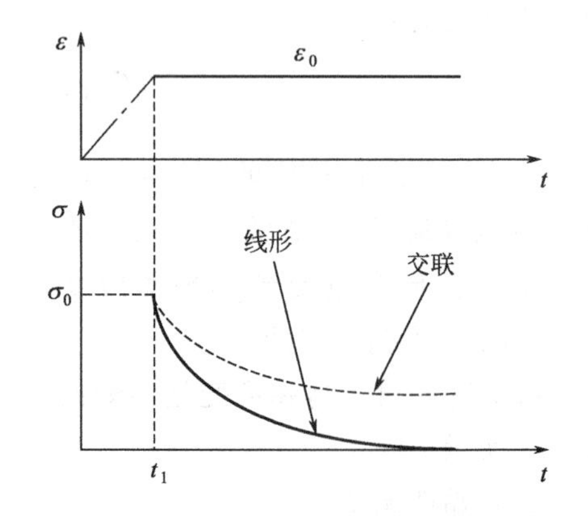

图 6.10　典型的应力松弛曲线

聚合物中的应力为什么会松弛掉呢？其实应力松弛和蠕变是一个问题的两个方面，都可以反映聚合物内部分子的运动情况。当聚合物一开始被拉长时，其中分子处于不平衡的构象，要逐渐过渡到平衡的构象，也就是链段顺着外力的方向运动以减少或消除内部应力，如果温度很高，远

远超过 T_g，如常温下的橡胶，链段运动时受到的内摩擦力很小，应力很快就松弛掉了，甚至可以快到几乎觉察不到的地步；如果温度太低，比 T_g 低得多，如常温下的塑料，虽然链段受到很大的应力，但由于内摩擦力很大，链段运动的能力很弱，所以应力松弛极慢，也就不容易觉察得到。只有在玻璃化温度附近的几十摄氏度范围内，应力松弛现象比较明显。

例题 6.3 松弛原理

一个纸杯装满水置于一张桌面上，用一发子弹从桌面下部射入杯子，并从杯子的水中穿出，杯子仍位于桌面不动。如果纸杯里装的是一杯聚合物的稀溶液，这次子弹把杯子打出了 8m 远。用松弛原理解释之。

解答：

低分子液体如水的松弛时间是非常短的，它比子弹穿过杯子的时间还要短，因而虽然子弹穿过水那一瞬间有黏性摩擦，但它不足以带走杯子。聚合物溶液的松弛时间比水的大几个数量级，当子弹穿过杯子时，聚合物分子链来不及响应，所以子弹将它的动量转给这个“子弹-液体-杯子”体系，从桌面上把杯子带走了。

6.2.1.3 影响蠕变和应力松弛的因素

在工程应用中，材料的尺寸稳定性最为重要，而蠕变和应力松弛与材料尺寸稳定性有内在联系。因此在实际应用中，对影响蠕变或应力松弛的因素应有所了解，才能采取有效措施防止或减少蠕变或应力松弛。当聚合物材料需要长时间承受负荷时，蠕变或应力松弛的测定是必要的。

影响蠕变或应力松弛的因素主要从内因和外因两方面考虑。内部因素包括聚合物链结构、聚合物交联、结晶、分子量大小等。外因包括温度、外力等。

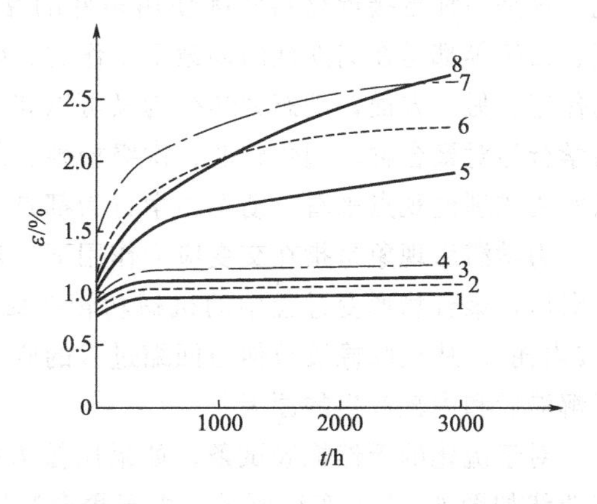

图 6.11 几种聚合物在 23℃时蠕变性能比较

1—聚砜；2—聚苯醚；3—聚碳酸酯；4—改性聚苯醚；5—ABS(耐热级)；6—聚甲醛；7—尼龙；8—ABS

各种聚合物在室温时的蠕变现象很不同，了解这种差别，对于材料实际应用非常重要。图 6.11 是几种聚合物在 23℃时的蠕变曲线，可以看出，主链含芳杂环的刚性链聚合物具有较好的抗蠕变性能，因而成为广泛应用的工程塑料，可用来代替金属材料加工成机械零件。对于蠕变比较严重的材料，使用时则需采取必要的补救措施。例如硬聚氯乙烯有良好的耐腐蚀性能，可以用于加工化工管道、容器或塔等设备，但它容易蠕变，使用时必须增加支架以防止蠕变。又如聚四氟乙烯是塑料中摩擦系数最小的，因而具有很好的自润滑性能，可是由于其蠕变现象很严重，不能做成机械零件，反之，可以利用其蠕变性能将其做成很好的密封材料。

交联对于高弹态聚合物的蠕变或应力松弛影响显著，是克服橡胶制品发生蠕变和应力松弛的重要措施。稍有交联，高弹态聚合物的蠕变速度就会下降很多。橡胶采用硫化交联的办法来防止由蠕变产生分子间滑移而造成的不可逆形变。交联对于玻璃态聚合物蠕变影响甚微，这是由于分子链运动被限制的缘故。模量高，力学损耗小，玻璃化温度高的热固性聚合物，如酚醛树脂、三聚氰胺树脂的蠕变和蠕变速度甚小，几何尺寸稳定。但是，某些环氧树脂、聚酯树脂有很大的蠕变。

结晶聚合物中的晶区类似于交联点的作用，随着结晶度的提高，蠕变速度降低。

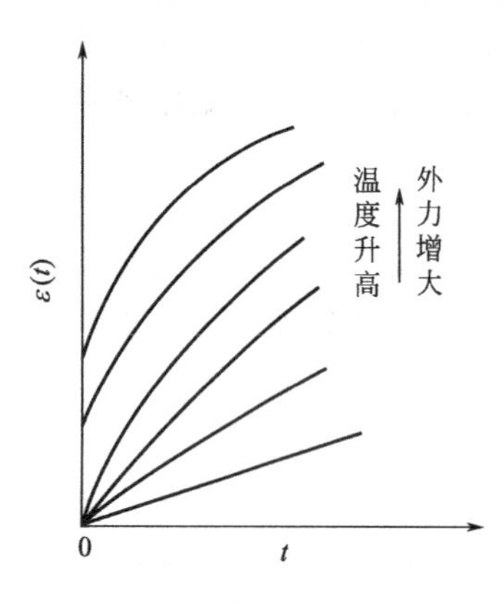

图 6.12 蠕变与温度、外力关系

蠕变或应力松弛与温度高低和外力大小有关。图 6.12 是蠕变与温度和外力关系示意图。从图中可见，温度过低，外力太小，蠕变很小而且很慢，在短时间内不易觉察；温度过高，外力过大，形变发展过快，也感觉不出蠕变现象；在适当的外力作用下，通常在聚合物的 T_g 以上不远，链段在外力下可以运动，但运动时受到的内摩擦力又较大，只能缓慢运动，则可观察到较明显的蠕变现象。

应力松弛可用来估测某些工程塑料零件中夹持金属嵌入物(如螺母)的应力，也可用来估测塑料管道接头内环向阻止接头处漏水的时间以及测定塑料制品的剩余应力。此外，可以研究聚合物，尤其是橡胶的化学应力松弛。

6.2.1.4 力学滞后和内耗

动态力学行为是在交变应力或交变应变作用下，聚合物材料的应变或应力随时间的变化。这是一种更接近材料实际使用条件的黏弹性行为。例如，许多塑料零件，像齿轮、阀门、凸轮等都是在周期性的动载下工作的；橡胶轮胎、传送皮带等更是不停地承受交变载荷的作用。另一方面，动态力学行为又可以获得许多分子结构和分子运动的信息。例如，动态力学行为对聚合物玻璃化转变、次级松弛、晶态聚合物的分子运动都十分敏感。所以，无论从实用或理论观点来看，动态力学行为都是十分重要的。

力学滞后现象是指在交变应力作用下，聚合物的形变总是落后于其应力的现象。由于力学滞后，聚合物形变过程中的机械功转变成热，从而损失掉部分能量的现象称为力学损耗(或内耗)。从交联橡胶拉伸与回缩过程的应力-应变曲线和试样内部的分子运动情况可深入了解滞后和内耗产生的原因。

对于硫化的天然橡胶试条，如果用拉力机在恒温下尽可能慢地拉伸和回缩，其应力-应变曲线如图 6.13 中实线所示。由于聚合物链段运动受阻于内摩擦力，所以应变跟不上应力的变化，拉伸曲线(OAB)和回缩曲线(BCD)并不重合。如果应变完全跟得上应力的变化，则拉伸与回缩曲线重合，如图 6.13 中虚线 OEB 所示。具体地说，发生滞后现象时，拉伸曲线上的应变达不到与其应力相对应的平衡应变值，回缩曲线上的应变大于与其应力相对应的平衡应变值，如对应于应力 σ_1，有 $\varepsilon_1' < \varepsilon_1 < \varepsilon_1''$。在这种情况下，拉伸时外力对聚合物体系所做的功，一方面用来改变分子链的构象，另一方面用来提供链段运动时克服链段间内摩擦阻力所需的能量；回缩时，聚合物体系对外做功，一方面使伸展的分子链重新蜷曲起来，回复到原来的状态，另一方面用于克服链段间的内摩擦阻力。这样一个拉伸-回缩循环中，链构象的改变完全回复，不损耗功，所损耗的功都用于克服内摩擦阻力转化为热。内摩擦阻力愈大，滞后现象便愈严重，消耗的功也愈大，即内耗愈大。

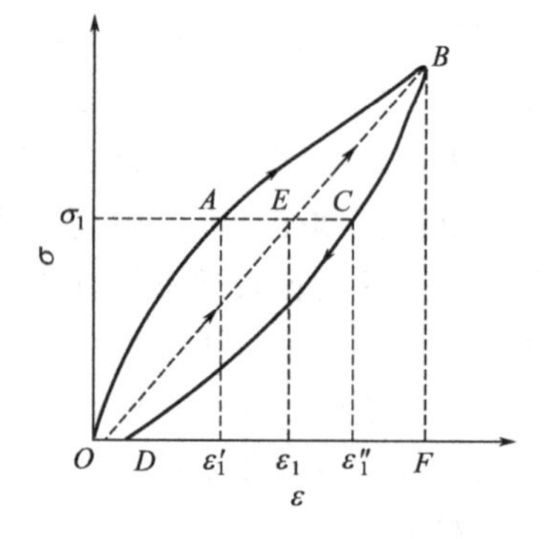

图 6.13 硫化橡胶拉伸和回缩的应力-应变曲线

拉伸和回缩时，外力对橡胶所做的功和橡胶对外力所做的回缩功分别相当于拉伸曲线和回缩曲线下所包的面积，于是一个拉伸-回缩循环中所损耗的能量与这两块面积之差相当。滞后环(滞后圈)的大小恰为单位体积的橡胶在每个拉伸-压缩循环中所损耗的功，数学上有

$$\Delta W=\int_0^{2\pi/\omega}\sigma \mathrm{d}\varepsilon=\int_0^{2\pi/\omega}\sigma \mathrm{d}[\varepsilon_0\sin(\omega t-\delta)]\Rightarrow \Delta W=\pi\sigma_0\varepsilon_0\sin\delta \tag{6.39}$$

从式 (6.39) 可以看出，在每一循环中，单位体积试样损耗的能量正比于最大应力 σ_0、最大应变 ε_0 以及应力和应变之间的相角差 δ 的正弦。因为这个缘故，δ 又称为滞后角或力学损耗角，人们常用力学损耗角的正切 $\tan\delta$ 来表示内耗的大小。

对于不同的流体，其力学损耗的量是不同的，有以下三种情况：

① 对于理想弹性体，$\delta=0$，$\Delta W=0$；

② 对于牛顿流体，$\delta=\frac{\pi}{2}$，$\Delta W=\pi\sigma_0\varepsilon_0$(损耗功为最大值)；

③ 对于黏弹体，$0<\delta<\frac{\pi}{2}$，$0<\Delta W<\pi\sigma_0\varepsilon_0$。

当 $\varepsilon(t)=\sigma_0\sin wt$ 时，因应力变化比应变领先一个相位差角 δ，故 $\sigma(t)=\sigma_0\sin(wt+\delta)$，这个应力表达式可以展开成

$$\sigma(t)=\sigma_0\sin wt\cos\delta+\sigma_0\cos wt\sin\delta \tag{6.40}$$

可见应力由两部分组成，一部分是与应变同相位的，幅值为 $\sigma_0\cos\delta$，是弹性形变的动力；另一部分是与应变相差 90°的，幅值为 $\sigma_0\sin\delta$，消耗于克服摩擦阻力。如果定义 E' 为同相的应力和应变的振幅比值，而 E'' 为相差 90°的应力和应变的振幅比值，即

$$E'=\frac{\sigma_0}{\varepsilon_0}\cos\delta \tag{6.41}$$

$$E''=\frac{\sigma_0}{\varepsilon_0}\sin\delta \tag{6.42}$$

则应力的表达式变成

$$\sigma(t)=\varepsilon_0 E'\sin wt+\varepsilon_0 E''\cos wt \tag{6.43}$$

这时的模量也应包括两个部分。用复数模量表示如下

$$E^*(\omega t)=\frac{\sigma(t)}{\varepsilon(t)}=\frac{\sigma_0}{\varepsilon_0}\mathrm{e}^{i\delta}=|E^*|(\cos\delta+i\sin\delta)=E'+iE'' \tag{6.44}$$

式中，$i=\sqrt{-1}$。E' 为实数模量或称储能模量，它反映材料形变时储存的能量或回弹力大小；E'' 为虚数模量或称损耗模量，它反映形变时损耗的能量或内耗大小。

$E'(w)$和 $E''(w)$依赖于频率 w。它们与 E^*、δ 的关系可以清楚地表述在复平面坐标上(图 6.14)，从图 6.14 上或由式 (6.41)、式 (6.42) 可以得

$$\tan\delta=\frac{\sin\delta}{\cos\delta}=\frac{E''}{E'} \tag{6.45}$$

损耗角的正切值也反映了内耗的大小，所以又称为损耗因子。

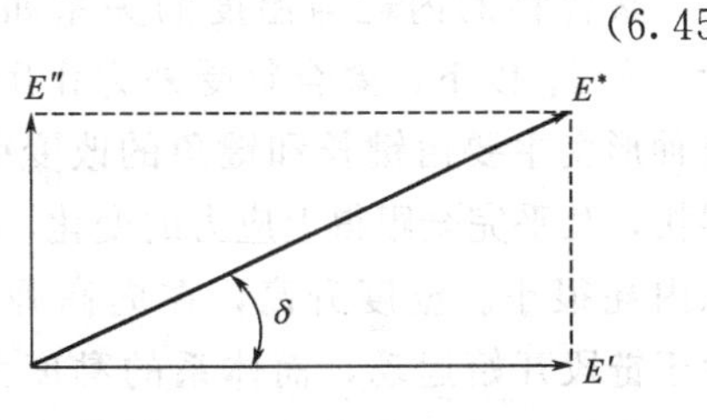

图 6.14 拉伸复模量

当 δ 取不同的数值时，可以得到各种特殊情况下的 E'、E''值。

若 $\delta=0$，无内耗，E' 即通常的弹性模量 E，$E''=0$；

若 $\delta=\frac{\pi}{2}$，无弹性储存，$E'=0$；

当 $0<\delta<\frac{\pi}{2}$ 时，δ 越大，则内耗越大。

研究力学滞后现象对于评估聚合物材料的耐寒性、耐热性以及力学性能，具有重要的实际意义。以软塑料为例，若从静应力下转移到普通动态力下使用，即从接近零的频率转移到每分钟 $10^2\sim10^8$ Hz 的频率，形变值要发生相当于降温 20～40℃的变化。即在恒应力下直到－50℃还保持高弹性的软塑料，在交变应力下－20℃便会硬化和发脆。热塑性塑料在静态下加热，玻璃化温度可作为耐热性的标志，但在动态条件下工作的制件软化温度提高，也就是更耐热。这是由于动态条件相当于提高玻璃化温度。另外，塑料成型，聚合物薄膜尺寸随时间的变化(如电影胶卷)以及许多重要的工艺过程都与力学滞后现象有关。

力学损耗虽然有一定的弊端，例如内耗发热使聚合物材料过早老化，尺寸稳定性降低等。但利用其原理可以制作出一些特殊的材料用于防振、隔音等。

6.2.1.5　影响内耗的主要因素

(1) 聚合物的结构

内耗的大小与聚合物本身的结构有关。一些常见的橡胶品种的内耗和回弹性能的优劣，可以从其分子结构上找到定性的解释。顺丁橡胶的内耗较小，因为它的分子链上没有取代基团，链段运动的内摩擦阻力较小；丁苯橡胶和丁腈橡胶的内耗比较大，因为丁苯橡胶有庞大的侧苯基，丁腈橡胶有极性极强的侧腈基。因而它们的链段运动时内摩擦阻力较大；丁基橡胶的侧甲基虽然没有苯基大，也没有腈基极性强，但是它的侧基数目比丁苯橡胶和丁腈橡胶的多得多，所以其内耗比丁苯橡胶、丁腈橡胶的还要大。内耗较大的橡胶，吸收冲击能量较大，回弹性就较差。

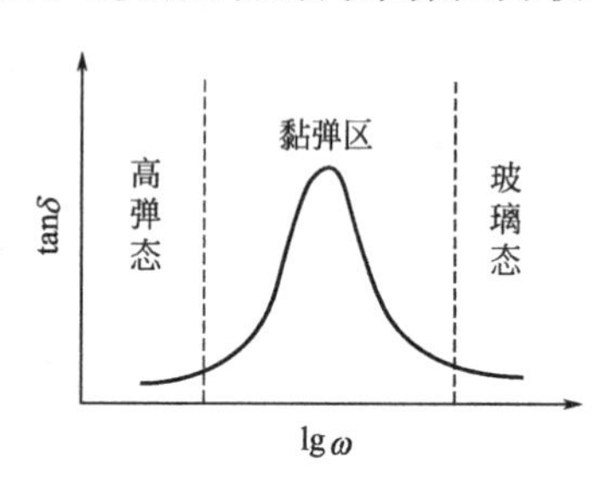

图 6.15　聚合物的内耗与频率的关系

(2) 频率

E'、E''、$\tan\delta$ 都是 ω 的函数。频率很低或很高时，内耗都小；频率与链段运动的松弛时间相近时，才出现明显的能量损耗，$\tan\delta$(或 E'')在某一频率下出现极大值。频率与内耗的关系如图 6.15 所示。频率很低时，聚合物的链段运动完全跟得上外力的变化，内耗很小，聚合物表现出橡胶的高弹性；当频率很高时，链段运动完全跟不上外力的变化，内耗也很小，聚合物显示刚性，表现出玻璃态的力学性质；只有中间区域，链段运动跟不上外力的变化，内耗在一定的频率范围将出现一个极大值，这个区域中材料的黏弹性表现得很明显。选择消振材料时，应选择 $\tan\delta$ 极大值对应的频率接近于实际振动频率的聚合物。

(3) 温度

聚合物的内耗与温度的关系如图 6.16 所示。在 T_g 以下，聚合物受外力作用形变很小，这种形变主要由键长和键角的改变引起，速度很快，几乎完全跟得上应力的变化，δ 很小，所以内耗很小。温度升高，在向高弹态过渡时，由于链段开始运动，而体系的黏度大，内耗也大。当温度进一步升高时，虽然形变大，但链

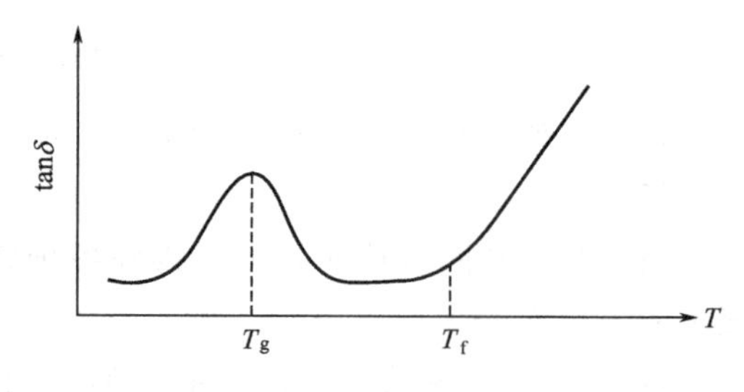

图 6.16　温度对内耗的影响

段运动比较自由，δ 变小，内耗也小了。因此，在玻璃化转变区间将出现一个内耗的极大值，称为内耗峰。向黏流态过渡时，由于分子间互相滑移，因而内耗急剧增加。

对于线性黏弹体，静态实验的时间 t 和动态力学实验的频率之倒数 $1/\omega$ 是相当的。长时间的静态时间相当于极低频率的动态实验；极高频率的动态实验相当于较短时间的静态实验，这是线性黏弹体的一个特点。

时间和频率倒数的相当性给我们研究聚合物黏弹性的实验带来了极大方便。因为蠕变和应力松弛实验持续时间较长(数日甚至数月)，而作短时间的蠕变和应力松弛是没有意义的。同样，要在动态试验中产生频率极低的交变应力也很不容易。而了解极宽的时间范围($10^{-7}\sim10^{8}$s)内聚合物的黏弹行为是十分必要的。现在静态实验和动态实验恰好弥补各自的不足，联合使用便可在十几个数量级的时间范围内($10^{-7}\sim10^{8}$s)测出聚合物黏弹性的频率谱。

动态力学试验可以同时测得模量和力学阻尼。在实际使用时，材料的模量固然重要，但力学阻尼也是重要的，高阻尼会使轮胎很快发热，以致过早破损，而聚合物减振材料就是利用了它们的高力学阻尼性质。

6.2.2 黏弹性的力学模型

6.2.2.1 力学模型的基本单元

为了更加深刻地理解应力松弛现象，很早就有人提出了用理想弹簧和理想黏壶，以各种不同方式组合起来，模拟聚合物的力学松弛过程。这种方法的优点在于直观，并且可以从它得到力学松弛中的各种数学表达式。

材料的弹性性质采用理想弹簧描述，如图 6.17 (a) 所示，其黏弹行为符合 Hooke 定律：$\sigma=E\varepsilon$。受外力作用时，弹簧立即伸长(瞬时响应)；当除去外力时，弹簧的形变瞬时回复。

材料的黏性性质采用理想黏壶描述，如图 6.17 (b) 所示，其黏弹行为符合牛顿流动定律：$\sigma=\eta\frac{\mathrm{d}\varepsilon}{\mathrm{d}t}$。受外力作用时，黏壶因黏滞性在加载瞬时不变形，而是随时间延长才逐渐伸长；当除去外力时，黏壶的形变不能自发回复。

聚合物的黏弹性现象，可以通过上述弹簧和黏壶的各种组合得到定性的宏观描述。

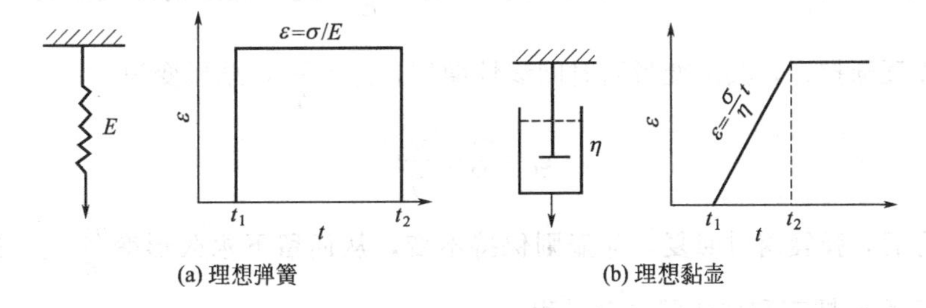

图 6.17 理想弹簧和黏壶的力学行为

6.2.2.2 Maxwell 模型

Maxwell 模型是由一个弹簧和一个黏壶串联成的模型，如图 6.18 所示。

(1) Maxwell 模型的特点

受外力作用时，弹簧立即伸长(瞬时响应)，黏壶则因黏滞性在加载瞬时不变形，而是随时间延长才逐渐伸长；当除去外力时，弹簧的形变瞬时回复，黏壶的形变不能自发回复。

Maxwell 模型的基本微分方程(或运动方程)为

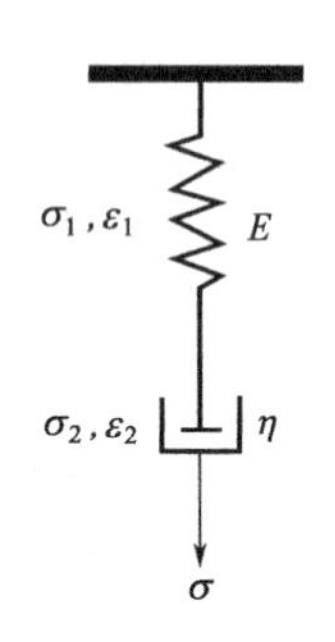

图 6.18 Maxwell 模型

$$\frac{d\varepsilon}{dt}=\frac{1}{E}\times\frac{d\sigma}{dt}+\frac{\sigma}{\eta} \tag{6.46}$$

(2) Maxwell 模型对应力松弛过程的描述

不加外力时，整个系统处于平衡状态，如图 6.19 (a) 所示。当很快地施加向下的拉力 σ 并立即将两端固定时，弹簧很快发生位移，而黏壶来不及运动，即模型应力松弛的起始形变 ε_0 由理想弹簧提供。此时，体系处于应力紧张的不平衡状态，如图 6.19 (b) 所示。随后，黏壶中小球在黏液中慢慢移动从而放松弹簧消除应力，最后应力完全消除达到新的平衡状态，如图 6.19 (c) 所示，完成了应力松弛过程。

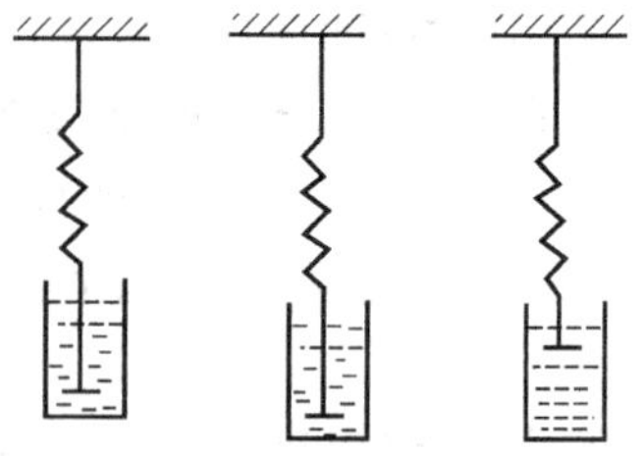

(a) 未加外力 (b) 瞬时受力并固定形变 (c) 应力松弛

图 6.19 Maxwell 模型及其表示的松弛过程(形变恒定)

由基本微分方程可以推导得 Maxwell 模型的应力松弛表达式

$$\sigma(t)=\sigma_0 e^{-t/\tau} \tag{6.47}$$

式中，$\tau=\frac{\eta}{E}$ 为松弛时间，其宏观意义为应力降低到起始应力 σ_0 的 e^{-1} 倍时所需的时间。松弛时间越长，该模型越接近理想弹性体。此外，松弛时间是黏性系数和弹性系数的比值，说明松弛过程必然是同时存在黏性和弹性的结果。Maxwell 模型模拟的应力松弛曲线如图 6.20 所示。

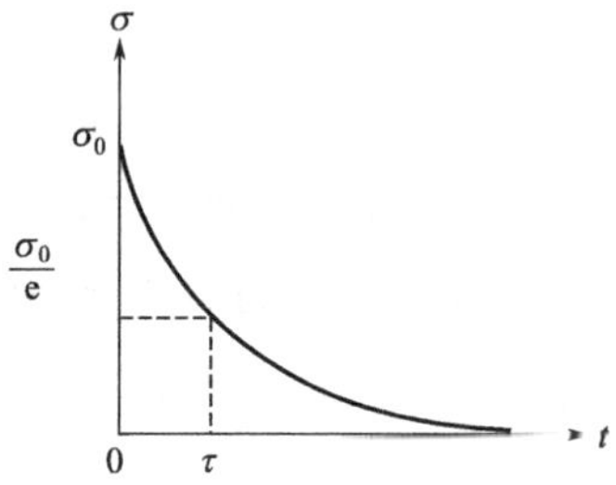

图 6.20 Maxwell 模型模拟的应力松弛曲线

Maxwell 模型的松弛模量为

$$E(t)=\frac{\sigma(t)}{\varepsilon_0}=\frac{\sigma_0}{\varepsilon_0}e^{-t/\tau}=E_0 e^{-t/\tau} \tag{6.48}$$

(3) Maxwell 模型对蠕变过程的描述

当施加恒定的外力 σ_0 时，弹簧瞬时响应，并达到其最大形变量 $\varepsilon_1=\frac{\sigma_0}{E}$，此时黏壶的形变量为 0；随着时间的延长，黏壶逐渐拉开，其形变量随时间线性增加，$\varepsilon_2=\frac{\sigma_0}{\eta}t$，总形变为

$$\varepsilon_t=\frac{\sigma_0}{E}+\frac{\sigma_0}{\eta}t \tag{6.49}$$

除去外力后，弹簧瞬时回复，黏壶则保持不变，从而留下永久形变 $\frac{\sigma_0}{\eta}t_1$。图 6.21 描述了 Maxwell 模型的蠕变和蠕变回复全过程。

(4) Maxwell 模型对动态黏弹性的描述

将 $\sigma=\sigma_0 e^{i\omega t}$ 代入基本微分方程，可以推导得 Maxwell 模型的复模量表达式

$$E^*=\frac{E}{\omega^2\tau^2+1}(\omega^2\tau^2+i\omega\tau)=E'+iE'' \tag{6.50}$$

式中，

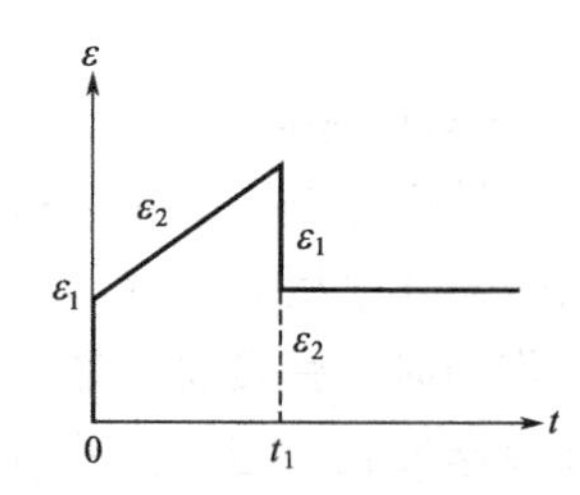

图 6.21 Maxwell 模型的蠕变和蠕变回复曲线

$$E'=E\frac{\omega^2\tau^2}{\omega^2\tau^2+1} \tag{6.51}$$

$$E''=E\frac{\omega\tau}{\omega^2\tau^2+1} \tag{6.52}$$

$$\tan\delta=\frac{E''}{E'}=\frac{1}{\omega\tau} \tag{6.53}$$

E'、E''和 $\tan\delta$ 都是频率的函数，如图 6.22 所示。从图中看出，Maxwell 模型的 E'-$\lg\omega$、E''-$\lg\omega$ 关系可定性反映线形聚合物的动态力学特点。

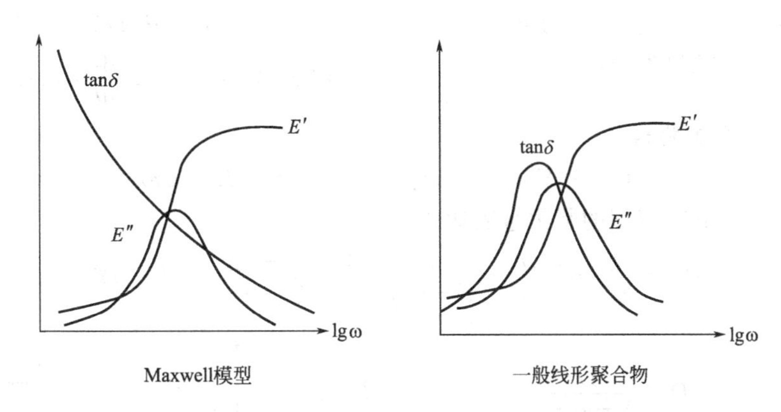

图 6.22 Maxwell 模型与一般线形聚合物的动态力学谱比较

6.2.2.3 Kelvin 模型

Kelvin 模型(或称 Voigt 模型)是由一个弹簧和一个黏壶并联成的模型，如图 6.23 所示。

(1) Kelvin 模型的特点

受外力作用时，由于黏壶的黏滞性阻力制约，使弹簧的瞬时弹性变形显现不出，只能随着时间延长，与黏壶一起变形伸长。当除去外力时，弹簧的回复力可以带动黏壶回复原状。

Kelvin 模型的基本微分方程是

$$\sigma=E\varepsilon+\eta\frac{d\varepsilon}{dt} \tag{6.54}$$

(2) Kelvin 模型对蠕变过程的描述

$\sigma=\sigma_0$(常量)，即在恒定应力下，对 Kelvin 模型的基本微分方程进行积分，并利用边界条件：$\int_0^{\varepsilon}\frac{\eta d\varepsilon}{\sigma-E\varepsilon}=\int_0^t dt$，则得到 Kelvin 模型的蠕变表达式

$$\varepsilon(t)=\frac{\sigma_0}{E}(1-e^{-t/\tau})=\varepsilon(\infty)(1-e^{-t/\tau}) \tag{6.55}$$

式中，$\tau=\eta/E$ 为推迟时间(或滞后时间)，其宏观意义是指应变达到极大值的$\left(1-\frac{1}{e}\right)$倍时所需的时间，它也是表征模型黏弹现象的内部时间尺度。和松弛时间相反，推迟时间越短，试样越类似于理想弹性体。Kelvin 模型的蠕变和蠕变回复曲线如图 6.24 所示。

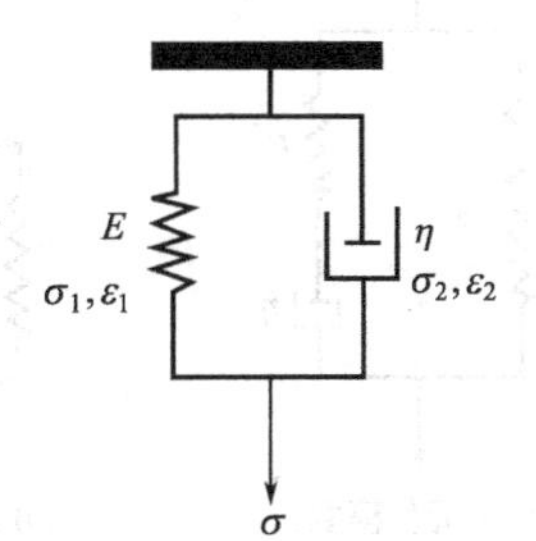

图 6.23 Kelvin 模型示意图

$t\rightarrow\infty$时，Kelvin 模型达到其平衡应变量 $\varepsilon(\infty)=\sigma_0/E$。

若 $t=t_1$ 时除去应力，Kelvin 模型将在弹簧的回复力带动下

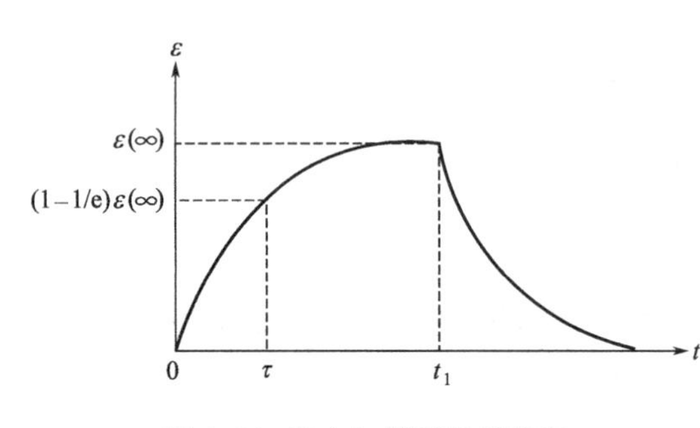

图 6.24　Kelvin 模型的蠕变和蠕变回复曲线

回复，其回复表达式为

$$\varepsilon(t)=\varepsilon(t_1)\ \mathrm{e}^{-\frac{t-t_1}{\tau}} \tag{6.56}$$

式中，$\varepsilon(t_1)=\varepsilon(\infty)\ (1-\mathrm{e}^{-t_1/\tau})$，是时间为 t_1 时的形变量。所以，Kelvin 模型可定性反映交联聚合物的蠕变特性。

由于 Kelvin 模型无普弹瞬时响应，因此不能描述应力松弛过程。

(3) Kelvin 模型对动态黏弹性的描述：

将 $\varepsilon(t)\ =\varepsilon_0\mathrm{e}^{i\omega t}$，$\frac{\mathrm{d}\varepsilon}{\mathrm{d}t}=\varepsilon_0 i\omega \mathrm{e}^{i\omega t}$ 代入 Kelvin 模型的基本微分方程得：

$$\sigma\ (t)\ =E\varepsilon_0\mathrm{e}^{i\omega t}+i\omega\eta\varepsilon_0\mathrm{e}^{i\omega t}=\varepsilon\ (t)\ (E+i\omega\eta) \tag{6.57}$$

并推导得到 Kelvin 模型的复柔量表达式

$$D^*=\frac{1}{E^*}=\frac{\varepsilon\ (t)}{\sigma\ (t)}=\frac{1}{E+i\omega\eta}=\frac{1}{E}\times\frac{1-i\omega\tau}{1+\omega^2\tau^2}=D'-iD'' \tag{6.58}$$

式中，

$$D'=\frac{D}{1+\omega^2\tau^2} \tag{6.59}$$

$$D''=\frac{D\omega\tau}{1+\omega^2\tau^2} \tag{6.60}$$

$$\tan\delta=\frac{D''}{D'}=\omega\tau \tag{6.61}$$

Kelvin 模型的 D'-lgω、D″-lgω 关系基本符合实际情况。Kelvin 模型的动态力学谱示于图 6.25。

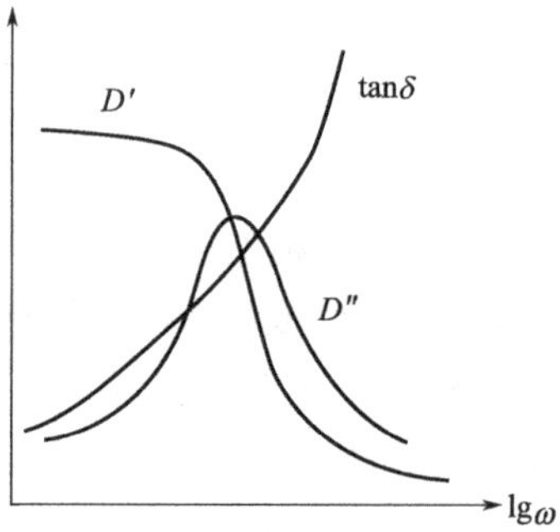

图 6.25　Kelvin 模型的动态力学谱

6.2.2.4　多元件模型

Maxwell 模型和 Kelvin 模型都只能部分描述聚合物静态黏弹行为，也不能描述动态黏弹性中 tanδ 与 lgω 之间的关系。若选用三元件或四元件模型则较为合适，如图 6.26 和图 6.27 所示。

图 6.27 所示的四元件模型的基本微分方程为

$$E_1\frac{\mathrm{d}^2\varepsilon}{\mathrm{d}t^2}+\frac{E_1E_2}{\eta_2}\times\frac{\mathrm{d}\varepsilon}{\mathrm{d}t}=\frac{\mathrm{d}^2\sigma}{\mathrm{d}t^2}+\ \left(\frac{E_1}{\eta_2}+\frac{E_1}{\eta_3}+\frac{E_2}{\eta_2}\right)\ \frac{\mathrm{d}\sigma}{\mathrm{d}t}+\frac{E_1E_2}{\eta_2\eta_3}\sigma \tag{6.62}$$

(1) 四元件模型对蠕变过程的描述

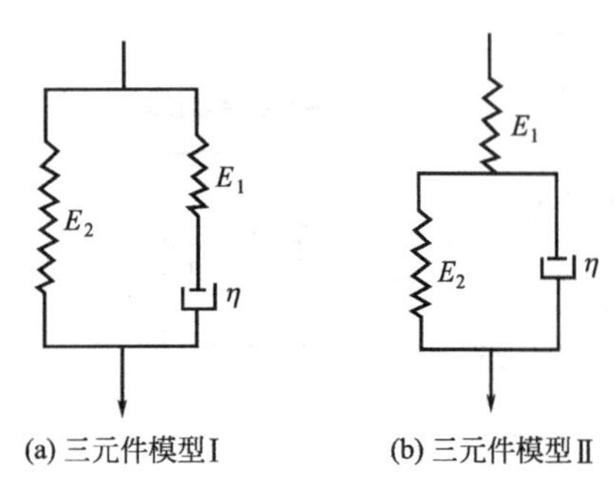

(a) 三元件模型Ⅰ　(b) 三元件模型Ⅱ

图 6.26　三元件模型

该模型受到外力 σ_0 时，弹簧 E_1 首先瞬时响应，产生普弹形变 ε_1；然后黏壶被逐渐拉开，其中 Kelvin 单元中的黏壶 η_2 因与弹簧 E_2 并联，其形变 ε_2 可回复；黏壶这 η_3 的黏流形变 ε_3 为不可自发回复的形变。总形变量等于这三部分形变量之和：

$$\varepsilon\ (t)\ =\varepsilon_1+\varepsilon_2+\varepsilon_3=\frac{\sigma_0}{E_1}+\frac{\sigma_0}{E_2}\ (1-\mathrm{e}^{-t/\tau_2})\ +\frac{\sigma_0}{\eta_3}t \tag{6.63}$$

式中，$\tau_2=\eta_2/E_2$，为 Kelvin 单元的推迟时间。

微观上，普弹形变 ε_1 对应于键长、键角等小尺寸单元的运动；推迟弹性形变(高弹形变)ε_2 对应于链段运动；黏流形变 ε_3 对应于整链的滑移。其蠕变曲线与线形非晶态聚合物的蠕变曲线(图 6.6)完全一致。因此，四元件模型全面地反映了线形聚合物的蠕变行为。

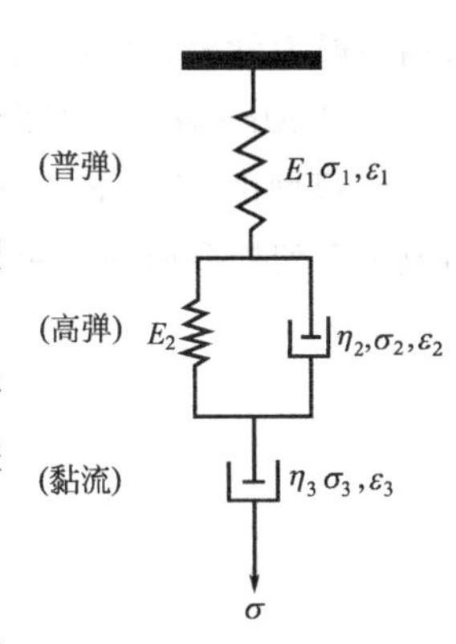

图 6.27 四元件模型

该四元件模型的黏壶 η_3 反映了聚合物的塑性形变性质。若将黏壶 η_3 去掉，成为一个三元件模型[图 6.26 (b)],则可描述交联聚合物的蠕变行为。

(2) 四元件模型对应力松弛过程的描述

由四元件模型的基本微分方程推导出该模型的应力松弛表达式：

$$\sigma=c_3\mathrm{e}^{\lambda_3 t}+c_4\mathrm{e}^{\lambda_4 t} \tag{6.64}$$

式中，

$$c_3=\frac{E_1\varepsilon\left[\left(\frac{1}{\eta_1}+\frac{1}{\eta_2}\right)E_1+\lambda_4\right]}{\lambda_4-\lambda_3}=\frac{E_1\varepsilon\left[\left(\frac{1}{\tau_1}+\frac{1}{\tau_{21}}\right)+\lambda_4\right]}{\lambda_4-\lambda_3}$$

$$c_4=\frac{E_1\varepsilon\left[\left(\frac{1}{\eta_1}+\frac{1}{\eta_2}\right)E_1+\lambda_3\right]}{\lambda_3-\lambda_4}=\frac{E_1\varepsilon\left[\left(\frac{1}{\tau_1}+\frac{1}{\tau_{21}}\right)+\lambda_3\right]}{\lambda_3-\lambda_4}$$

$$\lambda_3=-\frac{1}{2}\left[\left(\frac{1}{\tau_1}+\frac{1}{\tau_2}+\frac{1}{\tau_{21}}\right)+\sqrt{\left(\frac{1}{\tau_1}+\frac{1}{\tau_2}+\frac{1}{\tau_{21}}\right)^2-4\frac{1}{\tau_1\tau_2}}\right]$$

$$\lambda_4=-\frac{1}{2}\left[\left(\frac{1}{\tau_1}+\frac{1}{\tau_2}+\frac{1}{\tau_{21}}\right)-\sqrt{\left(\frac{1}{\tau_1}+\frac{1}{\tau_2}+\frac{1}{\tau_{21}}\right)^2-4\frac{1}{\tau_1\tau_2}}\right]$$

其中，$\tau_1=\eta_1/E_1$，为 Maxwell 单元的松弛时间；$\tau_{21}=n_2/E_1$，为 Kelvin 单元黏壶的黏度与 Maxwell 单元弹簧的模量之比。

由此得到的应力松弛曲线也与实际线形聚合物的应力松弛曲线一致。

(3) 四元件模型对动态黏弹性的描述

由四元件模型的基本微分方程推导出储存柔量、损耗柔量和损耗因子的表达式如下：

$$D'=\frac{1}{E_1}+\frac{1}{E_2(\omega^2\tau_2^2+1)} \tag{6.65}$$

$$D''=\frac{1}{\omega\eta_1}+\frac{\omega\tau_2^2}{\eta_2(\omega^2\tau_2^2+1)} \tag{6.66}$$

$$\tan\delta=\frac{\frac{1}{\tau_1}\left(\omega^2+\frac{1}{\tau_2^2}\right)+\frac{\omega^2}{\tau_{21}}}{\omega\left(\omega^2+\frac{1}{\tau_2^2}+\frac{1}{\tau_2\tau_{21}}\right)} \tag{6.67}$$

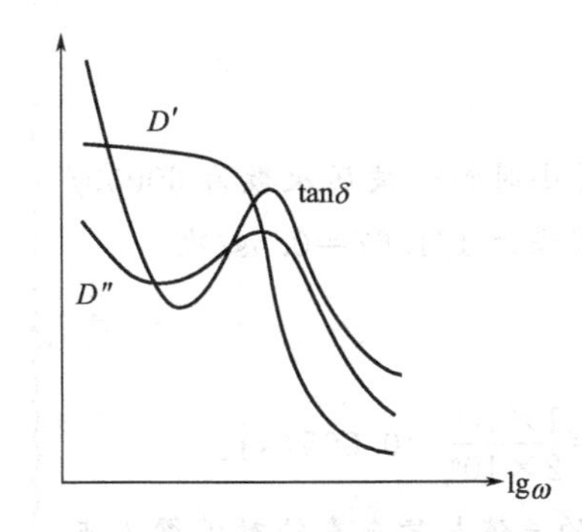

图 6.28 四元件模型的动态力学谱

四元件模型的动态力学谱见图 6.28，D'-lgω、D''-lgω、tanδ-lgω 关系都基本符合实际情况。

6.2.2.5 两种广义模型

三元件和四元件模型用于聚合物黏弹性的近似描述比起二元件模型来说已经有了改善。但是，这些模型只有一个松弛时间，仍然不能完全反映聚合物黏弹性行为。因此，常常采用一般力学模型即广义 Maxwell 模型和广义 Kelvin 模型来表示。

广义 Maxwell 模型由 N 个 Maxwell 模型和一个弹簧并联而成，如图 6.29 所示。广义 Kelvin 模型由 N 个 Kelvin 模型和一个弹簧、一个黏壶串联而成，如图 6.30 所示。N 个 τ_i 构成一系列松弛时间，可近似地描述实际聚合物的松弛时间谱。

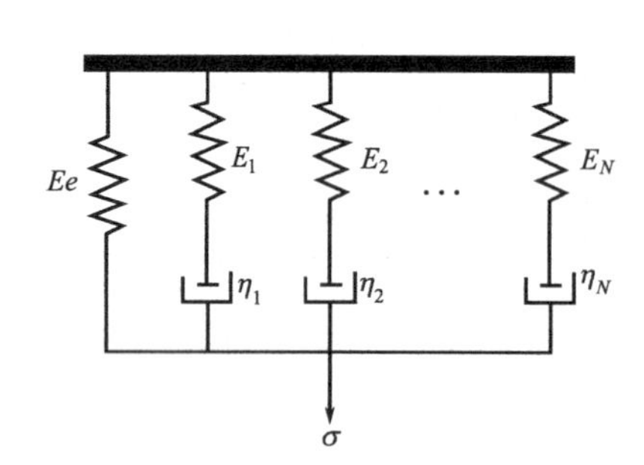

图 6.29 广义 Maxwell 模型

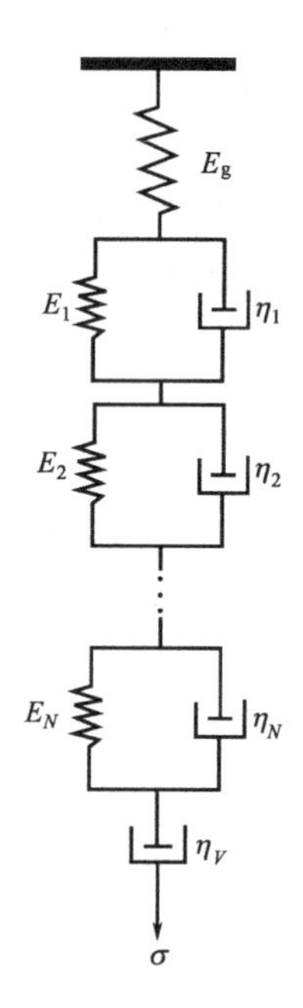

图 6.30 广义 Kelvin 模型

例题 6.4 松弛时间的计算与应用

为了减轻桥梁振动可在桥梁支点处垫衬垫。当货车轮距为 10m 并以 60km/h 的速度通过桥梁时，欲缓冲其振动，有下列几种聚合物材料可供选择：(1) $\eta_1=1\times10^{10}$ Pa·s，$E_1=2\times10^8$ N/m²；(2) $\eta_2=1\times10^8$ Pa·s，$E_2=2\times10^8$ N/m²；(3) $\eta_3=1\times10^6$ Pa·s，$E_3=2\times10^8$ N/m²，问选哪一种合适？

解答：

首先计算货车通过时对衬垫作用力时间。

已知货车速度为 60000m/h，而货车轮距为 10m，则每小时衬垫被压次数为 60000/10=6000 次，即 1.67 次/s。货车车轮对衬垫的作用时间间隔为 1/1.67=0.6s/次。

三种聚合物材料的松弛时间 τ 值，可根据 $\tau=\dfrac{\eta}{E}$ 求得。

$$\tau_1=\frac{1\times10^{10}}{2\times10^8}=50(\mathrm{s});\quad \tau_2=\frac{1\times10^8}{2\times10^8}=0.5(\mathrm{s});\quad \tau_3=\frac{1\times10^6}{2\times10^8}=0.005(\mathrm{s})。$$

根据上述计算，可选择 (2) 号材料，因为(2)号材料的 τ 值与货车车轮对桥梁支点的作用时间间隔具有相同的数量级，作为衬垫才可以达到吸收能量或减缓振动的目的。

6.2.3 Boltzmann 叠加原理

Boltzmann 叠加原理是指线性黏弹体力学历史(或负荷历史)的形变效应具有线性加和性。

力学模型提供了描述聚合物黏弹性的微分表达式，Boltzmann 叠加原理可以得出描述聚合物黏弹性的积分表达式。由于力学模型中的单元数趋于无穷时，通过引入松弛时间谱和推迟时间谱，最终也能导出积分表达式，故与通过 Boltzmann 叠加原理建立起来的表达式是统一的，这两种处理聚合物黏弹性的方法也是互相补充的。

大量的生产实践发现，聚合物的力学性能与其载荷历史有着密切关系，甚至在制备、包装、运输过程中，聚合物所受的外力(包括材料自重可能产生的载荷)都对它们的力学性能产生影响。聚合物力学行为的历史效应包括：①先前载荷历史对聚合物材料形变性能的影响；②多个载荷共同作用于聚合物，其最终形变性能与个别载荷作用的关系。

Boltzmann 考虑了上述现象，提出了著名的 Boltzmann 叠加原理。该原理的假定有以下两点：①试样的形变只是载荷历史的函数；②每一项载荷步骤是独立的，而且彼此可以叠加。

例如多步拉伸加载过程，每个拉伸应力增量对线性黏弹体最终形变产生其独立的贡献，如图 6.31 所示。

$$\varepsilon(t)=\sum_{i=1}^{n}\Delta\sigma_i D(t-\tau_i)=\sum_{i=1}^{n}\varepsilon_i(t-\tau_i) \tag{6.68}$$

式中，$D(t-\tau_i)$ 为蠕变柔量。

当应力连续变化时

$$\varepsilon(t)=\int_{-\infty}^{t}\frac{\partial\sigma(t)}{\partial\tau}D(t-\tau)\,\mathrm{d}\tau \tag{6.69}$$

线性黏弹体的应力也可用其连续变化的应变历史描述

$$\sigma(t)=\int_{-\infty}^{t}\frac{\partial\varepsilon(t)}{\partial\tau}E(t-\tau)\,\mathrm{d}\tau \tag{6.70}$$

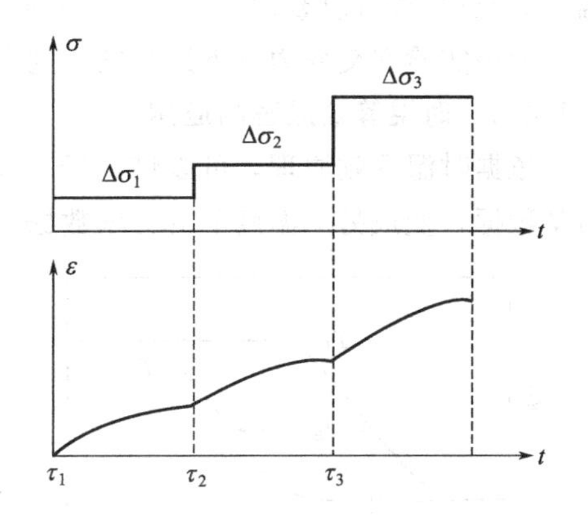

图 6.31 蠕变叠加

式中，$E(t-\tau_i)$ 为应力松弛模量。

前一次加载的应力撤销之后，对后一次的加载形变仍有残留影响，这称为弹性后效现象。

设 $\sigma(-\infty)=0$，$\varepsilon(-\infty)=0$，令 $a=t-\tau$，可得线性黏弹体应力、应变积分式的另一种形式：

$$\text{拉伸时}\begin{cases}\varepsilon(t)=D(0)\sigma(t)+\displaystyle\int_{0}^{\infty}\sigma(t-a)\frac{\partial D(a)}{\partial a}\mathrm{d}a\\ \sigma(t)=E(0)\varepsilon(t)+\displaystyle\int_{0}^{\infty}\varepsilon(t-a)\frac{\partial E(a)}{\partial a}\mathrm{d}a\end{cases}$$

$$\text{剪切时}\begin{cases}\gamma(t)=J(0)\tau(t)+\displaystyle\int_{0}^{\infty}\tau(t-a)\frac{\partial J(a)}{\partial a}\mathrm{d}a\\ \tau(t)=G(0)\gamma(t)+\displaystyle\int_{0}^{\infty}\gamma(t-a)\frac{\partial G(a)}{\partial a}\mathrm{d}a\end{cases}$$

Boltzmann 叠加原理是聚合物物理学中重要的理论工具之一，通过它可以把几种黏弹行为互相联系起来，从而可以从一种力学行为来推算另一种力学行为。

6.2.4　时温等效原理

6.2.4.1　时温等效原理

模量(或其倒数，柔量)是力学性能中最重要的参数之一。模量既是时间的函数，又是温度的函数。聚合物材料制品的使用性能通过测定模量随时间的变化能够进行判断。原则上对于任何聚合物在任何温度下都可测定其完整的模量-时间行为。但实际上并非易事，即使能实现，也无实用意义。例如，一种塑料制品在15年后是否性能下降？诸如此类问题，解决起来相当困难，但采用时间-温度等效原理就能容易地得到解决。

从聚合物运动的松弛特性可知，要使聚合物链段具有足够大的活动性，从而使聚合物表现出高弹形变，或者要使整个聚合物能够移动而显示出黏性流动，都需要一定的时间(用松弛时间来衡量)。温度升高，松弛时间可以缩短。因此，同一个力学松弛现象，既可在较高温度下，在较短时间内观察到，也可以在较低的温度下较长的时间内观察到。因此升高(降低)温度与延长(缩短)观察时间对分子运动及聚合物黏弹性行为的影响是等效的，这就是时温等效原理(或时温叠加原理，time-temperature superposition)。

如果实验在交变力场下进行的，则类似地有降低频率与延长观察时间是等效的。

6.2.4.2　时温等效原理的应用

依据时温等效原理，可以借助于一个移动因子(转换因子)a_T，将在某一温度下测定的力学数据，变成另一温度下的力学数据。

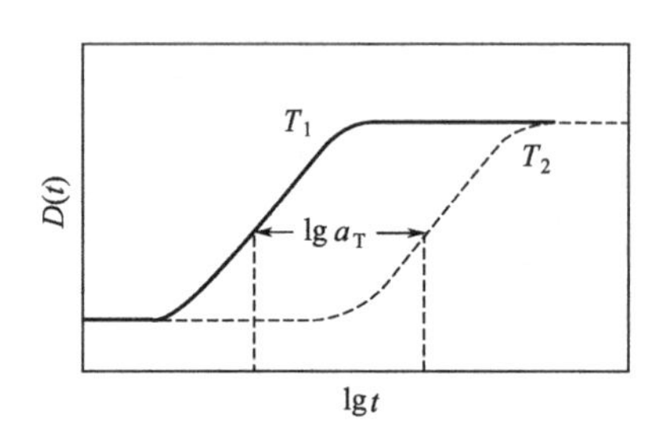

图6.32　时温等效原理示意图

对于非晶聚合物，在不同温度下获得的黏弹性数据，包括蠕变、应力松弛、动态力学实验，均可通过沿着时间轴平移叠合在一起。例如在T_1、T_2两个温度下，一个理想聚合物的蠕变柔量对时间对数的曲线如图6.32所示，从图中可以看到，在保持曲线形状不变的条件下，只要将两条曲线之一沿着横坐标平移$\lg a_T$，就可以将两条曲线完全重叠。

这里的移动因子定义为

$$a_T=\frac{t}{t_s}=\frac{\omega_s}{\omega}=\frac{\tau}{\tau_s} \tag{6.71}$$

式中，τ为松弛时间；ω为频率；t、t_s(或ω、ω_s)为不同温度下对应相等参量(如模量，柔量等)的时间(或频率)。

$$\text{平移曲线时}\begin{cases}T=T_s\text{的曲线}\ a_T=1,\lg a_T=0\text{，曲线不移动；}\\ T<T_s\text{的曲线}\ t>t_s\text{，}a_T>1,\lg a_T>0\text{，曲线向左移；}\\ T>T_s\text{的曲线}\ t<t_s\text{，}a_T<1,\lg a_T<0\text{，曲线向右移。}\end{cases}$$

平移曲线见图6.33。

时温等效原理有重要的实用意义。利用时间和温度的这种对应关系，我们可以对不同温度或不同频率下测得的聚合物力学性质进行比较或换算，从而得到一些实际上无法直接从实验测量得到的结果。例如要得到低温某一指定温度时橡胶的应力松弛行为，由于温度太低，应力松弛进行得很慢，要得到完整的数据可能需要等候几个世纪甚至更长的时间，这实际上是不可能的。为此，我们可以利用时温等效原理，在较高温度下测得应力松弛数据，然后换算成所需要的低温下的数据。

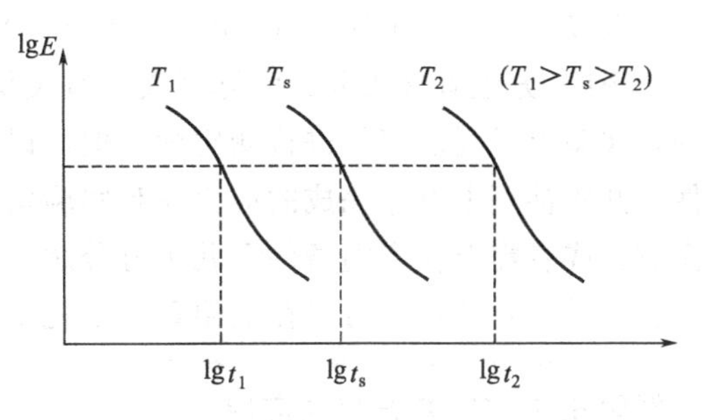

图 6.33　模量-时间曲线的水平移动

图 6.34 为不同温度下实验测定的聚异丁烯应力松弛模量-时间曲线，可将其变换成 $T=25℃$、包含 $10^{-12}\sim10^{6}$h 宽广时间范围的曲线。参考温度 25℃时测得的实验曲线在时间坐标轴上不需移动，$\lg a_T$ 为零；而 0℃测得的曲线转换为 25℃的曲线，其对应的时间依次缩短，也就是说低于 25℃测得的曲线应该在时间坐标轴上向左移动，$\lg a_T$ 为正；50℃测得的曲线转换为 25℃时相应的时间延长，也就是说，高于 25℃测得的曲线必须在时间坐标轴上向右移动，$\lg a_T$ 为负；各曲线彼此叠合连接成光滑曲线即成为组合曲线。不同温度下的曲线向参考温度移动的量不同。图 6.35 表示的是应力松弛模量-时间曲线构成组合曲线时必须沿时间坐标轴移动的量与温度的关系，既移动因子与温度的关系。

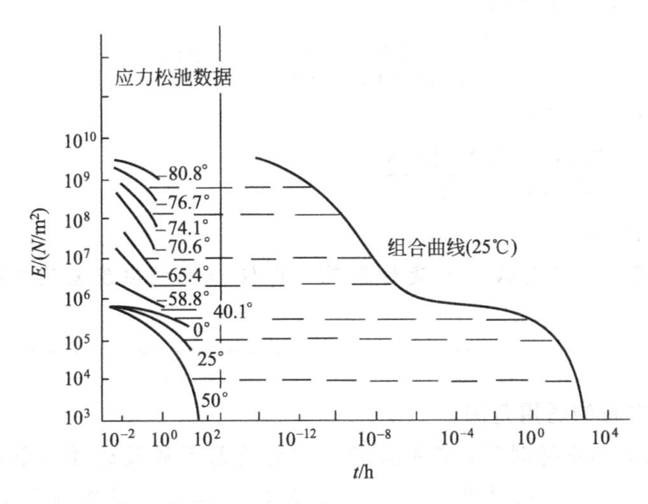

图 6.34　利用时温等效原理将不同温度下测得的聚异丁烯应力松弛数据变换为 $T=25℃$的数据

6.2.4.3　WLF 方程

移动因子 a_T 可以利用半经验的 WLF 方程计算。

$$\lg a_T=\frac{-C_1\ (T-T_s)}{C_2+\ (T-T_s)} \tag{6.72}$$

WLF 方程可以从自由体积理论导得。其中的移动因子 a_T由式（6.71）定义。但不限于式（6.71）的三个参数，实际上与松弛相关的参数均适用，其中最常用的是黏度

$$\lg a_T=\lg\frac{\eta}{\eta_s}=\frac{-C_1\ (T-T_s)}{C_2+\ (T-T_s)} \tag{6.73}$$

当参考温度取不同的温度时，常数取不同的数值，在计算的时候注意所选取的参考温度。

取 $T_s=T_g$ 时，$C_1=17.44$，$C_2=51.6$(适用范围：$T_g\sim T_g+100℃$)；

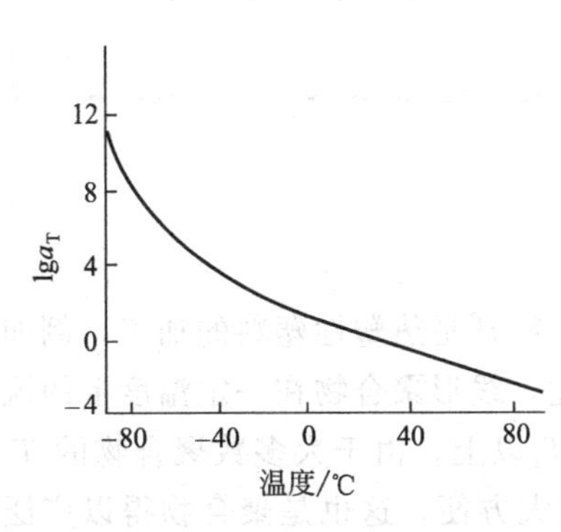

图 6.35　移动因子与温度的关系

取 $T_s=T_g+50$ 时，$C_1=8.86$，$C_2=101.6$(适用范围：$T_s\pm50$℃)。

WLF方程有着重要的实际意义。有关材料在室温下长期使用寿命以及超瞬间性能等问题，实验上是无法直接进行测定的，但可以通过时温等效原理来解决。例如，需要在室温条件下几年甚至上百年完成的应力松弛实验实际上是不能实现的，但可以在高温条件下短期内完成；或者需要在室温条件下几十万分之一秒或百万分之一秒中完成的应力松弛实验，实际上也是做不到的，但可以在低温条件下几个小时或者几天内完成。

例题 6.5　WLF 方程的应用

假定一聚合物的玻璃化温度为 0℃，60℃时其熔体黏度为 2.5×10^6 Pa·s，请问其50℃时的熔体黏度是多少？

解答：

先计算玻璃化温度下的黏度 η_g：

$$\lg\left(\frac{\eta}{\eta_g}\right)=-\frac{17.44(T-T_g)}{51.6+T-T_g}$$

$$\lg\eta_g=\lg(2.5\times10^6)+\frac{17.44\times(313-273)}{51.6+313-273}=13.013$$

再计算 50℃时的黏度：

$$\lg\eta=13.013-\frac{17.44\times(323-273)}{51.6+323-273}=4.430$$

$$\eta=2.7\times10^5\ \text{Pa·s}$$

从上面计算可知，温度从60℃变为50℃，即仅10℃的温度差使熔体黏度相差一个数量级！

专栏 6.3　WLF 方程的适用范围

WLF方程在实际中得到了广泛的应用，但它是基于链段这样一个聚合物中的特殊运动单元而提出来的，其所适用的对象一定是链段运动，而不能是其他一定单元的运动。

温度低于 T_g 时，链段被冻结，聚合物链中可以运动的单元是比链段更小的链节、侧基、曲柄运动等等，WLF方程就不适用了。温度高于液一液转变温度(T_{ll})时，聚合物链已经可以发生质心位移的整链运动(即流动)了，其运动单元和运动机理都与链段运动不同，服从更为普适的 Arrhenius 方程。由此，准确地说，WLF方程适用的温度范围是 $T_g<T<T_{ll}$。

6.3　聚合物流体的流变性

绝大多数聚合物的成型加工都是在流体状态下进行的，特别是热塑性塑料的加工，例如挤出、注射、吹塑、浇注薄膜以及合成纤维的纺丝等。为此，线形聚合物在一定温度下的流动性，正是其成型加工的重要依据。聚合物的黏流发生在 T_f 以上，由于大多数聚合物的 T_f 都低于300℃，比一般无机材料低得多，给加工成型带来很大方便，这也是聚合物得以广泛应用的一个重要原因。

聚合物熔体或溶液的流动行为比起小分子液体来说要复杂得多。在外力作用下，熔体或溶液不仅表现出不可逆的黏性流动形变，而且还表现出可逆的弹性形变。这是因为聚合物的流动并不是聚合物链之间简单的相对滑移，而是运动单元依次跃迁的总结果。在外力作用下，聚合物链不可避免地要顺着外力方向伸展，除去外力，聚合物链又将自发的卷曲起来。这种构象变化所导致的弹性形变的发展和回复过程均为松弛过程。该过程取决于分子量、外力作用时间、温度等。在成型加工过程中，弹性形变及其随后的松弛与制品的外观、尺寸稳定性、"内应力"等有密切关系。聚合物的流变学正是研究材料流动和形变的一门科学，它为聚合物的成型加工奠定了理论基础。

聚合物流变学研究的对象包括聚合物固体和流体，本节局限于后者，着重讨论聚合物流体的流动行为。这里不按流变学系统作详细介绍，而是在讨论聚合物流动行为时，介绍聚合物流变学的基本观点和结论。

6.3.1 牛顿流体与非牛顿流体

6.3.1.1 牛顿流体

液体的流动有层流和湍流两种。当流动速度不大时，黏性液体的流动是层流；当流动速度很大或者遇到障碍物时，会形成旋涡，流动由层流变为湍流。层流可以看做液体在切应力作用下以薄层流动，层与层之间有速度梯度。一般聚合物熔体在成型加工时处于层流状态。

考虑层流情况下液体中一对平行的液层，如图 6.36 所示。坐标系中 x 轴的方向表示液体的流动方向，两液层之间的距离为 dy，由于液层上受到剪切力 F 的作用，上液层比下液层的速度大 dv，上、下液层速度有变化，速度梯度方向平行于 y 轴方向。

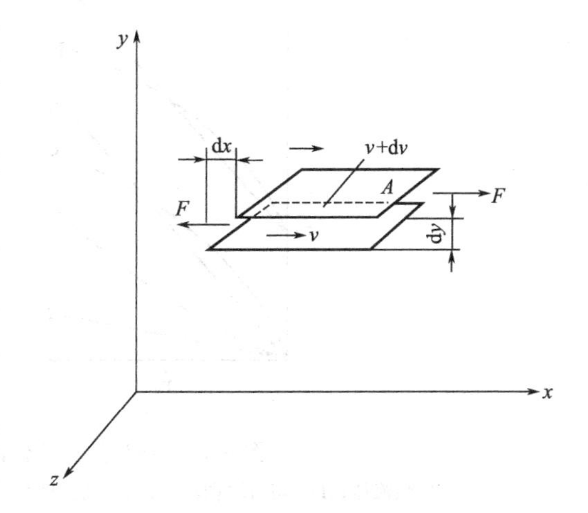

图 6.36 切应力和切变速率的定义

由图 6.36 可见，在 y 处液层以速度 $v=dx/dt$ 沿 x 方向流动，而在 $y+dy$ 处液层以 $v+dv$ 的速度流动。剪切形变 $\gamma=dx/dy$ 对时间的导数称为切变速率$\dot{\gamma}$。通过变换二阶导数中求导次序，可以得到如下关系式

$$\dot{\gamma}=\frac{d\gamma}{dt}=\frac{d}{dt}\left(\frac{dx}{dy}\right)=\frac{d}{dy}\left(\frac{dx}{dt}\right)=\frac{dv}{dy}(s^{-1}) \tag{6.74}$$

可见，切变速率$\dot{\gamma}$即速度梯度 dv/dy。

切应力 τ，即垂直于 y 轴的单位面积液层上所受的力，表示为

$$\tau=\frac{F}{A} \tag{6.75}$$

液体流动时，受到切应力越大，产生的切变速率越大。对小分子来说，τ 与 $\dot{\gamma}$ 成正比，即

$$\tau=\eta\frac{d\gamma}{dt}=\eta\dot{\gamma} \tag{6.76}$$

式(6.76)称为牛顿流动定律，比例常数即黏度，其值不随切变速率变化而变化。黏度等于单位速度梯度时单位面积上所受到的切应力，其值反映了流体层流时分子之间相对流动的内摩擦力大小，单位为帕・秒(Pa•s)。

凡流动行为符合牛顿流动定律的流体就称为牛顿流体，小分子流体和某些极稀聚合物溶液可近似地视为牛顿流体。

6.3.1.2　非牛顿流体

许多液体，包括聚合物的熔体、浓溶液、聚合物分散体系(如乳胶)以及填充体系等并不符合牛顿流动定律，这类液体统称为非牛顿流体，它们的流动是非牛顿流动。对于非牛顿流体的流动行为，通常可由它们的流动曲线做出基本的判定。图 6.37 为各种类型流体的流动曲线。

由图 6.37 可见，宾汉体(塑性体)具有一个屈服值，流动前，需要一个剪切应力极小值 τ_y，呈现塑性。在 τ_y 以上，宾汉体的行为或者像牛顿流体(理想的宾汉体)，或者像非牛顿流体(假塑性宾汉体)。涂料、沥青等均属宾汉流体，大多数聚合物在良溶剂中的浓溶液也属于这一类型。

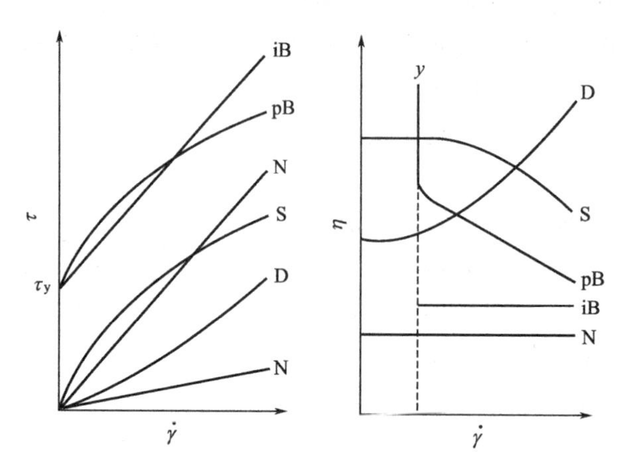

图 6.37　各种类型流体的 τ、η 对 $\dot{\gamma}$ 的依赖性

N—牛顿流体；D—切力增稠液体；S—切力变稀液体；iB—理想的宾汉体；pB—假塑性宾汉体

大多数聚合物熔体的行为在低切变速率时为牛顿流体，随着切变速率增加，黏度降低。这主要是由于切应力作用下流动体系的结构发生了改变。切力变稀有时也称假塑性，因为其流动曲线偏离起始牛顿流动阶段的部分可以看做类似塑性流动的特性，尽管曲线没有实在的屈服应力。

切力增稠液体的特征为随着切力速率增加，切应力较牛顿流体的正比增加而增大。一般悬浮体系具有这一特征，聚合物分散体系如胶乳、聚合物流体-填料体系、涂料颜料体系的流变特性均具有这种切力增稠现象，故也称为胀塑性流体。图 6.38 为悬浮体在剪切力作用下膨胀的示意图。

由于在非牛顿流体中切黏度 η 的数值不再是一个常数，而是随切变速率或切应力变化而变化，为此，将流动曲线上某一点的 τ 和 $\dot{\gamma}$ 之比值，$\eta_a=\tau/\dot{\gamma}$，称为表观切黏度。

描述非牛顿流体的幂律公式为

$$\tau=K\dot{\gamma}^n \tag{6.77}$$

图 6.38 密集悬浮体系在剪切力作用下的膨胀

(a)静止时的悬浮体系，颗粒好像嵌入相邻的空隙中；

(b) 快速剪切下的悬浮体系，颗粒来不及进入层间空隙，各层沿临层滑动

式中，K 为稠度系数；n 为流动指数或非牛顿指数。符合幂律公式的流体称为幂律流体。

$$n\text{ 取值的几种情况}\begin{cases}n=1,\text{ 牛顿流体，}\eta=K=\text{常数；}\\ n<1,\text{ 假塑性流体；}\\ n>1,\text{ 胀塑性流体。}\end{cases}$$

$$\eta_a=\frac{\tau}{\dot{\gamma}}=K\dot{\gamma}^{n-1} \tag{6.78}$$

在非牛顿流体中，如果流体特性(如表观黏度)不能随切变速率的变化瞬时调整到平衡态，而是不断地随时间而改变，这样的流体称为“与时间有关”的流体，包括触变体和流凝体，如图 6.39 所示。

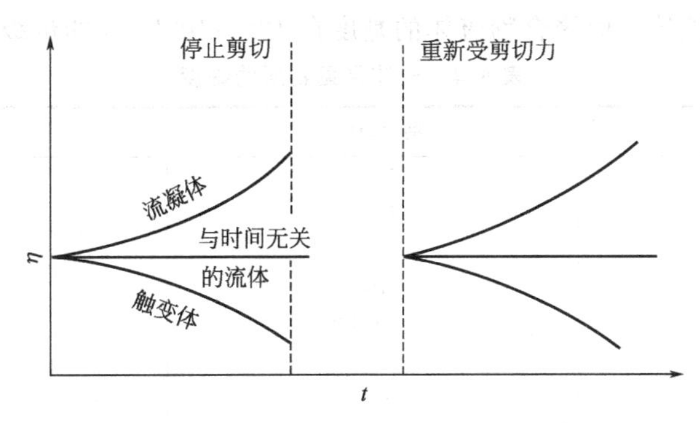

图 6.39 流体表观黏度与时间的关系

如果维持恒定切变速率所需的切应力随剪切持续时间的增长而减少，这种流体称为触变体。如果维持恒定的切变速率所需的切应力随剪切持续时间的延长而增加，这种流体称为流凝体。

通常认为触变和流凝这两种与时间有关的效应是由于流体内部物理或化学结构发生变化而引起的。触变体在持续剪切过程中，有某种结构的破坏，使黏度随时间减少；而流凝体则在剪切过程中伴随着某种结构的形成。

在触变体和流凝体中，前者较为常见，如胶冻、涂料以及加有油性炭黑的橡胶胶料等具有触变性。流凝体较为少见，实验发现饱和聚酯在一定切变速率下表现出流凝性。

6.3.2 聚合物流体黏性流动的特点

6.3.2.1 聚合物流体的流动是借链段相继跃迁实现的

聚合物的流动单元是链段。小分子流体的流动单元是整个分子。黏度服从 Arrhenius 定律

$$\eta=A\exp\left(\frac{\Delta E_\eta}{RT}\right) \tag{6.79}$$

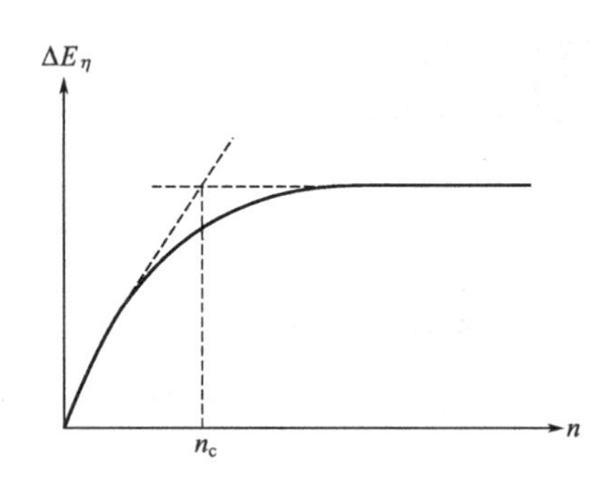

图 6.40 烃类同系物的黏流活化能与相对分子质量的关系（n_c 是临界碳原子数，$20<n_c<30$）

将小分子流动时的孔穴理论用于聚合物流动会发生困难。首先，在聚合物流体中不可能形成能容纳整个大分子的孔穴；其次，按小分子黏流活化能变化规律推算，一个含有 1000 个—CH_2—的长链分子，黏流活化能约需 2092kJ/mol，而 C—C 键能只有 336.7kJ/mol，即聚合物还未流动时早已被破坏分解了。实际上，测定一系列烃类同系物黏流活化能的结果表明(图 6.40)，当碳原子数增加到 20～30 个以上时，黏流活化能就与分子量无关了。

以上事实说明，聚合物的流动不是整个分子的迁移，而是通过聚合物链分段运动的相继迁移来实现的。这种流动类似于蚯蚓等蠕虫的运动。蠕虫运动模型不需要在聚合物流体中产生整个分子链那样尺寸的孔穴，而只要如链段大小尺寸的孔穴就行。这里的链段也称流动单元，尺寸大小约含几十个主链原子。

6.3.2.2 聚合物流体的黏度远高于小分子流体

表 6.4 列出了常见物质的黏度。水的黏度是 1×10^{-3} Pa•s，属低黏度液体，甘油的黏度是 1Pa•s，属高黏度液体。而聚合物流体的黏度在 $10^2\sim10^6$ Pa•s 的量级，远远高于甘油。

表 6.4 一些常见物质的黏度

物 质	黏度/Pa•s	形 态
空气	10^{-5}	气态
水	10^{-3}	液态
橄榄油	10^{-1}	液态
甘油	10^{0}	液态
聚合物流体	$10^{2}\sim10^{6}$	黏稠态
沥青	10^{9}	半固态
塑料	10^{12}	固态
玻璃	10^{21}	固态

从流变学的观点看，固态的材料也可以看成是流体，只是其黏度特别高而已，像玻璃在常温下流动的黏度高达 1×10^{21} Pa•s。要注意的是，小分子材料(玻璃、金属等)一旦熔化，则其黏度也要远低于聚合物流体。其原因就在于聚合物长链在流体状态仍然是高度缠结的。

6.3.2.3 聚合物流体的流动一般不符合牛顿流动定律

聚合物流体为非牛顿流体，但其流动曲线不同于典型的非牛顿流体，如图 6.41 所示。

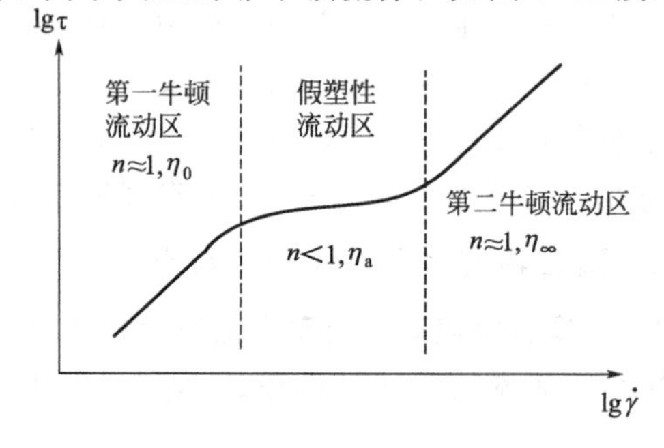

图 6.41 实际聚合物流体和溶液的普适流动曲线

聚合物流体的流动曲线一般分为三个区域：①$\dot{\gamma}$很小时，近似符合牛顿流动定律，称作第一牛顿(流动)区，黏度为零切黏度 η_0(即 $\dot{\gamma}\to0$ 时的黏度)；②$\dot{\gamma}$适中时，呈假塑性流动性质，称作假塑性流动区，黏度为表观黏度 η_a；③$\dot{\gamma}$很大时，也近似符合牛顿流动定律，称作第二牛顿(流动)区，黏度为无穷切黏度或极限黏度 η_∞(即 $\dot{\gamma}\to\infty$时的黏度)。对绝大部分聚合物熔体和溶液，三个区域的黏度大小关系为：$\eta_0 > \eta_a > \eta_\infty$，而且分子量越大，差值越大。

对以上聚合物流体流动曲线形状的解释有许多理论，例如缠结理论、松弛理论等。现以缠结理论为例来加以说明。在足够小的切应力τ(或$\dot{\gamma}$)下，聚合物链高度缠结，流动阻力很大，缠结形成速度等于缠结破坏速度(解缠速度)，故黏度保持恒定的最高值η_0；当切变速率增大($\dot{\gamma}$较大)时，聚合物的缠结破坏速度大于其缠结形成速度，故黏度不为常数，而是随$\dot{\gamma}$增加，速度差变大，黏度η_a减小；当$\dot{\gamma}$很大时，达到强剪切的状态时，聚合物中的缠结结构几乎全被破坏，来不及形成新的缠结，聚合物的相对运动变得很容易，体系黏度达恒定的最低值η_∞，而且η_∞与分子结构有关，与缠结无关，因此第二次表现为牛顿流体的流动行为。

6.3.2.4　聚合物流体的黏流伴有可逆的高弹形变

由于聚合物的黏流不是整个聚合物链的相对滑移，而是各链段分段运动的结果，因此，在外力作用下，聚合物链要沿外力作用方向伸展，即聚合物在进行黏流时，必然会伴有高弹性形变，这部分形变是可逆的，除去外力后，聚合物链又回复到蜷曲状态，因此在聚合物流动形变中包含两种形式：一种是不可逆的黏流形变(不能自发回复)，另一种是可逆的高弹形变(能自发回复)。

聚合物流体的黏弹性，在成型加工中应引起充分的重视，否则很难得到合格的产品。例如设计制品时，各部分的尺寸相差不要太悬殊，因为薄处冷却快，其链段运动很快被冻结，高弹形变来不及回复完全；而厚处冻结较慢，高弹形变回复较完全，这样就会引起制品内部结构不一致，产生内应力而导致制品变形和开裂。为了消除内应力，常要进行热处理。

6.3.3　聚合物的黏流温度

6.3.3.1　黏流温度与聚合物加工温度窗口

黏流温度T_f是聚合物的高弹态与黏流态之间的转变温度，是整个聚合物链开始运动的温度。

黏流温度是决定聚合物材料加工工艺条件的重要参数。对于非结晶性聚合物，加工温度必须高于黏流温度。对于结晶性聚合物，加工时要达到黏流态，温度不仅要高于结晶部分的熔点，也要高于非晶部分的黏流温度，即加工温度视黏流温度和熔点大小而定。

聚合物的黏流温度是成型加工的下限温度，实际上为了提高聚合物流体的流动性和减少弹性形变，通常成型加工温度选得比黏流温度高。但温度过高，流动性太大，会造成工艺上的麻烦及制品收缩率的加大。尤其严重的是温度过高，可能引起树脂的分解，它将直接影响成型工艺和制品的质量，所以聚合物的分解温度是成型加工的上限温度。成型加工温度必须选在黏流温度与分解温度之间。黏流温度和分解温度相距越远，加工温度窗口就越宽，越有利于成型加工。表6.5是部分聚合物的黏流温度、分解温度和通常的加工温度的对照表。

表6.5　常见聚合物的黏流温度、分解温度和注射温度

聚合物	黏流温度(或熔点)/℃	注射温度/℃	分解温度/℃
低压聚乙烯	100～130	170～200	>300
聚丙烯	170～175	200～220	
聚苯乙烯	112～146	170～190	
聚氯乙烯	165～190	170～190	140

续表

聚合物	黏流温度(或熔点)/℃	注射温度/℃	分解温度/℃
聚甲基丙烯酸甲酯	190～250	210～240	
ABS		180～200	
聚甲醛	165	170～190	200～240
氯化聚醚	180	185～200	
尼龙66	264	250～270	270
聚碳酸酯	220～230	240～285	300～310
聚苯醚	300	260～300	＞350
聚砜		310～330	
聚三氟氯乙烯	208～210	275～280	300
可熔聚酰亚胺		280～315	

6.3.3.2　影响黏流温度的主要因素

(1) 链柔顺性

按聚合物链分段运动的机理，柔性分子链流动所需孔穴比刚性分子链所需的孔穴小，因而黏流活化能也较低，在较低温度下即可发生柔性分子链的流动，在较高温度下发生刚性分子链的流动。分子链柔顺性越好，链内旋转的位垒越低，流动单元链段越短，其黏流温度越低；而分子链越刚性，黏流温度就越高。例如聚苯醚、聚碳酸酯、聚砜等都是比较刚性的分子，它们的黏流温度都较高；柔性的聚合物如聚乙烯、聚丙烯等，尽管因为结晶，T_f 被 T_m 所掩盖，但是从它们不高的熔点可以想象，如果它们不结晶，将可在更低的温度下流动。

(2) 分子间作用力

聚合物链上带有极性基团，使分子间作用力增大，则必须在较高的温度下才能克服分子间的相互作用而产生相对位移，因此黏流温度高。例如聚氯乙烯的黏流温度很高，甚至高于分解温度，经常加入增塑剂来降低黏流温度，还要加入稳定剂来提高其分解温度，才能进行加工成型。聚苯乙烯由于不带极性基团，分子间作用力较小，黏流温度较低，易于加工成型。

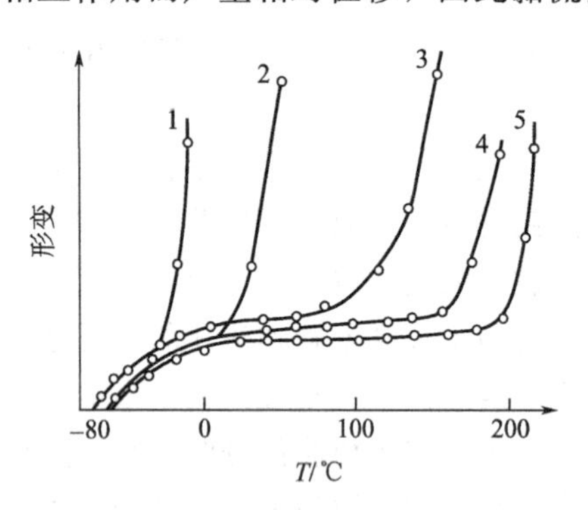

图6.42　不同聚合度的聚异丁烯的温度-形变曲线
各条曲线对应的试样聚合度为：
1—102；2—200；3—10600；4—28600；5—62500

(3) 分子量及分子量分布

黏流温度 T_f 是整个聚合物链开始运动的温度，此时聚合物链段和整个分子链都运动了。这种运动不仅与聚合物的结构有关，而且与分子量的大小有关。分子量越大，物理交联点数就越多，要克服的分子间内摩擦力越大，黏流温度越高。从成型加工的角度来看，T_f 越高越不利于加工，一般在不影响制品性能的前提下，适当降低分子量是必要的。图6.42所示的是不同聚合度的聚异丁烯的温度-形变曲线。

当平均分子量恒定，分子量分布宽的试样比分子量分布窄的黏流温度低，因为低分子部分除本身流动性好外，还可起到增塑剂的作用而降低 T_f。由于分子量有多分散性，使非晶线形聚合物无明显的 T_f 转变值，而是呈较宽的软化区域，在此温度区域内，均易流动，可进行成型加工。

(4) 外力大小及外力作用时间

在聚合物的流动过程中，热运动阻碍着整个分子向某一方向跃迁。外力增大实质上是更多地抵消着分子链沿与外力相反方向的热运动，提高链段沿外力方向向前跃迁的概率，使分子链的质心有效地发生位移，因此外力可使聚合物在较低温度下发生流动。了解外力对黏流温度的影响，对于选择成型压力是很有意义的。聚砜、聚碳酸酯等比较刚性的分子，它们的黏流温度较高，一般采用较大的注射压力来降低黏流温度，以便于成型。但不能过分增大压力，如果超过临界压力将导致材料的表面不光洁或表面破裂。

延长外力作用的时间也有助于聚合物链产生黏性流动，因此增加外力作用的时间就相当于降低黏流温度。

(5) 增塑剂

在聚合物中加入增塑剂，可以使聚合物链之间的距离增大，相互作用力减小，分子间容易相对位移，黏流温度 T_f 下降。

6.3.4 聚合物流体的流动性

6.3.4.1 描述聚合物流体流动性的常用参数

(1) 表观(切)黏度

由于在非牛顿流体中切黏度 η 的数值不再是一个常数，而是随切变速率(或切应力)变化，因此取流动曲线上某一点的 τ 和$\dot{\gamma}$之比值为表观黏度

$$\eta_a=\tau/\dot{\gamma} \tag{6.80}$$

由于聚合物的流动过程中同时含有不可逆的黏性流动和可逆的高弹形变两部分，使总形变增大，而牛顿黏度是对不可逆部分而言的，所以聚合物的表观黏度值比牛顿黏度小。也就是说，表观黏度并不完全反映聚合物材料不可逆形变的难易程度，但是作为对流动性好坏判断的一个相对指标还是很实用的。表观黏度大则流动性小，而表观黏度小则流动性大。

(2) 熔体流动速率

衡量聚合物流动性的指标除了表观黏度外，还经常应用熔体流动速率(melt flow rate, MFR)。在塑料行业，熔体流动速率常被称为熔融指数(melting index, MI)。其定义是：在标准化熔融指数仪中，于一定温度下，利用一定压力使聚合物熔体从标准毛细管中流出，在一定时间(一般为 10min)内流出的聚合物的质量 (g)。MFR 值越大，聚合物熔体的流动性越好。

对于各种具体的聚合物，统一规定了若干个适当的温度和载荷条件，以便在相同条件下对测定的结果进行比较。同一聚合物在不同的条件下测得的熔融指数可通过经验公式换算。但不同聚合物由于测试时控制的条件不同，对它们进行比较就无意义了。

(3) 门尼黏度(常用于橡胶)

在橡胶行业，衡量聚合物流动性的指标常采用门尼黏度(Mooney index, MI)，其定义为：在一定温度(常取 100℃)和一定转子转速下测得的未交联生胶料在一定时刻对转子转动的阻力。门尼黏度值越大，流动性越差。

6.3.4.2 聚合物流体黏度的测定方法

聚合物流体的切黏度的测定方法主要有下列三种：落球黏度计、毛细管流变仪、旋转黏度计。表 6.6 列出了各方法适用的切变速率范围和测得的黏度范围。

表 6.6　聚合物流体黏度常用测定方法的比较

仪　器	切变速率范围/s^{-1}	黏度范围/Pa·s
落球黏度计	$<10^{-2}$	$10^{-3}\sim10^{3}$
毛细管流变仪	$10^{-1}\sim10^{6}$	$10^{-1}\sim10^{7}$
	$10^{-3}\sim10$	锥板式 $10^{2}\sim10^{11}$
旋转黏度仪	$10^{-3}\sim10$	平板式 $10^{3}\sim10^{8}$
	$10^{-3}\sim10$	同轴圆筒式 $10^{-1}\sim10^{11}$

6.3.4.3　影响聚合物流体流动性的因素

聚合物的结构不同，流体的黏度和流动性也不同。对于一定结构的聚合物来说，黏度和流动性又随温度、切变速率变化而变化。因此，研究影响聚合物流体黏度和流变性的各种因素，对于聚合物的成型加工具有重要的意义。

（1）分子结构

① 链的刚性和分子间作用力　聚合物分子链的刚性及分子与分子间相互作用的增大，都使聚合物的黏流温度升高，同时在黏流温度以上，它的黏度也较大。例如聚四氟乙烯、聚酰胺、聚碳酸酯、聚氯乙烯、聚甲基丙烯酸甲酯等在黏流温度以上时的黏度都比聚乙烯、聚丙烯、聚苯乙烯的大。

② 分子量和分子量分布　聚合物分子量的大小对其黏性流动影响很大，通常随着分子量增加，流体的表观黏度增加，熔融指数减小。分子量的增加能够引起表观黏度的急剧增加和熔融指数大幅度下降，如图 6.43 所示。

聚合物流体的零切变速率黏度 η_0 与重均分子量$\bar{M}_w$之间存在着如下经验关系：

$$\eta_0 \propto \bar{M}_w^{\ 3.4} \qquad (\bar{M}_w > M_c) \tag{6.81}$$

$$\eta_0 \propto \bar{M}_w \qquad (\bar{M}_w < M_c) \tag{6.82}$$

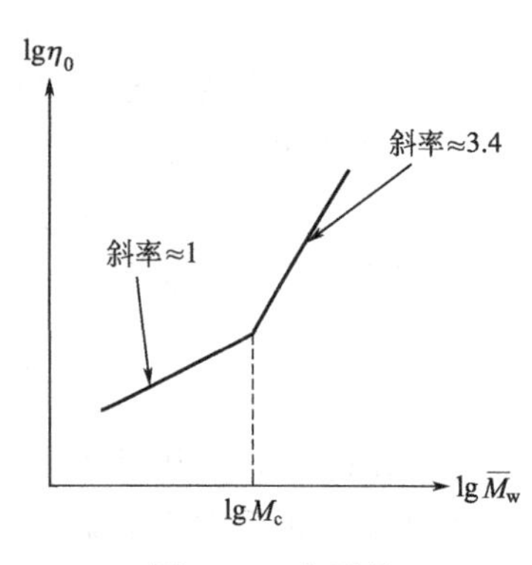

图 6.43　分子量对零切黏度的影响

式中，M_c 为分子链缠结的临界分子量。实际上，对于不同的聚合物，指数值是不同的，$\bar{M}_w > M_c$时，指数值为 2.5～5.0；$\bar{M}_w < M_c$时，指数值为 1～1.6。

这种分段直线变化现象被解释为链的缠结作用引起流动单元变化的结果。临界分子量 M_c 是一个重要的结构参数。当$\bar{M}_w > M_c$时，η_0 与$\bar{M}_w$的关系较线性正比要大得多的原因是由于聚合物链间的相互缠结，形成网状结构，链缠结使流动单元变大，流动阻力增大；$\bar{M}_w < M_c$时，分子链段不能发生缠结，不能形成有效网状结构。因此 M_c 可视为发生分子链缠结的最小重均分子量。几种聚合物的 M_c 值列于表 6.7 中。

表 6.7　一些聚合物的临界分子量

聚合物	M_c	聚合物	M_c
聚乙烯	3500	聚丙烯腈	1300
聚丙烯	7000	聚丁二烯	6000
聚苯乙烯	35000	聚异戊二烯	10000
聚氯乙烯	6200	聚对苯二甲酸乙二酯	6000
聚甲基丙烯酸甲酯	30000	聚己内酰胺	5000
聚乙烯酸乙酯	25000	聚碳酸酯	3000

增大切变速率，链的缠结结构破坏程度增加。故随着切变速率的增大，分子量对体系黏度的影响减小。当切变速率非常大时，几乎难以形成缠结结构，$\lg\eta$-$\lg\bar{M}_w$关系曲线平行于

$\overline{M}_w$小于临界分子量以前的直线，如图 6.44 所示。

从成型加工考虑，希望聚合物有较好的流动性，这样可以使聚合物与配合剂混合均匀，充模良好，制品表面光洁。降低分子量可以增加流动性，改善其加工性能；但过多地降低分子量又会影响制品的机械强度。所以，在聚合物加工时应当调节分子量的大小，在满足加工要求的前提下尽可能提高其分子量。

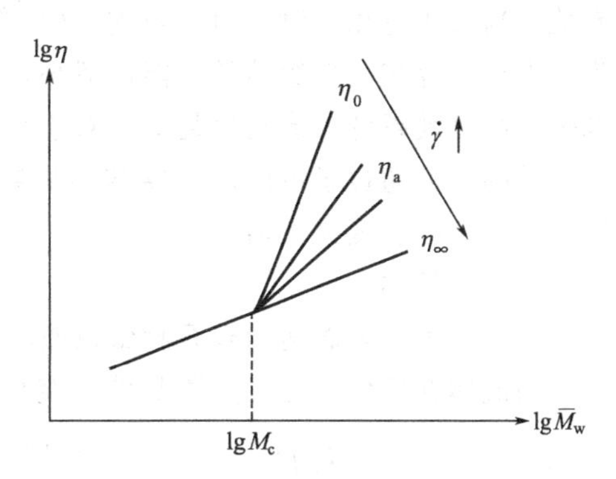

图 6.44 不同切变速率下表观黏度与分子量之间的关系

分子量相同，分子量分布宽的聚合物出现非牛顿流体的切变速率值比分子量分布窄的要低得多，如图 6.45 所示。

由图 6.45 可见，对于平均分子量相同的两个试样，当切变速率小时，分子量分布宽的试样其黏度高于分子量分布窄的试样；但在切变速率高时，情况就会改变，分子量分布宽的试样黏度反而比分子量分布窄的低。出现这种情况的原因为当切变速率较小时，分布宽者，聚合物链特长的分子相对较多，形成的缠结结构也较多，故黏度较高。当切变速率增大后，分子量分布宽的试样中，由于缠结的结构较多，且易被较高的切变速率所破坏，故开始出现“切力变稀”的$\dot{\gamma}$值较低，而且聚合物链越长的分子随切变速率增加对黏度下降的贡献越大；而分子量相同且分子量分布较窄的试样，必然特长的分子数目较少，体系的缠结作用不如分子量分布宽的大，故受剪切作用而解缠结的变化也不那么明显，即开始出现“切力变稀”的$\dot{\gamma}$值较高，而且随着$\dot{\gamma}$增大引起黏度的降低较少。总之，分子量分布宽的试样对切变速率的敏感性较分布窄的试样大。另外，分子量分布宽的聚合物中低分子量部分含量较多，在剪切力作用下，取向的低分子量部分对高分子量部分起到增塑的作用，故切变速率高时，体系黏度降低更为显著。

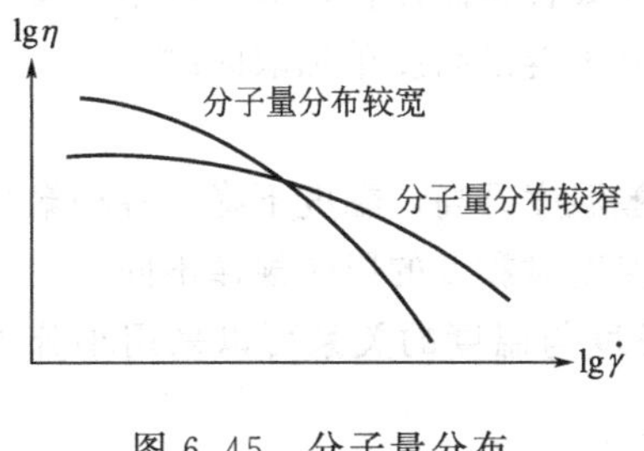

图 6.45 分子量分布对橡胶流动曲线的影响

分子量分布对聚合物流体流动曲线的影响在实际生产中具有重要意义。例如，一般模塑加工中的切变速率都比较高，在此条件下，单分散或分子量分布很窄的聚合物，其黏度比一般分布或分布宽的同种聚合物高。因此，一般分布或宽分布的聚合物比窄分布的聚合物更容易挤出或注塑加工。但是，对于塑料，分子量一般比较低，分子量分布宽虽然有利于成型加工条件的控制，但分布太宽对其他性能必将带来不良影响。例如，PC 的低分子量部分含量越多，应力开裂越严重；PP 的高分子量部分含量越多，流动性越差，可纺性越差。对于橡胶，如天然橡胶，分子量分布比较宽，其中低分子量部分，不但本身流动性好，对高分子量部分还能起到增塑作用；另一方面，在平均分子量相同的情况下，分子量分布宽，说明有相当数量的高分子量部分存在，所以，流动性能得到改善的同时，又可以保证一定的物理力学性能。

③ 支化 当分子量相同时，分子链是否支化以及支链的长度如何，对黏度影响很大。

图 6.46 为顺丁橡胶的零切黏度与分子支化之间的关系。支化对黏度的影响情况与支链的长短有关。当分子量相等时，对于短支链(M 较小)，支链分子的黏度比直链分子的黏度略低，因为短支链的存在，使缠结的可能性减小，分子间距离增大，分子间作用力减小，且支链越多越短，黏度就越低，流动性越好；对于长支链，支链分子的黏度比直链分子黏度高，这是因为支链的长度超过了可以产生缠结的临界分子量 M_c 的 2～6 倍以后，主链及支链都能形成缠结结构，故黏度大大增加。

(2) 流体结构

较低温度下，未熔透的聚合物微粒使非均匀流体黏度较低。流体应该是微观均一的，但是聚合物流体在较低温度时并不尽然。突出的例子为乳液聚合的聚氯乙烯，在 160～200℃间挤出时，从挤出物断面的电子显微镜观察发现仍有颗粒结构，即在流体中颗粒结构尚未完全消失。因此流体的流动并不是完全的切流变，而且有颗粒流动。这使相同 η 值的乳液聚合聚氯乙烯在 160～200℃间的流体浓度比悬浮聚合聚氯乙烯的黏度要小好几倍。当温度略高于 200℃时，流体中颗粒完全消失，流动性就变得与悬浮聚合的聚氯乙烯无甚差别。

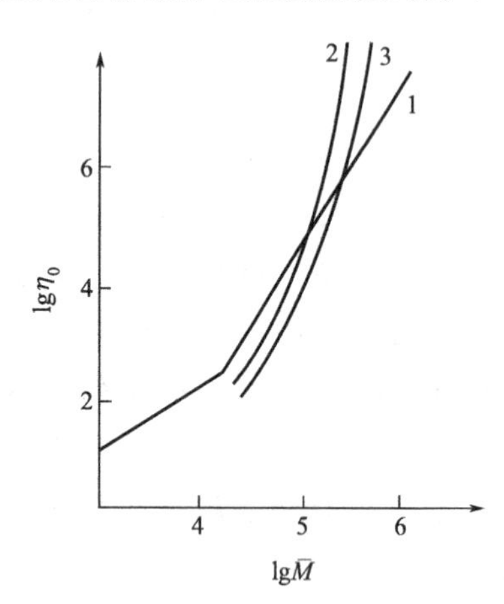

图 6.46 顺丁橡胶零切黏度与分子支化的关系 (379K)
1—直链；2—三支链；3—四支链

较低温度下，结晶聚合物流体中的螺旋链在 $\dot{\gamma}$ 增大到一定值时变为伸直链，可发生剪切结晶，晶体中分子链高度取向，导致黏度大大增加。这方面的例子是全同立构聚丙烯，它在 208℃以下流体中仍然存在分子链的螺旋构象，当切变速率达到一定值时，流体黏度会突然变小。熔点附近，随着 $\dot{\gamma}$ 变大，流体黏度会突然增加到一个数量级以上，甚至使流动突然停止，即使降低切应力，也不能回复到流动态，只有加热到熔点以上才能回复到流动态。这是由于聚合物流体在切应力作用下发生结晶所致，简称剪切结晶。实验证明，这种聚丙烯晶体中分子链是高度单轴取向的。

(3) 温度

控制加工温度是调节聚合物流动性的重要手段。一般温度升高，黏度下降。各种聚合物的黏度对温度变化的敏感性不同；在不同温度范围内，温度对黏度的影响规律不同。

在较高温度的情况下，即 $T_f < T < T_d$ 时，聚合物黏度与温度的关系可以采用小分子液体的 η-T 关系式，即 Arrhenius 方程来描述

$$\eta = A\exp\left(\frac{\Delta E_\eta}{RT}\right) \Rightarrow \ln\eta = \ln A + \frac{\Delta E_\eta}{RT} \tag{6.83}$$

随着温度的升高，流体的自由体积增加，链段的活动能力增加，分子间的作用力减弱，使聚合物的流动性增大，流体黏度随温度升高以指数方式降低，因而在聚合物加工中，温度是进行调节的首要手段。

由 $\ln\eta$ 对 $1/T$ 作图，一般在 50～60℃的温度范围内可得到一直线，斜率为 $\Delta E\eta/R$，由此可以得到 ΔE_η 值(常量)。图 6.47 是一些聚合物流体的 $\lg\eta$-$1/T$ 关系。不同聚合物的黏流活化能不同，意味着各种聚合物的表观黏度具有不同的温度敏感性。直线斜率 $\Delta E_\eta/R$ 较大，则黏流活化能较高，即黏度对温度变化敏感。一般分子链越刚硬或分子间作用力越大，则黏

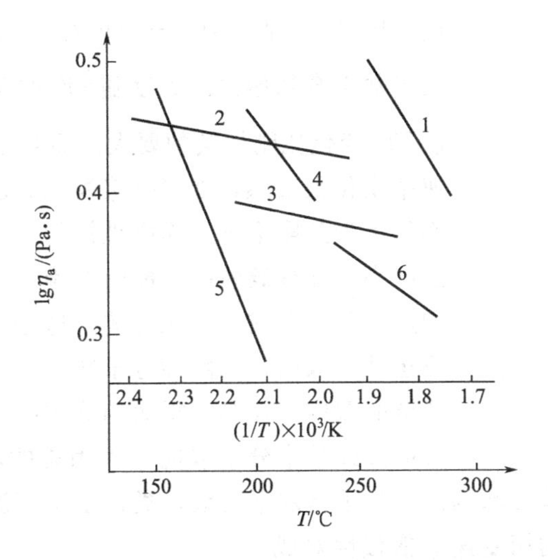

图 6.47 几种聚合物流体表观黏度与温度的关系

1—聚碳酸酯(6MPa)；2—聚乙烯(6MPa)；3—聚甲醛；

4—聚甲基丙烯酸甲酯；5—醋酸纤维素(6MPa)；6—尼龙(1MPa)

流活化能越高，这类聚合物是温敏性的。例如，聚碳酸酯和聚甲基丙烯酸甲酯的流体，温度每升高 50℃左右，表观黏度可以下降一个数量级。因此，在加工过程中，可采用提高温度的方法调节刚性较大的聚合物的流动性。而柔性聚合物如聚乙烯、聚甲醛等，它们的黏流活化能较小，表观黏度随温度变化不大，即使温度升高 100℃，表观黏度也下降不了一个数量级，故在加工过程中调节流动性时，单靠改变温度是不行的，需要改变切变速率。因为大幅度提高温度，可能造成聚合物降解，从而降低制品的质量，而且成型设备等的损耗也较大。几种聚合物在恒定切应力下的 ΔE_η 值见表 6.8。

表 6.8 几种聚合物的黏流活化能

聚合物	ΔE_η/(kJ/mol)	聚合物	ΔE_η/(kJ/mol)
高密度聚乙烯	25.1	聚异丁烯	50.2～67
低密度聚乙烯	46.1～71.2	聚氯乙烯	94.6
	(长支链越多,ΔE_η 值越大)	聚对苯二甲酸乙二酯	58.6
聚丙烯	41.9	聚酰胺	62.8
聚苯乙烯	104.7	聚二甲基硅氧烷	17

当温度处于一定的范围即 $T_g<T<T_f$ 时，由于自由体积减小，链段跃迁速率不仅与其本身的跃迁能力有关，也与自由体积大小有关，因此，聚合物黏度与温度的关系不能再用 Arrhenius 方程描述，其黏流活化能 ΔE_η 也不再是一个常数，而是随温度降低而急剧增大的，此时可采用 WLF 方程式(6.73)来描述。

(4) 切变速率

聚合物流体是非牛顿流体，随着切变速率的增加有结构的变化，因而使其黏度也发生变化。以 η 对 $\lg\dot{\gamma}$ 作图，所得曲线头尾两段水平直线是第一牛顿区和第二牛顿区，即在低和高切变速率区聚合物熔体的剪切黏度不随切变速率改变而改变，而在中间切变速率区黏度随切变速率增加而降低，形成一段反 S 曲线，这是假塑性区。如果在图上画出斜率为－1 的直线，则代表等剪切应力线，如图 6.48 所示。

在指定的切变速率范围内，各种聚合物流体的剪切黏度随切变速率的变化情况并不相

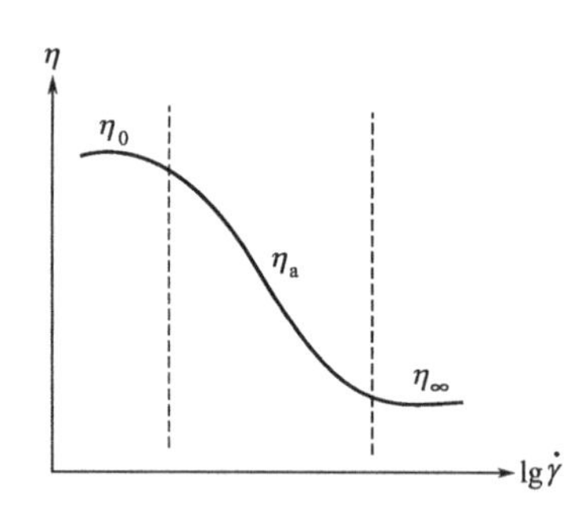

图 6.48　切变速率对聚合物流体黏度的影响

同。图 6.49 是几种聚合物的黏度-切变速率曲线。可以看出大多数聚合物熔体的黏度随$\dot{\gamma}$增加而降低。一般，柔性链的η_a随$\dot{\gamma}$变化比刚性链的要大。而且柔性链的表观黏度对切变速率变化很敏感，如氯化聚醚和聚乙烯的表观黏度随切变速率的增加急剧下降。而刚性链的表观黏度对切变速率变化敏感度小，如聚碳酸酯和醋酸纤维素的表观黏度随切变速率的增加下降不多或几乎无影响。这是由于柔性分子链易通过链段运动而取向，而刚性分子链段较长，极限情况只有整个分子链的取向。在黏度很大的流体中，内摩擦力很大，要使很大链段或整个分子取向是很困难的，因此随切变速率增加，黏度变化很小。图中聚碳酸酯的曲线几乎是水平直线，类似于牛顿流体。

聚合物流体切黏度的切变速率依赖性对成型加工极为重要。黏度降低，熔融聚合物较易加工，充模过程也较易流过小的管道。同时，又减少了大型注射机、挤出机运转所需的能量。所以，切敏性聚合物宜采用提高切变速率或切应力的方法(即提高挤出机的螺杆转速、注射机的注射压力等方法)来调节其流动性。但要注意在加工中保持$\dot{\gamma}<\dot{\gamma}_{临界}$（$\dot{\gamma}_{临界}$为出现流体破裂的最低临界切变速率)，以免出现流体破裂现象。

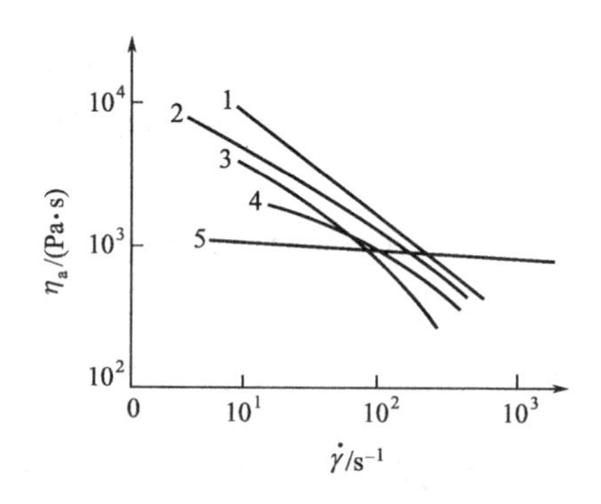

图 6.49　部分聚合物表观黏度与切变速率的关系
1—氯化聚醚(200℃)；2—聚乙烯(180℃)；
3—聚苯乙烯(200℃)；4—醋酸纤维素(210℃)；
5—聚碳酸酯(302℃)

(5) 剪切应力

剪切应力对聚合物黏度的影响也是由于聚合物流体的非牛顿流动行为的缘故。与切变速率对黏度的影响类似，一般随着剪切应力的增大，黏度逐渐降低(切力变稀)。这种影响也因聚合物链的柔顺性不同而异，如图 6.50 所示。柔性链的η_a对τ变化比刚性链要敏感(切敏性)。聚甲醛加工时，当柱塞上载荷增加 60kg/cm^2 时，表观黏度可下降一个数量级。

同样，加工中应保持$\tau<\tau_{临界}$($\tau_{临界}$为出现流体破裂的最低临界剪切应力)，以免出现流体破裂现象。

(6) 流体静压力

聚合物在挤出和注射成型加工过程中，或在毛细管流变仪中进行测定时，常需要承受相当高的流体静压力，这促使人们注意研究压力对聚合物流体剪切黏度的影响。流体静压力导致物料体积收缩，分子链之间相互作用增大，流体黏度增高，甚至无法加工。所以对聚合物流体的流动，静压力的增加相当于温度的降低。图 6.51 为低密度聚乙烯黏度与压力的关系。

不同聚合物的黏度对压力的敏感性不同。压力的影响程度与分子结构、聚合物密度、分子量等因素有关。例如，HDPE 比 LDPE 受压力影响小；分子量高的 PE 比分子量低的 PE 受压力影响大；聚苯乙烯因为有很大的苯环侧基，且分子链为无规立构，分子间空隙较大，所以对压力非常敏感。

(7) 共混

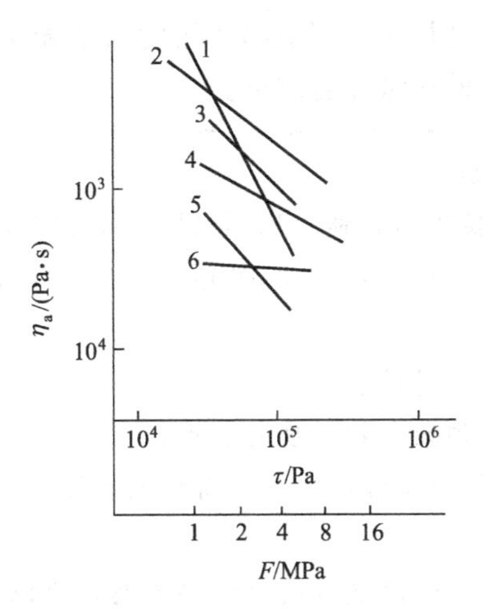

图 6.50 几种聚合物的表观黏度与切应力的关系

1—聚甲醛(200℃)；2—聚碳酸酯(280℃)；3—聚乙烯(200℃)；
4—聚甲基丙烯酸甲酯(200℃)；5—醋酸纤维素(180℃)；6—尼龙(230℃)

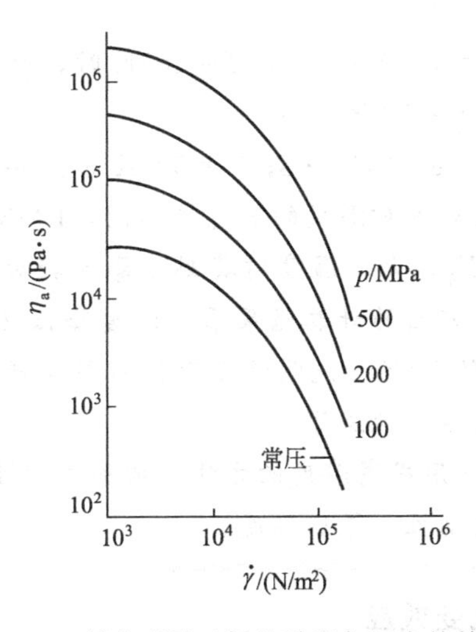

图 6.51 低密度聚乙烯的黏度与压力的关系

由于共混聚合物的应用日趋广大，因此共混聚合物流体的流动性能的研究日趋重要，但目前对其还了解得很少。由两种不相容的、未经交联的聚合物所组成的混合物，除非掌握了各种不同条件下有关体系形态的大量数据，否则就难于准确地预计这类共混物的黏度。然而有一个有用的法则，即在流动体系中，低黏度组分倾向于成为连续相，把高黏度组分包在里面，从而使整个共混物的黏度下降，因为体系总是倾向于将它的耗散能量降到最低。

聚合物共混体系黏度与共混比的关系有多种情况。

如果只知道共混物各组分的流变数据，而不知道它们混合的类型，在温度和切变速率恒定时，可采用混合对数法来估算共混物的黏度。

$$\lg\eta=\phi_1\lg\eta_1+\phi_2\lg\eta_2 \tag{6.84}$$

式中，ϕ_1 和 ϕ_2 为体积分数。

有时通过少量共混可以降低流体黏度，减小弹性，对加工有重要的改进效果。例如，硬聚氯乙烯管挤出时，如果共混少量丙烯酸树脂，可提高挤出速度，改进管子外观光泽；聚苯醚共混少量聚苯乙烯后才能顺利加工；制造唱片用的氯乙烯-乙酸乙烯酯共聚物，共混10%低分子量的聚氯乙烯可使唱片的质量显著改进。

例题6.6 黏度及其调节措施

已知PE和PMMA的黏流活化能ΔE_η分别为61.8kJ/mol和192.3kJ/mol，PE在673K时的黏度η（673K）=91Pa•s，而PMMA在513K时的黏度η（513K）=200Pa•s，试求：

（1）PE在683K和663K时的黏度；PMMA在523K和503K时的黏度；

（2）说明温度对不同结构聚合物黏度的影响；

（3）指出PE和PMMA加工时应采取的增加流动性的措施。

解答：

（1）两种聚合物在所计算的温度区间处于黏流态，所以利用公式$\eta = Ae^{\Delta E_\eta/RT}$

则$\begin{cases}\eta_1 = Ae^{\Delta E_\eta/RT_1} \\ \eta_2 = Ae^{\Delta E_\eta/RT_2}\end{cases} \Rightarrow \dfrac{\eta_1}{\eta_2} = e^{\left(\frac{\Delta E_\eta}{RT_1} - \frac{\Delta E_\eta}{RT_2}\right)}$

对PE：673K时，η=91Pa•s，

求得：T=483K时，η=73.03Pa•s；T=463K时，η=114.53Pa•s。

对PMMA：513K时，η=200Pa•s，

求得：T=523K时，η=84.21Pa•s；T=503K时，η=488.70Pa•s。

（2）不同结构聚合物的黏度对温度的敏感性不同，PMMA较PE的分子链刚性大，故PMMA的黏流活化能ΔE_η较大，温度对其黏度影响较大。PE的ΔE_η较小，温度的变化对其黏度影响不大。从前面的计算结果看，温度降低20K，PMMA的黏度增加约6倍；而PE的黏度仅增加约50%。说明温度变化对黏流活化能高的聚合物影响较大，黏流活化能高的聚合物称为温敏性流体。

（3）PMMA加工时可采用提高温度的方法，增加流动性，降低黏度；PE加工时可采用增大剪切速率来增加流动性，降低黏度。

6.3.5 聚合物流体的弹性流变效应

聚合物流体是黏弹性液体，在流动时既有不可逆形变(黏性)，也有可逆形变(弹性)。弹性形变的发展和回复过程都是松弛过程。分子量大、外力作用的时间很短或速度很快、温度在熔点以上不多时，黏性流动的形变不大，弹性形变的效果就特别显著。在成型加工过程中，这种弹性形变及其随后的松弛对制品的外观、尺寸稳定性、内应力等有着密切的关系。

6.3.5.1 可回复的切形变

以同轴圆筒黏度计为例，聚合物流体的形变可分为可回复形变和黏性流动产生的形变，如图6.52所示。温度较高、起始的外加形变θ_0较大、维持恒定形变时间($\Delta t = t_3 - t_2$)较长等条件，都可使弹性形变部分(或可回复形变)相对减少。

弹性形变在外力除去后的松弛快慢由松弛时间$\tau_1 = \eta/G$所决定，τ_1越大，表示去除外力后弹性形变回复越慢。如果形变的时间尺度比聚合物流体的松弛时间大很多，则形变主要反映黏性流动，因为弹性形变在此时间内几乎都已松弛了。反之，如果形变的时间尺度比聚合物流体的松弛时间小得多，则形变主要反映弹性，因为此时黏性流动产生的形变还很小。

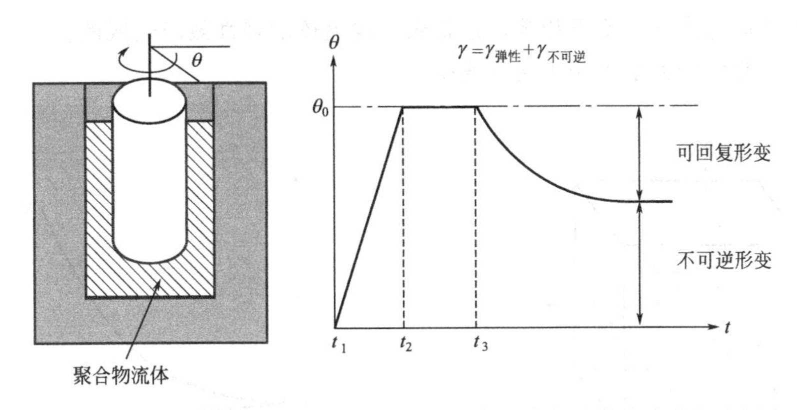

图 6.52　圆筒黏度计中，聚合物流体的可回复形变与黏性流动形变示意图

从可回复的弹性形变 $\gamma_{弹性}$ 和切应力 $\sigma_{切}$ 可以定义流体的弹性切模量 $G=\dfrac{\sigma_{切}}{\gamma_{弹性}}$。聚合物流体的切模量在低切应力($\sigma_{切}<10^6\,\mathrm{Pa}$)时是一常数，约为 $10^3\sim10^5\,\mathrm{Pa}$；以后随 $\sigma_{切}$ 增加而增加。

与切黏度相比，聚合物流体的切模量对温度、液压并不敏感，但都显著地依赖于聚合物分子量及其分布。分子量大，分布宽时，流体的弹性表现得十分显著。因为分子量大，流体黏度大，松弛时间长，弹性形变松弛得慢；分子量分布宽，切模量低，松弛时间分布也宽，流体的弹性表现特别显著。

6.3.5.2　法向应力效应

法向应力效应(包轴效应)是韦森堡首先观察到的，故又称为韦森堡效应，就是指聚合物流体沿其中旋转的搅拌棒上爬的现象。

包轴现象是由聚合物流体的弹性所引起的。由于靠近转轴表面流体的线速度较高，分子链被拉伸取向缠绕在轴上。距转轴越近的聚合物拉伸取向的程度越大。取向了的分子有自发恢复到蜷曲构象的倾向，但此弹性回复受到转轴的限制，使这部分弹性能表现为一种包轴的内裹力，把流体分子沿轴向上挤(向下挤看不到)，形成包轴层，如图 6.53 所示。

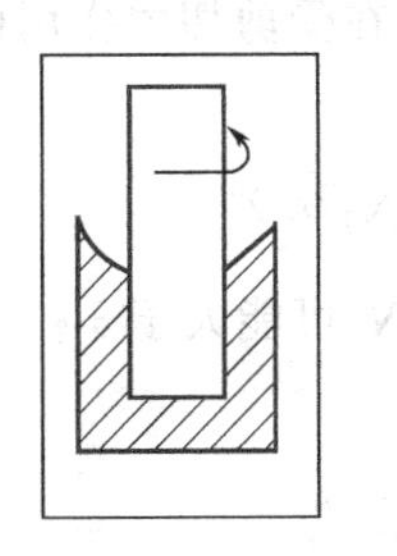

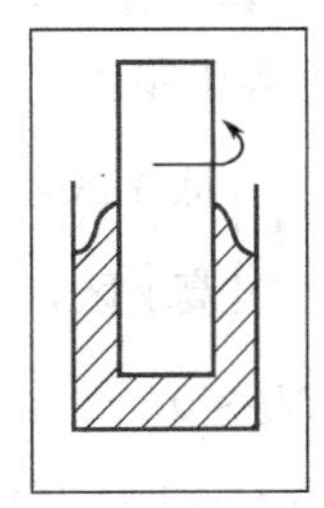

(a) 低分子液体　(b) 聚合物流体或溶液

图 6.53　转轴转动时的液面变化

流体在外力作用下内部应力分布状态可用极小的立方体积元来描述，如图 6.54 所示。当流体处于稳态剪切流动时，如果我们从中切出一个立方小体积元，并规定空间方向 1 是流体流动的方向，方向 2 与层流平面相垂直，方向 3 垂直于方向 1 和 2，某时刻作用在它上面的各应力分量如图 6.54 所示。对于牛顿流体，除了作用在流动方向上的剪切应力外，分别作用在空间相互垂直的三个方向上的法向应力分量大小相等。然而，对于聚合物流体情况则

不相同，三个法向应力分量不再相等，这是聚合物流体的弹性效应造成的。对此通常定义两个法向应力差，它们的大小依赖于切变速率。

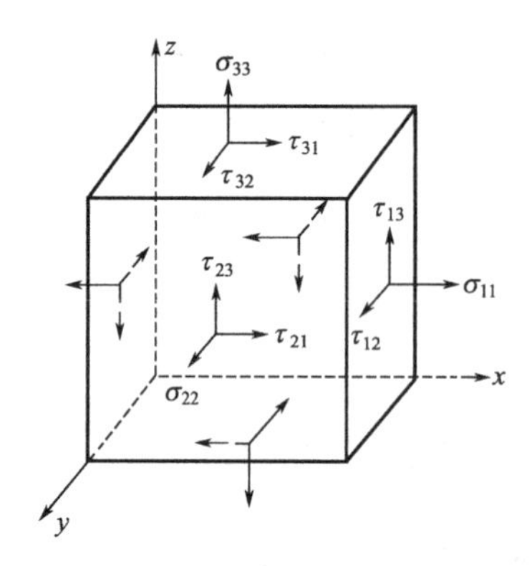

图 6.54 立方体积元及应力分布

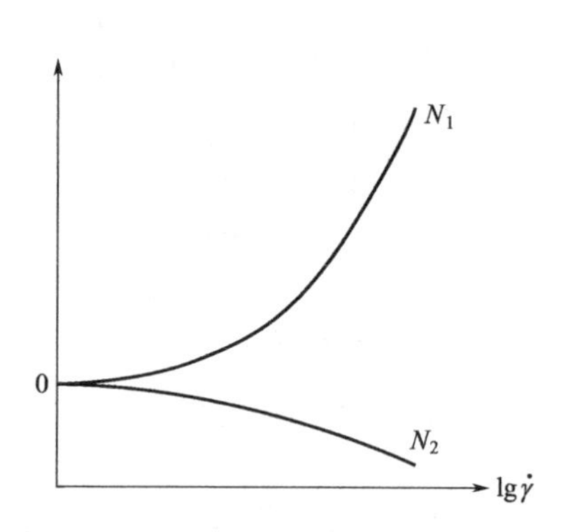

图 6.55 法向应力差与切变速率的关系

弹性液体流动时，既有剪切应力 $\sigma_{ij}=\sigma_{ji}(i\neq j)$，也有法向应力 $\sigma_{ii}(i=1,2,3)$，力学上可用应力张量 T_{ij} 表示：

$$T_{ij}=\begin{bmatrix}\sigma_{11} & \sigma_{12} & \sigma_{13}\\ \sigma_{21} & \sigma_{22} & \sigma_{23}\\ \sigma_{31} & \sigma_{32} & \sigma_{33}\end{bmatrix} \tag{6.85}$$

第一法向应力差：$N_1=\sigma_{11}-\sigma_{22}$

第二法向应力差：$N_2=\sigma_{22}-\sigma_{33}$

法向应力与切变速率之间的关系如图 6.55 所示。对于牛顿流体，是各向同性的，在受切应力作用而流动时，法向应力差为零。

$$\begin{cases}N_1=\sigma_{11}-\sigma_{22}=0\\ N_2=\sigma_{22}-\sigma_{33}=0\end{cases}$$

作为非牛顿流体的聚合物流体具有弹性，在受剪切力作用而流动时会产生法向应力差。$\sigma_{11}\neq\sigma_{22}\neq\sigma_{33}$，法向应力差不等于零。

$$弹性流体\begin{cases}N_1>0，\dot{\gamma}\uparrow\Rightarrow N_1\uparrow\begin{cases}低\ \dot{\gamma}\ 区，N_1\propto\dot{\gamma}^2\\ 高\ \dot{\gamma}\ 区，N_1 可能大于\ \sigma_{12}\end{cases}\\ N_2<0\begin{cases}低\ \dot{\gamma}\ 区，N_2\approx 0\\ 高\ \dot{\gamma}\ 区，\dot{\gamma}\uparrow\Rightarrow|N_2|\uparrow\end{cases}\end{cases}$$

正是较大的法向应力差 N_1 引起了包轴现象。$0.1<-\dfrac{N_2}{N_1}<0.2$。

6.3.5.3 挤出物胀大

挤出物胀大现象又称巴拉斯效应，是指流体挤出模孔后，被挤出口模的流体挤出物截面积大于口模截面积的现象。当口模为圆形时，挤出胀大现象可用挤出物的胀大比 B 来表征。B 的定义为挤出物直径的最大值 D_{max} 与口模直径 D_0 之比，

$$B=\frac{D_{max}}{D_0} \tag{6.86}$$

挤出物胀大现象也是聚合物流体弹性的表现。目前公认，引起挤出物胀大的原因有两方面：一方面是分子链受拉伸力作用，出口模时由拉伸取向态变为解取向态；另一方面是流动时的法向应力差产生的弹性形变恢复，如图 6.56 所示。当模孔长径比 L/D 较小时，前一方面原因占主要；当模孔长径比 L/R 较大时，后一原因占主要。

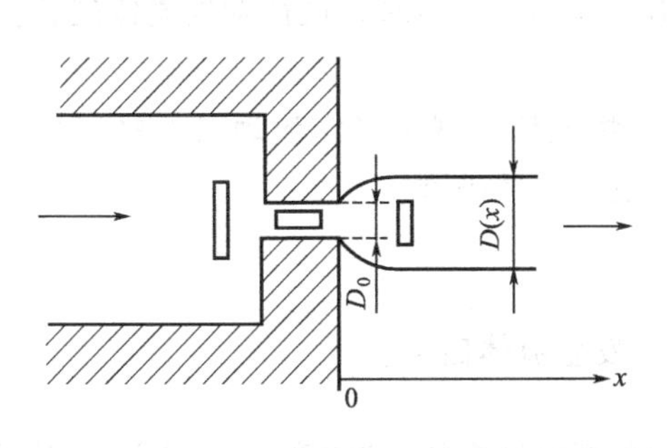

图 6.56 挤出胀大效应中的弹性回复过程示意图

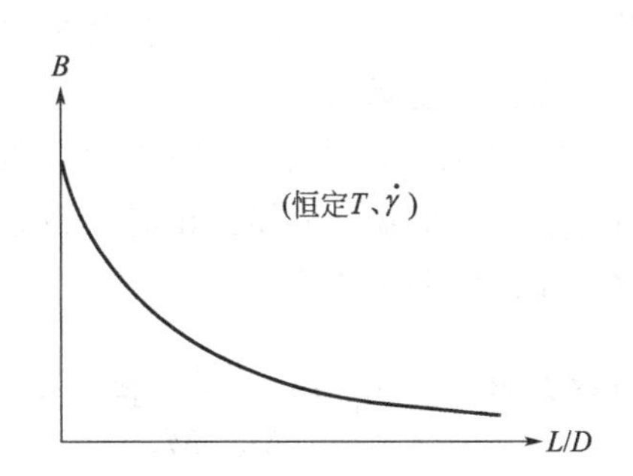

图 6.57 挤出物胀大比与毛细管长径比的关系

通常，B 值随切变速率 $\dot{\gamma}$ 增大而显著增大。在同一切变速率下，B 值随 L/D 的增大而减小，并逐渐趋于稳定值，如图 6.57 所示。温度升高，聚合物流体的弹性减小，B 值降低。聚合物分子量变高，分子量分布变宽，B 值增大。这是因为分子量大，松弛时间长之故。支化严重影响挤出物胀大，长支链支化，B 值大大增大。加入填料能减少聚合物的挤出物胀大，刚性填料的效果最为显著。

挤出物胀大比对纺丝、控制管材直径和板材厚度、吹塑制瓶等均具有重要的实际意义。为了确保制品尺寸的精确性和稳定性，在模具设计时，必须考虑模孔尺寸与胀大比之间的关系，通常模孔尺寸应比制品尺寸小一些，才能得到预定尺寸的产品。

6.3.5.4 不稳定流动

不稳定流动是指当 $\dot{\gamma}$ 或 τ 过大时，出现挤出物的质量、尺寸不再均匀一致的现象，如图 6.58 所示。

有多种原因可能导致流体的不稳定流动，其中流体弹性是引起聚合物流体不稳定流动的重要原因之一。

对于小分子，在较高的雷诺数下，液体运动的动能达到或超过克服黏滞阻力的流动能量时，则发生湍流，对于聚合物流体，黏度高，黏滞阻力大，在较高的切变速率下，弹性形变增大。当流体弹性形变储能达到或超过克服黏滞阻力的流动能量时引起不稳定流动。因此，把聚合物这种弹性形变储能引起的湍流称为高弹湍流。

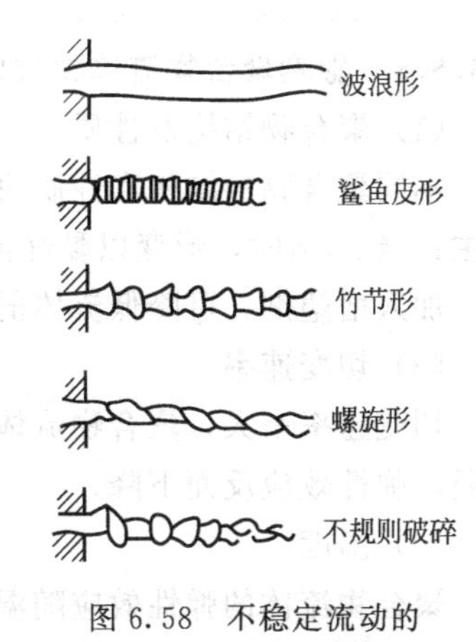

图 6.58 不稳定流动的挤出物外观示意图

不同聚合物流体呈现出不同类型的不稳定流动。研究表明，可找到某些类似于雷诺数的特征数来确定出现高弹湍流的临界条件。

(1) Weissenberg 值(或弹性雷诺数)N_w

弹性雷诺数将流体破裂的条件与分子本身的松弛时间 τ_1 和外界切变速率关联起来，即

$$N_w = \tau_1 \dot{\gamma} \tag{6.87}$$

① $N_w < 1$ 时，为纯黏性流动，弹性形变很小；

② $N_w=1\sim7$ 时，为稳态黏弹性流动；

③ $N_w>7$ 时，为不稳定流动或高弹湍流。

（2）临界剪切应力 τ_{mf}

τ_{mf}定义为发生流体破裂时的剪切应力。取不同聚合物流体出现不稳定流动时的切应力平均值可得 $\tau_{mf}=1.25\times10^5\,Pa$。流体挤出时，当剪切应力 $\tau\geqslant\tau_{mf}$时，往往发生流体破裂。

（3）临界黏度降 η_{mf}

η_{mf}定义为发生流体破裂时的黏度。取不同聚合物流体出现不稳定流动时的黏度平均值可得到 $\eta_{mf}=0.025\eta_0$。流体挤出时，当 $\eta\leqslant\eta_{mf}$时，发生流体破裂。

（4）流体破裂指数 $N_{\mu F}$

研究表明，当 $N_{\mu F}=\dfrac{\eta_0\dot{\gamma}}{\overline{M}_w/\overline{M}_n}$接近于 $10^6\,Pa$ 时，发生流体破裂。

防止聚合物流体发生高弹湍流的几条途径：①改变物料性质(即改变 τ_1)，以适应不变的 $\dot{\gamma}$；②调整加工条件，如 $\dot{\gamma}$、$\sigma_{切}$、温度等；③设计、制造合适的流道、模孔等。

专栏 6.4 鲨鱼皮斑

聚合物流体在通过模头的流动过程中，邻近模头壁的材料几乎是静止的。但一旦离开模头，这些材料就必须迅速地被加速到与挤出物表面一样的速度。这个加速会产生很高的局部应力，如果这个应力太大，会引起挤出物表层材料的破裂而产生表面层的畸变，这就是鲨鱼皮斑。它的形貌多种多样，从表面缺乏光泽到垂直于挤出方向上规则间隔的深纹。鲨鱼皮不同于非层状流动，基本上不受模头线度(如模头入口角度)的影响。它依赖于挤出的线速度，而不是延伸速度，且肉眼能见的缺陷是垂直于流动方向的，而不是螺旋式或不规则的。分子量低(即低黏度、应力积累缓慢)的、分子量分布宽(即低的弹性模、应力松弛速度)的材料在高温和低挤出速率下挤出，很少能观察到鲨鱼皮斑。在模头端部加热能降低流体表面的黏度，对减少鲨鱼皮斑很有效。

6.3.5.5 影响聚合物流体弹性的因素

（1）聚合物结构及性质

不同聚合物的结构和性质决定了其各自的 τ_1 值。当观察时间 $t\ll\tau_1$时，形变以弹性形变为主；当 $t\gg\tau_1$时，形变以黏性流动为主。

加入增塑剂，可降低流体的 τ_1 值。

（2）切变速率

切变速率增大，聚合物流体的弹性效应随之增大，但当切变速率太快时，分子链来不及伸展，弹性效应反而下降。

（3）温度

聚合物流体的弹性效应随温度的升高而降低。

（4）分子量及分子量分布

分子量较大时，流体黏度较大，τ_1 较长，弹性效应明显。分子量分布较宽时，G 较小，τ_1 较大，流体弹性明显。

（5）流道的几何形状

流道中管径的突然变化，会引起不同位置处流速及应力分布不同，由此引起大小不同的弹性形变，导致高弹湍流。

6.3.6 拉伸流动与拉伸黏度

除剪切流动外，还有一种不可忽略的流动类型，即拉伸流动。拉伸流动在纤维纺丝、薄膜拉伸或吹塑等生产过程中经常发生。在流动中发生了流线收敛或发散的流动，一般都包含有拉伸流动成分。拉伸流动示意图如图 6.59 所示。

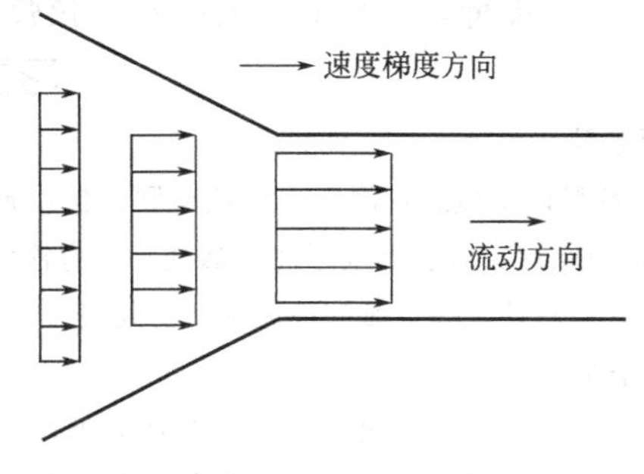

图 6.59 拉伸流动示意图

6.3.6.1 拉伸流动的特点

拉伸流动时液体流动的速度梯度方向与流动方向平行，即产生了纵向的速度梯度场，此时流动速度沿流动方向改变。

拉伸流动 { 单轴拉伸流动（拉伸应力 σ，拉伸应变 ε）；双轴拉伸流动（$\sigma=\sigma_x=\sigma_y$，$\varepsilon=\varepsilon_x=\varepsilon_y$）}

6.3.6.2 拉伸黏度定义

单轴拉伸流动时，对于牛顿流体，拉伸应力 σ 与拉伸应变速率 $\dot{\varepsilon}$ 之间有以下关系

$$\sigma=\bar{\eta}\,\dot{\varepsilon} \tag{6.88}$$

式中，$\bar{\eta}$定义为拉伸黏度，又称特鲁顿黏度。

$$\bar{\eta}=\frac{\sigma}{\dot{\varepsilon}} \tag{6.89}$$

单轴拉伸黏度与剪切黏度之间有以下关系

$$\bar{\eta}=3\eta \tag{6.90}$$

式(6.90)被称为特鲁顿关系式。

双轴拉伸流动时的拉伸黏度：$\bar{\eta}_{双}=6\eta=2\bar{\eta}$。

6.3.6.3 聚合物流体的拉伸黏度

聚合物流体的$\bar{\eta}$取决于$\dot{\varepsilon}$。在低$\dot{\varepsilon}$区，聚合物流体服从关系式$\bar{\eta}=3\eta$。

$\dot{\varepsilon}$较大时，聚合物流体非牛顿性增强，$\bar{\eta}\neq$常数，$\bar{\eta}/\eta$不是常数。不同聚合物的$\bar{\eta}$随拉伸应力 σ 或拉伸应变速率 $\dot{\varepsilon}$ 的变化趋势不同。图 6.60 给出了$\bar{\eta}$-$\dot{\varepsilon}$关系的三种典型情况。

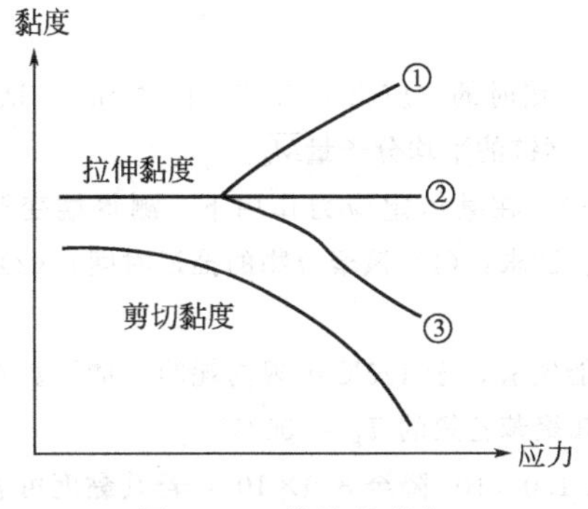

图 6.60 拉伸黏度与剪切黏度的比较

① $\sigma\uparrow\Rightarrow\bar{\eta}\uparrow$，一般支化聚合物如 LDPE 属于此类；

② $\sigma\uparrow\Rightarrow\bar{\eta}$几乎不变，如丙烯酸类树脂、尼龙 66 以及低聚合度的线形聚合物；

③ $\sigma\uparrow\Rightarrow\bar{\eta}\downarrow$，一般高聚合度的线形聚合物属于此类，如 PP 等。

聚合物流体拉伸黏度取决于分子结构、分子量及其分布。研究表明，多分散性较大时，拉伸黏度较大。

拉伸黏度对聚合物的成型加工具有重要意义。例如，纤维的熔融纺丝与拉伸黏度密切相

关，拉伸黏度低，纺丝好；而吹塑、拉弧薄膜等与双轴拉伸黏度有关。

习题与思考题

概念题

1. 解释以下概念：网链，物理交联，仿射形变，拉伸比，热塑性弹性体，门尼黏度，黏弹性，Boltzmann叠加原理，时温等效原理，蠕变，应力松弛，松弛时间，推迟时间，力学滞后，内耗，牛顿流体，宾汉流体，假塑性流体，胀塑性流体，剪切变稀，触变性流体，振凝性流体，韦森堡效应，离模胀大。

问答题

2. 与金属的普弹性相比，聚合物的高弹性有哪些特点？为什么称高弹性为熵弹性？

3. 不受外力作用时，橡皮筋受热伸长；但在恒定外力作用下，橡皮筋受热收缩，试用高弹性的热力学理论解释。

4. 写出交联橡胶单轴拉伸状态方程？该方程在什么情况下与实际橡胶相差较大？

5. 聚砜、聚四氟乙烯、硬聚氯乙烯中，抗蠕变能力最强的是那种聚合物？请说明理由。

6. 日常生活中，发现松紧带越用越松；塑料雨衣挂在墙上随着的时间延长，在挂钩处雨衣的变形越大，说明其原因。

7. 聚合物材料具有减振降噪功能的原理是什么？

8. 如何由不同温度下测得的 E-t 曲线得到某一参考温度下的叠合曲线？当参考温度分别取为玻璃化温度和玻璃化温度以上约50℃时，WLF方程中的 C_1、C_2 应分别取何值？

9. 黏弹性力学模型中的基本元件和基本连接方式有哪些？它们有何基本关系式？如何用四元件模型描述聚合物材料的蠕变过程？

10. 与小分子流体相比，聚合物流体黏性流动有什么特点？实际聚合物流体的普适流动曲线呈何形状？它分为哪几个区段？

11. 何谓表观黏度和熔融指数？影响聚合物流体流动性的因素有哪些？

12. 由于聚合物流体的弹性效应，可引起哪些与小分子流体不同的特殊现象？试用法向应力解释包轴现象？

13. 为了降低聚合物在加工中的黏度，对刚性和柔性链的聚合物各应采取哪些措施？

14. 在塑料挤出成型中，如发现制品出现竹节形、鲨鱼皮一类缺陷，在工艺上应采取什么措施消除这类缺陷。

15. 拉伸流动的特点是什么？何谓拉伸黏度？聚合物流体的拉伸黏度在低应变速率区和较高应变速率区有何不同？

计算题

16. 某硫化橡胶的密度为964kg/m^3，其试件在27℃下拉长一倍时的拉应力为 7.25×10^5 N/m^2。试求：(1) 1m^3 中的网链数目；(2) 初始的拉伸模量与剪切模量；(3) 网链的平均分子量$\overline{M_c}$。

17. 已知某聚合物的蠕变表达式为：$\varepsilon(t)=\varepsilon(\infty)(1-e^{-t/\tau})$，在某恒定应力作用下，测得蠕变开始20min时应变等于300%，当时间足够长时测得应变等于690%。试求：(1) 该聚合物的推迟时间？(2) 应变达到500%需要多长时间？

18. 在频率为1Hz条件下进行聚苯乙烯试样的动态力学性能实验，于125℃出现内耗峰。请计算在频率为1000Hz条件下进行上述实验时，出现内耗峰的温度。(已知聚苯乙烯的 $T_g=100$℃)

19. 某聚合物材料在加工中发生部分降解，其重均分子量从 1.0×10^6 降至 8.0×10^5，若其黏度可表示为：$\eta=K_2\overline{M}_w^{3.4}$，问此材料在加工前后流体黏度降低了百分之几？

20. 已知增塑PVC的 $T_g=338$K，$T_f=418$K，黏流活化能 $\Delta E_\eta=8.314$kJ/mol，测得其在433K时的黏度为5.0Pa·s。问该增塑聚合物在358K和473K时的黏度各为多少？

第7章 聚合物的强度与韧性

聚合物的用途极广，因而对其性质的要求也是多种多样的，如果聚合物作为材料使用，首先要考虑的是它的力学性质。随着聚合物材料的大量应用，人们迫切需要了解和掌握聚合物力学性质的特点及其与聚合物结构之间的关系，因为只有掌握了解了这些知识，才能做到对聚合物材料的合理选择和应用，进而改进聚合物材料的力学性能，制造出性能更加优越的新的合成材料。可见对聚合物力学性能的研究是十分必要的。

力学行为是指在外力作用下材料的形变与破坏。由于施加的应力可以是拉伸、压缩或剪切，可能是静态的，也可能是动态的；或由于聚合物材料具有黏弹性行为，所以聚合物的力学性能十分复杂，包括聚合物的高弹性、黏弹性、强度、韧性、耐疲劳性、摩擦性等等。关于聚合物的高弹性和黏弹性已在第6章专门做了叙述。本章主要讨论聚合物的极限力学行为，即聚合物在大应力作用下的屈服和断裂行为。

应力-应变实验与冲击实验是评价聚合物强度与韧性的最重要的两个实验。在应力-应变实验中，将聚合物样品在低速率下(例如每分钟数厘米)拉伸直至断裂，记录应力随应变的变化。而冲击实验是在非常快速的条件下对聚合物样品剧烈冲击，记录使样品破坏所消耗的能量。

7.1 聚合物的应力应变行为

7.1.1 应力-应变曲线

在研究聚合物的变形时，应力-应变实验的使用极为广泛，它通常是在拉力下进行的，所以应力-应变曲线实际上是拉伸应力-应变曲线。

7.1.1.1 应力-应变实验

应力-应变实验的试样如图7.1所示。聚合物试样沿横轴方向以均匀的速率被拉伸，直到断裂为止。实验时，测量加于试样上的载荷F和相应标线间长度的改变($\Delta l=l-l_0$)。

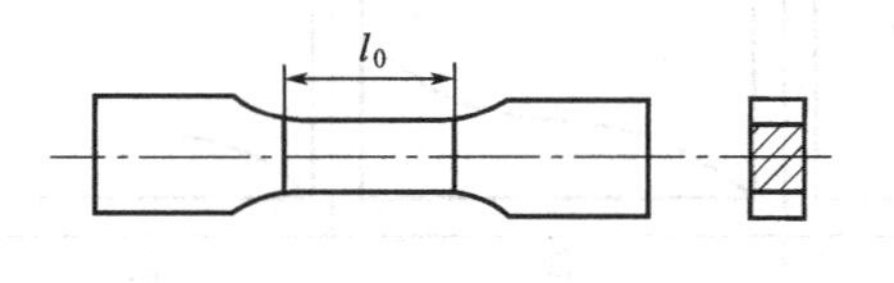

图7.1 拉伸试样示意图

如果试样的初始截面积为A_0，标距的原长为l_0，那么应力σ和应变ε分别由下式表示

$$\sigma=\frac{F}{A_0} \tag{7.1}$$

$$\varepsilon=\frac{\Delta l}{A_0} \tag{7.2}$$

绘制出应力-应变曲线，可得到一系列评价聚合物材料力学性能的物理量。在宽广的温度和实验速率范围内测得的数据可以判断聚合物材料的强弱、软硬、脆韧。

7.1.1.2 评价聚合物性能的力学参数

图7.2是典型的非晶态聚合物在玻璃态的应力-应变曲线。从应力-应变曲线上可得一系列评价聚合物性能的力学参数。

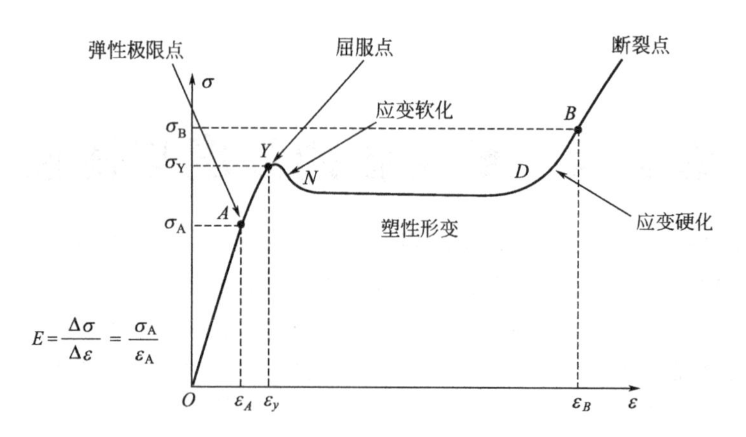

图 7.2 非晶态聚合物在玻璃态的应力-应变曲线

屈服强度(yield strength，σ_y)：屈服点(Y)对应的应力。

断裂强度(break strength，σ_b)：断裂点(B)对应的应力。

拉伸强度(tensile strength，σ_i)：使试样破坏所需的最大应力，也就是屈服强度与断裂强度中的大者。

断裂伸长率(elongation at break，ε_b)：断裂点(B)对应的应变。

杨氏模量(Young's modulus，E)：试样到达弹性极限点(A)之前的斜率。

断裂能(fracture energy)：OYB 面积，反映了试样破坏过程中消耗的能量。

材料在屈服点之前发生的断裂称为脆性断裂(brittle fracture)；在屈服点后发生的断裂称为韧性断裂(ductile fracture)。

7.1.1.3 聚合物应力-应变曲线的类型

聚合物材料品种多，应力-应变曲线情况复杂，一般可概括为五种类型，如表 7.1 所示。

表 7.1 聚合物应力-应变曲线的五种类型

序号	1	2	3	4	5
类型	硬而脆	硬而强	强而韧	软而韧	软而弱
模量	高	高	高	低	低
拉伸强度	中	高	高	中	低
断裂伸长率	小	中	大	很大	中
断裂能	小	中	大	大	小
实例	PS、PMMA、酚醛树脂	硬 PVC、AS	PC、ABS、HDPE	硫化橡胶、软 PVC	未硫化橡胶、低聚物

“软”或“硬”是指模量的低或高；“强”或“弱”是指强度的大或小；“脆”是指无屈服且断裂伸长率小；“韧”则指断裂强度和断裂伸长率都较高的情况，因此可将断裂能(应力-应变曲线下所包括的面积)作为“韧性”的标志。

在室温和通常拉伸速度下，属于硬而脆的有 PS、PMMA 和酚醛树脂等，它们的模量高，拉伸强度相当大，没有屈服点，断裂伸长率一般低于 2%。硬而强的聚合物具有高的杨氏模量，高的拉伸强度，断裂伸长率约为 5%，硬质 PVC 等属于这一类。强而韧的聚合物有尼龙 66、PC 和 POM 等，它们的强度高，断裂伸长率大，可达百分之几百到百分之几千，该类聚合物在拉伸过程中会产生细颈。橡胶和增塑 PVC 属于软而韧的类型，它们的模量低，屈服点低或者没有明显的屈服点，只看到曲线上有较大的弯曲部分，伸长率很大（20%～1000%），断裂强度较高。至于软而弱这一类，只有一些柔软的凝胶，很少作为材料来使用。

专栏 7.1 真应力-应变曲线

在拉伸形变过程中，多数试样的会发生横向收缩，即实际横截面积小于初始截面积，导致实际承受的应力（称为真应力）大于采用初始截面积计算的表观应力。

假定 $dV=0$，则 $\sigma_{真}=\lambda\sigma=(1+\varepsilon)\sigma$，可将实测的应力-应变曲线（$\sigma$-$\varepsilon$ 曲线）换算成真应力-应变曲线（$\sigma_{真}$-ε 曲线）。

$\sigma_{真}$-ε 曲线上的极大值点 A 是与材料特性有关的真正屈服点（特性屈服点）；B 点只是表观屈服点。

Considère 作图法：对于能形成稳定细颈的聚合物，从横坐标轴上 $\varepsilon=-1$ 处向 $\sigma_{真}$-ε 曲线可作两条切线，第一条切线的切点就是 B 点。

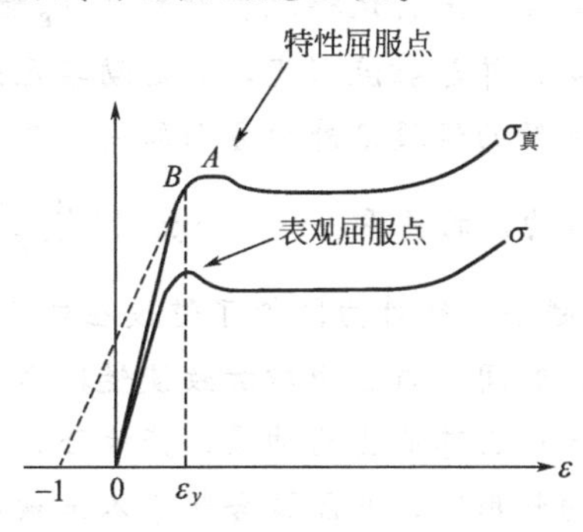

7.1.2 形变过程的分子运动

非晶聚合物，当温度在 T_g 以下十几摄氏度，以一定速率被单轴拉伸时，其典型的应力-应变曲线如图 7.3 所示。

从分子运动的角度，可以将非晶聚合物的应力-应变曲线分为三段分别进行解释。

7.1.2.1 屈服点之前的普弹形变

屈服点以前试样被均匀拉伸，形变小，可回复，应力-应变关系近似符合 Hooke 定律。

这部分形变是由于小尺寸运动单元的运动引起键长、键角的变化带来的，属于普弹形变。

7.1.2.2 屈服点之后的强迫高弹形变

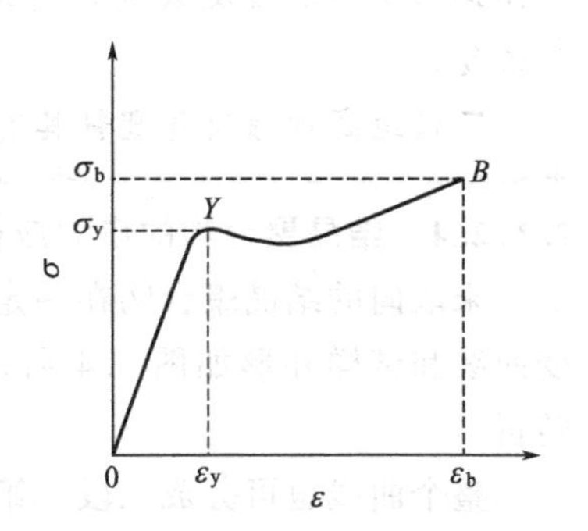

图 7.3 非晶聚合物典型的应力-应变曲线

到达屈服点（Y 点）时，试样截面积突然变得不均匀，出现“细颈”，该点对应的应力和应变分别称为屈服应力（σ_y，或称屈服强度）和屈服应变（ε_y，或称屈服伸长率）。聚合物的屈服应变比金属的要大得多，大多数金属材料的屈服应变约为 0.01，甚至更小，但聚合物的屈服应变可达 0.2 左右。

屈服点以后，开始时应变增加，应力反而有所降低，称作“应变软化”。应变软化之后，为聚合物特有的“颈缩阶段”，“细颈”沿样品扩展，载荷增加不多或几乎不增加，试样应变却大幅度增加，可达百分之几百，应力与应变不呈线性关系。这个过程也被称为冷拉(cold drawing)。

这部分形变是聚合物链段在外力作用下的运动导致的，被称为强迫高弹形变。

7.1.2.3 黏流形变与断裂

随着“细颈”的扩展至整个试样，颈缩阶段结束。最后，应力急剧增加，试样才能产生一定的应变，称作“应变硬化”或“取向硬化”。在这个阶段，成颈后的试样又被均匀地拉伸，直至 B 点，材料发生断裂，相应于 B 点的应力称为断裂强度 σ_b，其应变称为断裂伸长率 ε_b。

这部分形变也称为黏流形变，即在分子链伸展后继续拉伸整链取向排列，使材料的强度进一步提高。直至聚合物链相互滑移或断链，形变不可回复。

专栏 7.2 强迫高弹形变

强迫高弹形变的定义是处于玻璃态的非晶聚合物在拉伸过程中屈服点后产生的较大应变，移去外力后形变不能回复。若将试样温度升到其 T_g 附近，该形变则可完全回复，因此它在本质上仍属高弹形变，并非黏流形变，其运动单元是由聚合物的链段运动所引起的。这种在大外力作用下冻结的链段沿外力方向取向称为强迫高弹形变。

链段运动松弛时间 τ 与应力 σ 的关系：$\tau=\tau_0\exp\left(\dfrac{\Delta E-a\sigma}{RT}\right)$

由上式可见，σ 越大，τ 越小，即外力降低了链段在外力作用方向上的运动活化能，因而缩短了沿力场方向的松弛时间，当应力增加致使链段运动松弛时间减小到与外力作用时间同一数量级时，链段开始由蜷曲变为伸展，产生强迫高弹形变。

强迫高弹形变是在外力的作用下，非晶聚合物中本来被冻结的链段被强迫运动，使聚合物链发生伸展，产生大的形变。但由于聚合物仍处于玻璃态，当外力移去后，链段不能再运动，形变也就得不到回复，只有当温度升至 T_g 附近，使链段运动解冻，形变才能复原。即，发生强迫高弹形变的特点是：去除外力后，当温度低于玻璃化温度时，高弹形变不能自发恢复，有表观塑性形变；当温度高于玻璃化温度时，高弹形变可恢复。

强迫高弹形变是塑料具有韧性的原因。

7.1.2.4 结晶聚合物的应力应变行为

未取向的结晶聚合物在一定温度、以一定拉伸速度进行单轴拉伸时，其典型的应力-应变曲线和试样外形如图 7.4 所示，它比非晶聚合物的典型应力-应变曲线具有更为明显的转折。

整个曲线也可分成三段，第一段 OY 应力随应变直线上升，试样被均匀拉长变细，伸长率较小，仅百分之几到百分之十几。到 Y 点后试样的截面积突然变得不均匀，出现一个或几个“细颈”，由此开始了曲线的第二段 YD。在这一阶段，试样为不均匀伸长，细颈部分不断扩展其截面积维持不变，非细颈部分逐渐缩短。到 D 点时，整个试样完全变得同细颈一样粗细。在此期间伸长虽不断增加，而应力几乎不变，这一段曲线近乎平行于应变坐标，直至整个试样完全变为细颈为止。此阶段总的应变很大，且随聚合物不同而不同，例如，聚酯、聚酰胺、支链形聚乙烯等可达500%，线形聚乙烯甚至可达1000%。第三段DB，随着应力的增加，成颈后的试样又被均匀拉伸变细，应力随应变增加而迅速增大直到B点断裂为止。

结晶聚合物一般都包含晶区和非晶区两部分，其成颈(也叫“冷拉”)也包括晶区和非晶区两部分形变，且非晶区部分首先发生形变，然后球晶部分发生形变。晶态聚合物在比T_g低得多的温度到接近T_m的温度范围内均可形成颈。拉力除去后，只要加热到接近T_m的温度，也能部分回复到未拉伸的状态。

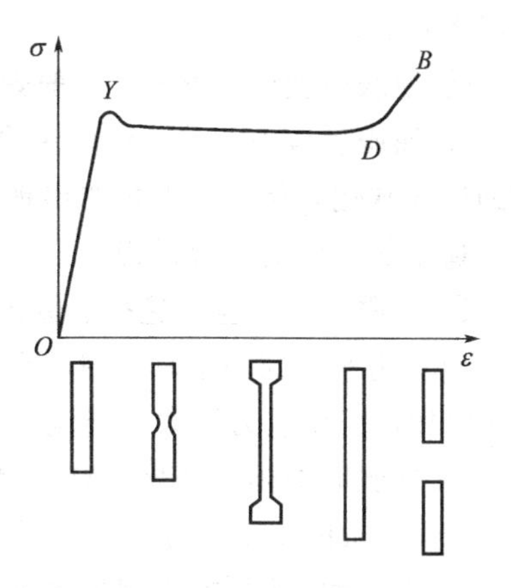

图7.4　晶态聚合物典型的应力-应变曲线

结晶聚合物的拉伸有很重要的实际应用，由结晶聚合物制成的化学纤维如涤纶、尼龙6、腈纶纤维就是拉伸的细颈部分，纺丝所得的初生纤维经拉伸使之形成细颈，借此赋予纤维良好的力学性能。结晶聚合物的拉伸特性是决定拉伸工艺的主要依据，而拉伸工艺条件(拉伸方式、拉伸速度、温度、拉伸比等)反过来又会影响纤维的结晶、取向等聚集态结构，为了获得品质优良的化学纤维，严格地控制拉伸过程是不容忽视的。

专栏7.3　非晶和结晶聚合物的应力-应变曲线的比较

相似点：均经历了普弹形变，应变软化，应变硬化等阶段。被拉伸后材料都出现各向异性，且产生大的形变，室温不能回复，但加热到接近其熔点附近，则都能逐渐回复原状，这两种拉伸产生的大形变本质上都是强迫高弹形变。

不同点：非晶和结晶聚合物的拉伸过程本质上都属高弹形变，但其产生高弹形变的温度范围不同。非晶聚合物为脆化温度(T_b)到玻璃化温度(T_g)之间，结晶聚合物为低于T_g的某个温度到熔点(T_m)之间。

另外，两者本质的差别在于结构的不同。对于非晶聚合物，拉伸只使分子链发生取向，但无相变。而对于结晶聚合物，拉伸时伴随着凝聚态结构的变化，包含晶面滑移、晶粒的取向及再结晶等相态的变化，由于结晶聚合物中既有晶区又有非晶区，因此拉伸过程中结构的变化是很复杂的。

7.2　聚合物的屈服

玻璃态聚合物大形变，从力学角度来看，是由剪切形变和银纹化引起的。剪切形变只是物体形状的改变，分子间的内聚能和物体的密度基本上不受影响。但银纹化则会使物体的密度大大下降。银纹的形成是玻璃态聚合物特有的塑性形变形式。大形变时，剪切形变和银纹化所占的比重与聚合物结构及实验条件有关。

7.2.1　聚合物屈服点的特征

屈服行为并不是聚合物所特有的力学行为，其他材料如金属等受外力作用时也会发生屈服。固体聚合物的屈服行为与其他材料的屈服一样，有许多共同的规律，但聚合物的屈服还有以下特点。

① 屈服应变(ε_y)较大　一般聚合物的ε_y约为3%～20%，而金属的ε_y小于1%。

② 屈服后应力变化　许多聚合物屈服后，当应变继续增加时应力稍有下降，即发生所谓的应变软化，伴随着细颈的出现。由于细颈的继续发展，又会发生应变硬化，因此有一个形成稳定的细颈的冷拉过程。

③ 屈服应力与应变速率、温度、流体静压力等有关　随着应变速率增加，屈服应力增大，应变速率大到一定时，屈服点消失。随着温度的升高，屈服应力下降。随着流体静压力p的增加，屈服应力增大，当流体静压力大到一定时，屈服点消失。

④ 屈服时的体积变化　有些聚合物屈服时体积稍有缩小，有些则相反。

⑤ Bauschinger效应　压缩时的屈服应力要大于拉伸时的屈服应力。拉伸时显脆性的聚合物，在压缩时仍可能表现出塑性。

⑥ 结构和性能发生变化　聚合物屈服后，其结构和性能均发生显著变化，屈服总是伴随着取向的发生，对于非晶态聚合物还可能发生结晶化，而对于晶态聚合物则可能发生晶型、结晶度的变化等再结晶作用。

7.2.2　银纹屈服

银纹屈服(或银纹化)是在张应力或环境因素作用下，聚合物中某些薄弱处发生应力集中，产生局部塑性变形，出现垂直于应力方向的空化条纹状形变区的现象。聚合物中产生银纹的部位称为银纹体或简称银纹(craze)。

银纹现象是聚合物材料所特有的，是微观破坏和屈服的中间状态，即是宏观破坏的先兆。

7.2.2.1　银纹的结构

银纹是由聚合物细丝(或称聚合物束)和贯穿其中的空洞(或空隙)组成，类似于海绵的结构。这个基本的结构对于表面银纹、内部银纹、龟裂尖端的银纹是相同的。银纹的结构如图7.5所示。

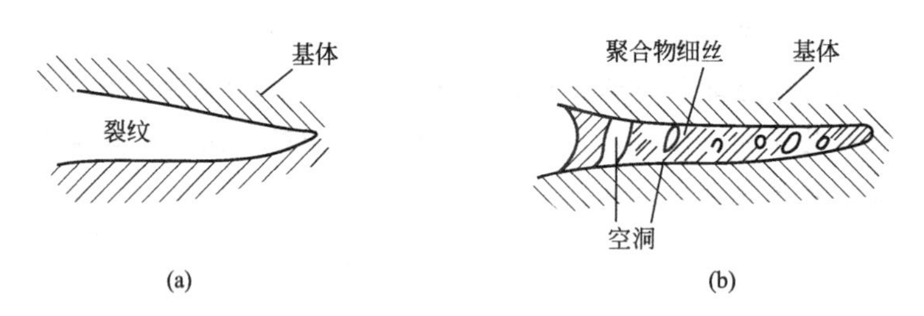

图7.5　银纹的结构(b)及其与裂纹(a)的比较

由图7.5(b)看出，银纹由聚合物连接起来的空洞所组成。银纹中的聚合物细丝全部断裂则成为裂纹(crack，或称裂缝)，见图7.5(a)。银纹中的聚合物细丝断裂而形成裂纹的过程叫银纹的破裂。

银纹中聚合物细丝沿形变方向取向程度很大，其直径为10～40nm，但也可能有几百纳米的细丝。

银纹中的空洞比率，在通常的银纹中占40%～65%，每个空洞的直径约为20nm。

通常，银纹的厚度为100～1000nm。银纹可区分为银纹主体和发展尖端两部分。

银纹体中含有大量的空洞，因此银纹体的密度比未银纹化的基体密度小得多。银纹体的密度随银纹体形变值的增加而减小。在新产生的无应力银纹体(指银纹形成后立即卸去载荷的银纹体)中，聚合物的体积分数为40%～60%。银纹的形成和形变是一种松弛过程。加载荷下银纹体的形变随时间的延长而发展，卸去载荷后，形变又随时间的延长而逐渐消失。在应力作用下和无应力状态下，银纹体的形变值和密度是不同的。

7.2.2.2 银纹体的力学性能

银纹体比正常的聚合物柔软并具有韧性。在应力作用下，银纹的形变是黏弹形变，所以其模量与应变过程有关。一般，银纹体的模量约为正常聚合物模量的3%～25%。

聚合物中含有银纹并不一定必然引起物体断裂。产生银纹的银纹体仍能承受相当大的载荷，在应力作用下，银纹中聚合物细丝中的大分子沿应力方向取向，并穿越银纹两边，赋予银纹一定的力学强度。例如，产生了银纹的聚苯乙烯可承受没有银纹的聚苯乙烯试样一半以上的拉力。所以银纹与裂缝(或裂纹)不同，产生银纹后材料的仍具有强度，银纹并不一定引起断裂。

银纹的强度与聚合物的塑性流动、化学键的破坏等因素有关。分子量对银纹强度的影响很大。聚合物分子量越大，大分子的塑性流动和黏弹松弛过程的阻力就越大，因而银纹就愈稳定，银纹强度愈大。同时，分子量越高，大分子跨越银纹两边的概率越大，要使银纹破裂就需要破坏更大的化学键，而破坏化学键要比大分子间的滑动消耗更多的能量。银纹的形态亦受分子量的影响。例如，聚苯乙烯分子量小于80000时，银纹短而粗，且形态不规则，银纹数量少，易于破裂或产生裂纹导致聚合物材料破裂；当分子量很大时则形成细而长的银纹，银纹强度大，因而材料强度也大。

专栏 7.4 银纹与裂纹的主要区别

银纹(craze)和裂纹(crack)都是聚合物连续体破坏的结果，但两者有明显的不同：

① 银纹体密度$\rho \neq 0$；裂纹体密度$\rho = 0$。

② 银纹体仍有一定力学承载能力；裂纹体不能承载。

③ 银纹在压力或T_g以上退火时能回缩或消失；而裂纹不能。

银纹在外力的作用下进一步发展可以成为裂纹。

7.2.2.3 引发及形成稳定银纹的条件

研究表明，引发及形成稳定银纹需要满足如下条件：

① 应力不小于临界应力，应变不小于临界应变。

② 聚合物的分子量达到形成缠结的临界分子量$\bar{M}_c$以上。

非晶态聚合物的分子量达到临界值$\bar{M}_c$以上时，就会产生分子间的缠结，形成物理交联结构。而微纤的缠结结构与其拉伸比相关，图7.6为微纤缠结链形变示意图。缠结链的最大拉伸比λ_{max}可用下式表示

$$\lambda_{max} = \frac{L_e}{d} \quad (7.3)$$

式中，d为微纤网络缠结点之间链的平均距离；L_e为网链拉伸成锯齿形的长度。

一些聚合物的分子参数和银纹体参数列于表7.2中。

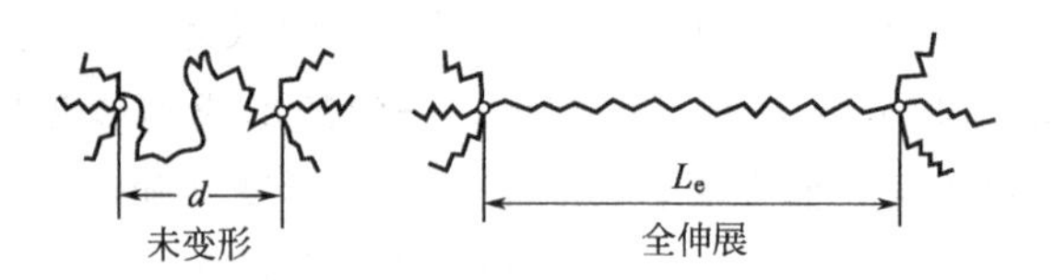

图7.6 聚合物缠结链的形变

表7.2 聚合物的分子参数和银纹体参数

聚合物	$\overline{M}_c$	L_e/nm	d/nm	λ_{max}	λ
PTBS	43400	60.0	12.5	4.8	7.2
PVTS	25000	47.0	10.7	4.4	4.5
PS	19100	41.0	9.6	4.3	3.8
PSMAL	19200	40.0	10.1	4.0	4.2
PMMA	9150	19.0	7.3	2.6	2.0
PSMLA	8980	19.0	6.1	3.1	2.6
PPO	4300	16.5	5.5	3.0	2.6
PC	2480	11.0	4.4	2.5	2.0

注：PTBS为聚叔丁基苯乙烯；PVTS为聚对甲基苯乙烯；PSMLA为聚苯乙烯-马来酸酐共聚物。

由表7.2的数据可以看到，微纤的缠结链伸长比λ与L_e有关。缠结点密度高时，L_e小，λ值也小，缠结链伸展较困难，容易发生应变硬化；这种情况下银纹化形变不会得到充分发展；当应力增大到剪切屈服应力时，试样即可产生剪切形变。例如，PC和PPO，λ较小，不易发生银纹化，这类韧性较好的聚合物的塑性形变主要是剪切形变。而PVTS、PS等脆性聚合物，因缠结点密度低，L_e较大，λ值也较大，它们的缠结链伸长长度大，容易产生银纹化。

对于那些能形成稳定银纹结构的脆性聚合物，实际测得的缠结链伸长比λ均小于理论的最大伸长比λ_{max}。即达到一定的伸长比后，由于缠结链的取向导致应变硬化，伸长不再增加，银纹结构得以稳定。外力的进一步作用将使银纹在长度方向上发展或者引发更多的新银纹。但若L_e很大，伸长比λ可达到很高的数值以至λ接近λ_{max}甚至超过λ_{max}，此时缠结网已经被破坏，发生了解缠或分子链的断裂。例如，表7.2中PTBS、PVTS的λ值均超过其λ_{max}，说明这些脆性聚合物在张应力作用下不能形成稳定的银纹结构，银纹的进一步发展必将导致材料的脆性断裂。因此，这些脆性聚合物虽然容易产生银纹，但却难以使银纹结构稳定，因而也就不能发生屈服。

7.2.2.4 银纹化的利弊

银纹化可以是玻璃态聚合物断裂的先决条件，也可以是聚合物屈服的机理。银纹屈服的一个典型例子是PS的增韧。对于接枝共聚的耐冲击PS(HIPS)或PS/PB共混型耐冲击PS，在应力作用下，橡胶粒子引发周围PS相产生大量银纹并控制其发展，吸收塑性形变能，达到提高PS韧性的目的。

应力导致的银纹(应力银纹)结构若不能稳定，则将发展而导致聚合物断裂。除了应力银纹之外，聚合物材料或制件在加工或使用过程中，因环境介质(流体、气体)与应力的共同作用，也会出现银纹，称之为环境银纹，它时常发展为环境应力开裂。环境介质的作用，致使引发银纹所需的应力或应变大大降低。研究表明，银纹化的临界应变随环境介质对聚合物溶解度的增加以及溶剂化聚合物T_g的降低而降低。例如，聚碳酸酯(PC)是透明且耐冲击的非晶态工程塑料，具有耐热、尺寸稳定性好等特点，在电器、电子、汽车、医疗器械等方面获得了广泛的应用。但是，该种材料也具有一些弱点，例如流体黏度大，流动性差，难以成型，且成型后制件的残余应力大；又如，在应力作用下易产生银纹，特别是处于溶剂环境中，易产生溶剂银纹，这些银纹发展，导致开裂。为此，改善 PC 的熔融流动性及耐环境应力开裂性能具有重要的意义。PC/PA 合金在 PC 系列合金中是耐药品性、特别是耐碱性药品性最优异的一种。PPO、PMMA 等玻璃态聚合物也易产生溶剂银纹，并且发展为裂缝以致环境应力开裂。此外，PE、PP 等半晶态聚合物在某些侵蚀性环境介质中会过早失效，例如，延性的 PE 在某些极性液体（如醇、洗涤剂、各种油类）中，在较低的应力作用下即可发生脆性断裂。至于橡胶的臭氧开裂，则是由于臭氧与处于张力作用下的橡胶大分子主链上的双键作用而引起断裂、开裂，其机理与上述两类聚合物的溶剂银纹机理是不同的。

7.2.3 剪切屈服

剪切屈服是指当韧性聚合物受到的剪切力大于其屈服应力时产生剪切形变，出现剪切滑移变形带的现象。与银纹化相比，剪切形变对聚合物的强度影响较小。

剪切屈服是一种没有明显体积变化的形状扭变，一般又分为扩散剪切屈服和剪切带两种。扩散剪切屈服是指在整个受力区域内发生的大范围剪切形变，剪切带是指只发生在局部带状区域内的剪切形变。

7.2.3.1 剪切带的结构

通常，韧性聚合物单向拉伸至屈服点时，常可看到试样上出现与拉伸方向成大约 45°角的剪切滑移变形带。在剪切带中存在较大的剪切应变，其值在 1.0～2.2 之间，并且有明显的双折射现象，这充分表明其中分子链是高度取向的，但取向方向不是外力方向，也不是剪切力分量最大的方向，而是接近于外力和剪切力合力的方向。剪切带的厚度约为 1μm，每一个剪切带又是由若干个更细小的(0.1μm)不规则微纤所构成的。

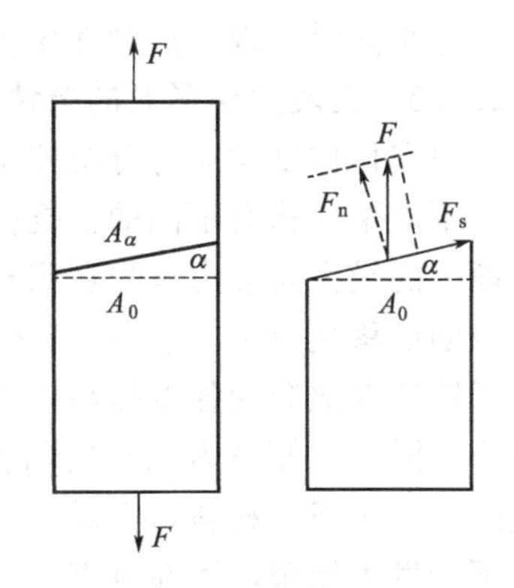

图 7.7 材料受拉伸力后的剪切应力分量

7.2.3.2 应力分析

剪切形变，不仅在外加的剪切力作用下，而且在拉伸力或压缩力的作用下也会发生，原因是由于拉伸力或压缩力可分解出剪切应力分量。下面以单轴拉伸应力分析为例，对试样剪切屈服现象作进一步讨论，如图 7.7 所示。

设试样所受的拉力为$\vec{F}$，$\vec{F}$垂直于横截面积 A_0。斜截面的面积为 $A_\alpha=A_0/\cos\alpha$。作用在斜截面上的拉力 F 可分解为沿平面法线方向的$\vec{F}_n$和沿平面切线方向的$\vec{F}_s$两个分力，这两个分力互相垂直。$\vec{F}_n=\vec{F}\cos\alpha$，$\vec{F}_s=\vec{F}\sin\alpha$。因此，这个斜截面上法应力 $\sigma_{\alpha n}$ 和切应力 $\sigma_{\alpha s}$ 分别为

$$\sigma_{\alpha n}=\frac{\vec{F}_n}{A_\alpha}=\sigma_0\cos^2\alpha \tag{7.4}$$

$$\sigma_{\alpha s}=\frac{\vec{F}_s}{A_\alpha}=\frac{1}{2}\sigma_0\sin2\alpha \tag{7.5}$$

式中，σ_0 为横截面上的应力。从式(7.4)和式(7.5)可以看出，试样受到拉伸力时，试样内部任意截面上的法应力和切应力只与试样的正应力和截面的倾角 α 有关，当拉伸力选定，$\sigma_{\alpha n}$ 和 $\sigma_{\alpha s}$ 只随截面的倾角变化。

当 $\alpha=0°$时，$\sigma_{\alpha n}=\sigma_0$，$\sigma_{\alpha s}=0$；

当 $\alpha=45°$时，$\sigma_{\alpha n}=\frac{1}{2}\sigma_0$，$\sigma_{\alpha s}=\frac{1}{2}\sigma_0$；

当 $\alpha=90°$时，$\sigma_{\alpha n}=0$，$\sigma_{\alpha s}=0$。

以 $\sigma_{\alpha n}$和 $\sigma_{\alpha s}$对 α 作图，可得到如图7.8所示的曲线。

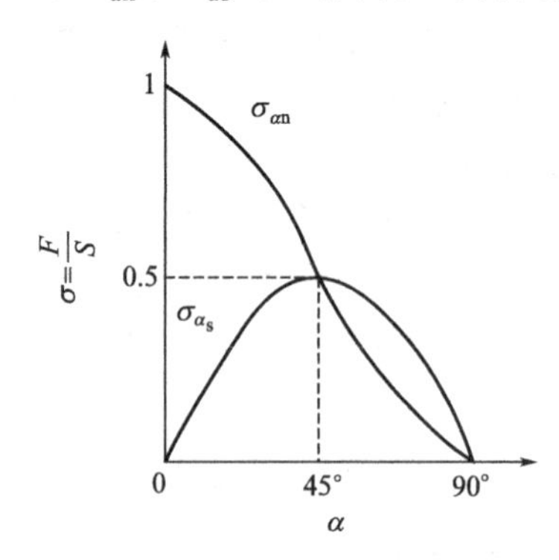

图7.8 拉伸时截面上的切应力 $\sigma_{\alpha s}$和法应力 $\sigma_{\alpha n}$

从图7.8可看出，当 $\alpha=45°$时，切应力达到最大值。这就是说，与正应力成45°的斜截面上剪切应力最大，所以剪切屈服形变主要发生在这个平面上。

对倾角为 $\beta=\alpha+\frac{\pi}{2}$的另一个截面，运用式(7.4)和式(7.5)，同样可以得到图7.8。

$$\sigma_{\beta n}=\sigma_0\cos^2\beta=\sigma_0\sin^2\alpha \tag{7.6}$$

$$\sigma_{\beta s}=\frac{1}{2}\sigma_0\sin 2\beta=-\frac{1}{2}\sigma_0\sin 2\alpha \tag{7.7}$$

由式(7.4)和式(7.6)可得

$$\sigma_{\alpha n}+\sigma_{\beta n}=\sigma_0 \tag{7.8}$$

即两个互相垂直的斜截面上的法向应力之和是一定值，等于正应力。

由式(7.5)和式(7.7)可得：

$$\sigma_{\alpha s}=-\sigma_{\beta s} \tag{7.9}$$

即两个互相垂直的斜截面上的剪切应力的数值相等，方向相反，它们是不能单独存在的，总是同时出现，这种性质称为切应力双生互等定律。

7.2.3.3 引发剪切形变的条件

根据拉伸试样应力分析的结果，就不难理解聚合物拉伸时的种种现象。

不同聚合物有不同的抵抗拉伸应力和剪切应力破坏的能力。一般，韧性材料拉伸时，斜截面上的最大切应力首先达到材料的剪切强度，因此试样上首先出现与拉伸方向成约45°角的剪切滑移变形带(或互相交叉的剪切带)，相当于材料屈服。进一步拉伸时，变形带中由于分子链高度取向使强度提高，暂时不再发生进一步变形，而变形带的边缘则进一步发生剪切变形。同时，倾角为135°的斜截面上也要发生剪切滑移变形。因而，试样逐渐生成对称的细颈。对于脆性材料，在最大切应力达到抗剪强度之前，正应力已超过材料的拉伸强度，试样不会发生屈服，而在垂直于拉伸方向上断裂。

专栏7.5 银纹屈服和剪切屈服的关系

银纹和剪切带：均有分子链取向，吸收能量，呈现屈服现象。

一般情况下，材料既有银纹屈服又有剪切屈服。剪切形变和银纹化在塑性形变中的比例取决于聚合物的结构和实验条件。

性质	剪切屈服	银纹屈服
形变量	形变大(百分之几十至百分之几百)	形变小(<10%)
分子间内聚能	基本不变	发生变化
物体密度	基本不变	减小
应力应变曲线特征	有明显的屈服点	无明显的屈服点
体积	体积不变	体积增加
作用力	剪切力	张应力
变形方式	冷拉	裂缝

银纹化是聚合物材料特有的塑性形变方式，它意味着在没有出现屈服点的聚合物中并非没有发生塑性形变。

7.3 聚合物的断裂

聚合物材料在各种使用条件下所能表现出的强度和对抗破坏的能力是其力学性能的重要方面。目前，人们对聚合物强度的要求越来越高，因此研究其断裂类型、断裂形态、断裂机理和影响因素，显得十分重要。

研究聚合物的断裂的目的是为了进行安全设计、材料强度评价和事故分析等等，为聚合物材料设计和使用提供理论依据。

7.3.1 聚合物的理论强度与实际强度

聚合物的理论强度是根据构成聚合物中分子链的化学键强度和分子链之间相互作用力大小估算出的强度值。

从微观角度来分析，聚合物断裂时其内部结构可能有以下三种情况：化学键断裂、分子间滑脱和大分子链互相拉开，见图 7.9。

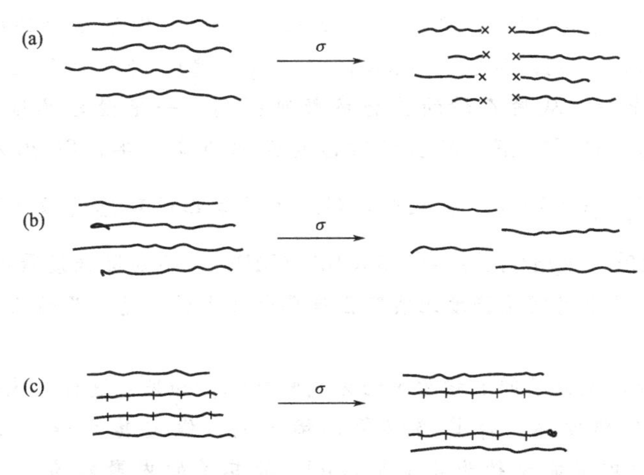

图 7.9 聚合物断裂微观过程的三种模型示意图

(a) 化学键断裂；(b) 分子间滑脱；(c) 大分子链互相拉开

假若聚合物链的排列方向平行于受力方向，断裂时可能是化学键的断裂或分子间的滑脱；假若高分子链的排列方向垂直于受力方向，则断裂时可能是范德华力或氢键的破坏。聚合物材料的断裂不可能单独按照上述某一种方式进行，三种断裂方式都有可能存在，比例取决于聚合物的化学性质、温度、分子量等。当然还要考虑其他一些条件。例如外力作用速率较快或在接近于脆化温度拉伸，通常材料容易发生脆性断裂，此时材料的强度主要取决于大分子主价键断裂的难易程度。但是同样的聚合物处于接近 T_g 或 T_m 条件下拉伸或慢速拉伸时，则多出现韧性断裂，断裂前产生较大的形变，此时除大分子主价键发生断裂外，还可能会有分子间的滑脱或范德华力、氢键等的破坏。

根据上述断裂模型，聚合物的理论强度达 1×10^4MPa 以上（见专栏 7.6），而聚合物的实际强度只有 10～100MPa，与理论强度相比有巨大的差距。可见提高聚合物实际强度的潜力是很大的，为此首先要了解造成实际强度与理论强度之间巨大差距的原因是什么。

研究表明，影响聚合物实际强度的因素是多方面的。主要有：①由于材料内部存在各种缺陷，缺陷造成的应力集中使局部区域的应力远高于平均应力。②因为破坏总是先发生在某些薄弱环节，不可能是那么多的化学键或分子间作用力同时破坏。③聚合物材料的凝聚态结构不可能像理论计算时的那么规整。

在以上原因中，应力集中的影响是最重要的。引起应力集中的缺陷有几何结构的不连续性，如孔、空洞、缺口、沟槽、裂纹；材质的不连续，如杂质的颗粒、共混物相容性差造成的第二组分颗粒过大；载荷的不连续；不连续的温度分布产生的热应力等。许多缺陷可能是材料中固有的，也可能是产品设计或加工时造成的，例如开设的孔洞及缺口、不成弧形的拐角、不适当的注塑件浇口位置、加工温度太低以致物料结合不良、注塑中两股熔流相遇等。当材料中存在上述缺陷时，其局部区域中的应力要比平均应力大得多，该处的应力首先达到材料的断裂强度值，材料的破坏便在那里开始。为此，注意克服不适当的产品设计和加工条件，对提高材料的强度是非常必要的。

专栏 7.6 聚乙烯理论强度的估算

理论强度的计算：分子和原子间的最大内聚力和单位面积的键数，内聚力包括键能和分子间的作用力。

下面以聚乙烯为例，先计算键的强度，取聚乙烯 C—C 的键能 E 为 3.35×10^2kJ/mol，或 5×10^{-12}erg/键（1erg$=10^{-7}$J），d 取 0.15nm，则聚乙烯每根共价键的强度为：$f=E/d=5\times10^{-12}/1.5\times10^{-8}=3\times10^{-4}$（dyn/键）。单位面积上键的数目可由聚乙烯的晶胞参数求得，从聚乙烯的晶胞参数可得到，一根聚合物链周围的面积为：$7.3\times4.93\text{Å}^2\approx40\times10^{-16}\,\text{cm}^2$。而实际所占的面积为其一半，即 $20\times10^{-16}\,\text{cm}^2$，则 1cm^2 内可有$\dfrac{1}{20\times10^{-16}}=5\times10^{14}$根聚合物链。因此聚乙烯理想的拉伸强度为 $3\times10^{-4}\times5\times10^{14}=15\times10^{10}$（dyn/cm^2）$=1.5\times10^4$（MPa）。而实际强度最高也只有 $3\times10^2\sim6\times10^2$MPa，可见上述理论强度比实际强度要大几十倍，这说明聚乙烯断裂时不会按照上述方式断裂。

然而，会不会以大分子间互相滑脱的方式断裂呢？如果是这样，就必须使分子间的氢键或范德华力全部破坏。计算仍以聚乙烯为例，假定其主链长度为 100nm，每 0.5nm 链段的摩尔内聚能大约为 4.19kJ/mol，故其总的内聚能为 8.37×10^2kJ/mol，而 C—C 共价键的键能是 3.35×10^2kJ/mol，可见链长为 100nm 的聚乙烯总的内聚能要比其共价键的键能大好几倍，所以断裂完全是由于分子间的滑脱更是不可能的。

第三种断裂情况是在垂直的主链方向上，大分子链被互相拉开，断裂时是部分氢键或范德华力被破坏。氢键的离解能为 21kJ/mol，作用范围为 0.28nm，即超过 0.28nm，氢键就要遭到破坏，因此可根据 $f=E/d$ 计算出破坏一根氢键所需的力约为 10^{-10}N，从而可计算出拉伸强度约为 500MPa。范德华键的离解能为 8.37×10^2kJ/mol，作用范围为 0.4nm，同样可计算破坏一根范德华键所需的力约为 3×10^{-11}N，拉伸强度为 150MPa。这个数值虽然较接近与实测的高度取向纤维的断裂强度的数量级，但这种断裂情况的假设是大分子垂直于受力方向排列，而对结构的研究表明，高度取向纤维的大多数分子是沿受力方向排列的，所以高聚物材料的断裂完全是按大分子彼此被拉开的方式也不可能。

上述分析说明，聚合物材料的断裂不可能单独按照上述某一种方式进行，但上述断裂方式都可能存在。设想断裂的情况是：先开始于未取向部分的氢键或范德华力的破坏，然后应力集中到取向的主链上，由于直接承受外力的取向主链数目少，导致主链被拉断，最终引起材料的破坏。

7.3.2 聚合物的宏观断裂形式

聚合物的宏观断裂方式与材料的类型、条件和应力有关。破坏过程大致可分为脆性断裂和韧性(延性)破坏。

脆性断裂是在应力作用下，材料的某一区域发生断裂而没有事先发生塑性形变或尺寸变化很小，即受外力作用时没出现屈服就断裂的情况。从试样破坏后的断面来看，断面垂直于应力方向，很少发生任何流动过程。韧性破坏是指出现屈服点后才断裂，断面倾斜不整齐，延伸率大于20%。当然韧性材料的韧性破坏又有很大差别。

从实用观点来看，聚合物材料的巨大优点之一是它们的内在韧性，即这种材料在断裂前能吸收大量的能量。但是，材料内在的韧性不是总能表现出来的。由于加载方式改变，或者温度、应变速率、制件形状和尺寸的改变都会使聚合物材料的韧性变坏，甚至以脆性形式断裂。而材料的脆性断裂，在工程上是必须尽力避免的。

从应力-应变曲线出发，脆性断裂在本质上总是与材料的弹性响应相关联。断裂前试样的形变是均匀的，致使试样断裂的裂缝迅速贯穿垂直于应力方向的平面。断裂试样不显示有明显的推迟形变，断裂面光滑，相应的应力-应变关系是线性的或者微微有些非线性，断裂应变值低于5%，且所需的能量也不大。而所谓韧性破坏，通常有大得多的形变，这个形变在沿着试样长度方向上可以是不均匀的，如果发生断裂，试样断面粗糙，常常显示有外延的形变，其应力-应变关系是非线性的，消耗的断裂能很大。在这些特征中，断裂面形状和断裂能是区别脆性和韧性断裂最主要的指标。

一般脆性断裂是由所加应力的张应力分量引起的，韧性断裂是由切应力分量所引起的。因为脆性断裂面垂直于拉伸应力方向，而切变线通常在以韧性形式屈服的聚合物中被观察到。

所加的应力体系和试样的几何形状将决定试样中张应力分量和切应力分量的相对值，从而影响材料的断裂形式。例如，流体静压力通常可使断裂由脆性变为韧性，尖锐的缺口在改变断裂方式由韧变脆方面有特别的效果。

对于聚合物材料，脆性和韧性还极大地依赖于实验条件，主要是温度和测试速率(应变速率)。在恒定应变速率下的应力-应变曲线随温度而变化，断裂可由低温的脆性形变变为高温的韧性形变。应变速率的影响与温度正好相反。

材料的脆性断裂和塑性屈服是两个各自独立的过程。实验表明，在一定应变速率(ε)下，断裂应力(σ_b)和屈服应力σ_y与温度T的关系如图7.10(a)所示。显然，两条曲线的交点就是脆、韧转变点。同样，在一定温度下，σ_b-ε关系和σ_y-ε关系见图7.10(b)。由图7.10可见。断裂应力受温度和应变速率影响不大，而屈服应力受温度和应变速率影响很大。即屈服应力随温度增加而降低，随应变速率增加而增加。因此，脆韧转变将随应变速率增加而移向高温，即在低应变速率时韧性的材料，高应变速率时将会发生脆性断裂。此外，材料中的缺口可以使聚合物的断裂从韧性变为脆性。

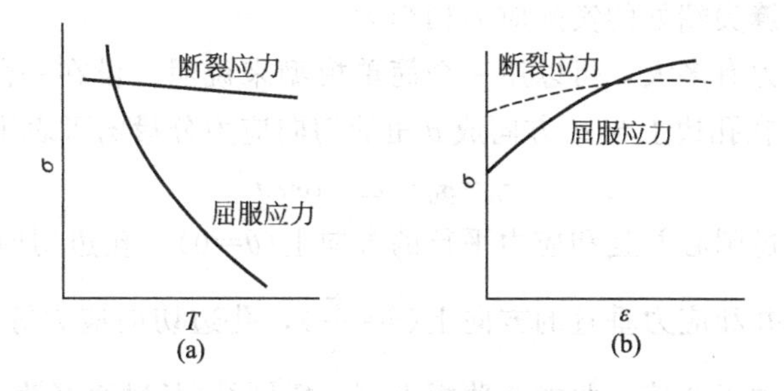

图7.10 聚合物材料σ_b-T、σ_y-T曲线(a)及σ_b-ε、σ_y-ε曲线(b)

专栏 7.7 两类宏观断裂形式的关系

两类宏观断裂形式：
- 脆性断裂；
- 韧性断裂。

宏观断裂形式取决于
- 高聚物本身性质；
- 实验条件（T，$\frac{d\varepsilon}{dt}$，试样形状，应力体系等）。

类型	脆性断裂	韧性断裂
定义	在外力作用下，材料未出现屈服点就断裂的情况	在外力作用下，材料在出现屈服点之后才断裂的情况
特点	ε_b<5%（较小）；断裂能较小；断裂面大多垂直于外力方向，很少有流动发生；一般由张应力分量引起	ε_b>20%（较大）；断裂能较大；断裂面倾斜不整齐，有流动发生；一般由切应力分量引起

两类宏观断裂形式的转化：

$$\text{脆性断裂} \underset{T\downarrow,\ \frac{d\varepsilon}{dt}\uparrow,\ \text{有尖锐缺口}}{\overset{T\uparrow,\ \frac{d\varepsilon}{dt}\downarrow,\ \text{有流体静压力}}{\rightleftharpoons}} \text{韧性断裂}$$

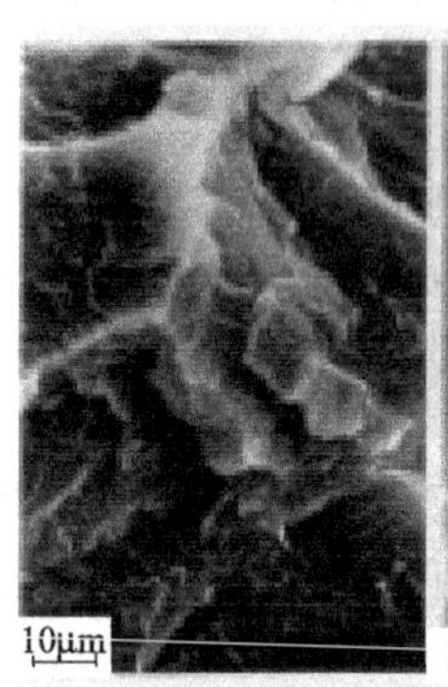

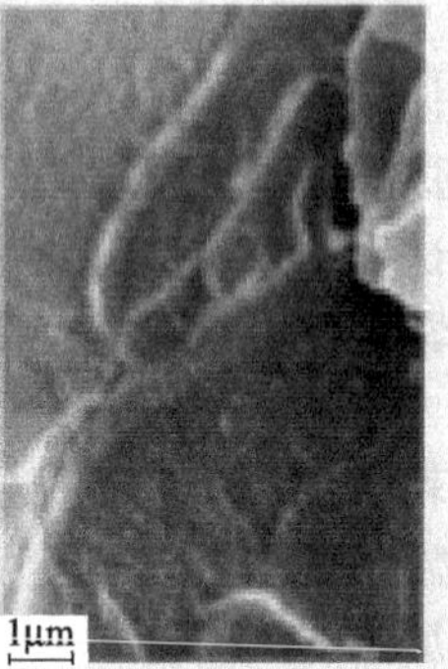

PS试样脆性断裂面的电镜照片

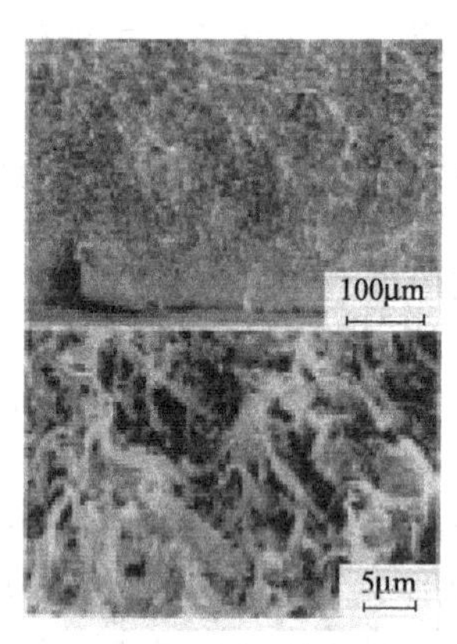

增韧改性PVC韧性断裂面的SEM照片

7.3.3 脆性断裂理论

7.3.3.1 裂缝的应力集中效应

有裂缝的材料极易开裂，而且裂缝端部的锐度对裂缝的扩展有很大影响。例如，塑料雨衣，已有裂口，稍微不小心，就会蔓延而被撕开；如若在裂口根部剪成一圆孔，它就较难扩展。这表明，尖锐裂缝尖端处的实际应力相当大。

裂缝尖端处的应力有多大，可以用一个简单模型来说明。设在一薄板上刻画出一圆孔，施以平均张应力 σ_0，在孔边上与 σ_0 方向成 θ 角的切向应力分量 σ_t 可表示为

$$\sigma_t = \sigma_0 - 2\sigma_0\cos 2\theta \tag{7.10}$$

式(7.10)指出，在通过圆心并且和应力平行的方向上($\theta=0$)，孔边切向应力等于 $-\sigma_0$，是压缩性的；在通过圆心并和应力垂直的方向上($\theta=\frac{\pi}{2}$)，孔边切向应力等于 $3\sigma_0$，为拉伸性的。可见，圆孔使应力集中了3倍。假如在薄板上刻一椭圆孔(长轴直径为 $2a$，短轴直径为 $2b$)，该薄板为无限大的 Hooke 弹性体。在垂直于长轴方向上施以均匀张应力 σ_0，经计算可知，

该圆孔长轴的两端点应力 σ_t 最大为

$$\sigma_t=\sigma_0(1+\frac{2a}{b}) \tag{7.11}$$

由式(7.11)可知，椭圆的长短轴之比 a/b 越大，应力越集中。图 7.11 为圆孔和椭圆孔在垂直于外加张力界面上的应力分布情况。当 $a\gg b$ 时，它的外形就近似于一道狭窄的裂缝。这种情况下，裂缝尖端处的最大张应力 σ_m 可表示为

$$\sigma_m=\sigma_0(1+2\sqrt{\frac{a}{r}})\approx 2\sigma_0\sqrt{\frac{a}{r}} \tag{7.12}$$

式中，a 为裂缝长度的一半；r 为裂缝尖端的曲率半径。

式(7.12)说明，应力集中随平均应力的增大和裂纹尖端处半径的减小而增大。这样，当应力集中到一定程度时，就会达到和超过材料的最大内聚力而使材料被破坏。

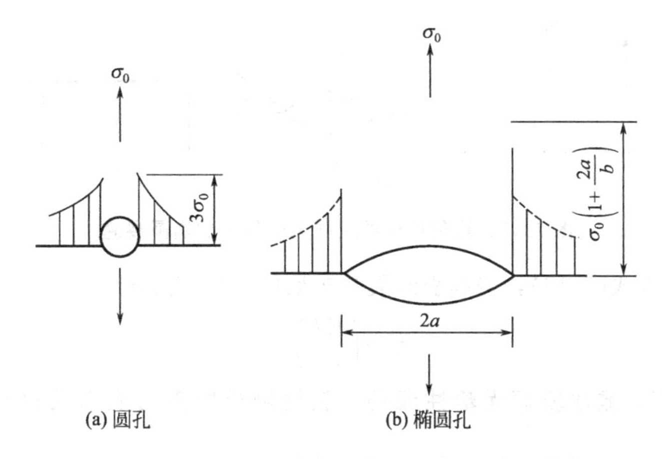

图 7.11 薄板上的圆孔和椭圆孔周边的应力分布

裂缝对降低材料的强度起着重要作用，而尖端裂缝尤为致命。如若能消除裂缝或钝化裂缝的锐度，则材料强度可相应提高。实践证明了这一点，例如，用氢氟酸处理粗玻璃纤维，其强度有显著提高。

从裂缝存在的概率来看，它与试样的几何尺寸有关。例如，细试样中危害大的裂缝存在的概率比粗试样中小，因而纤维强度随其直径的减少而增高。同样，大试样中出现裂缝的概率比小试样大得多，因而试样的平均强度随其长度的降低而提高。这就是测定材料强度时要求试样有一定规格的原因。

7.3.3.2 Griffith 线弹性断裂理论

当裂缝尖端变成无限地尖锐，即 $r\rightarrow 0$ 时，材料的强度就小到可以忽略的程度。一个具有尖锐裂缝的材料，是否具有有限的强度，必须进一步弄清楚发生断裂的必要条件和充分条件。

Griffith 从能量平衡的观点研究了断裂过程，认为：①断裂要产生新的表面，需要一定的表面能，断裂产生新的表面所需要的表面能是由材料内部弹性储能的减少来补偿的；②弹性储能在材料中的分布是不均匀的。裂缝附近集中了大量弹性储能，有裂缝的地方要比其他地方有更多的弹性储能来供给产生新表面所需要的表面能，致使材料在裂缝处先行断裂。因此，裂缝失去稳定性的条件可表示为

$$-\frac{\partial U}{\partial A}\geqslant J \tag{7.13}$$

式中，U 为材料中的弹性储能；A 为裂缝面积；$-\frac{\partial U}{\partial A}$为每扩展单位面积裂缝时，裂缝端点附近所释放出来的弹性能，称为能量释放率，是驱动裂缝扩展的原动力，以 ξ 标记，该值与应力的类型及大小、裂缝尺寸、试样的几何形状等有关；J 为产生每单位面积裂缝的表面功，反映材料抵抗裂缝扩展的一种性质。它不同于冲击强度，也不同于应力-应变曲线覆盖面积所表征的“韧性”概念。

Griffith 最初针对无机玻璃、陶瓷等脆性材料确定裂缝扩展力为

$$\xi=-\frac{\mathrm{d}U}{\mathrm{d}A}=\frac{\pi\sigma^2 a}{E} \tag{7.14}$$

式中，a 为无限大薄板上裂缝长度的一半；σ 为张应力，见图 7.12；E 为材料的弹性模量。

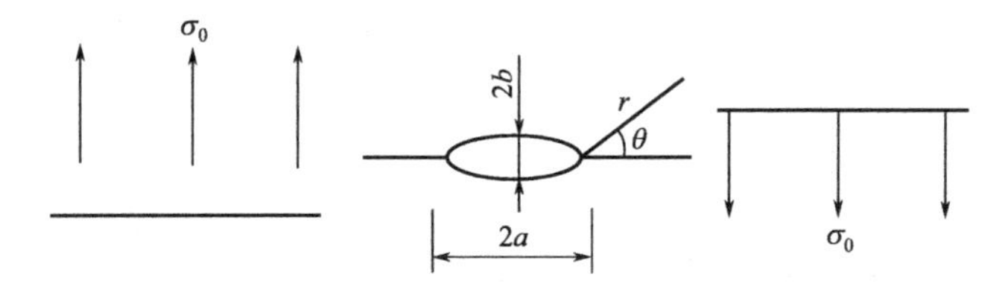

图 7.12　均匀拉伸的无限大薄板上的椭圆裂缝

将式(7.14)代入式(7.13)，得到引起裂缝扩展的临界应力 σ_c

$$\sigma_c=\left(\frac{EJ}{\pi a}\right)^{1/2} \tag{7.15}$$

Griffith 又假定，脆性玻璃无塑性流动，裂缝增长所需的表面功仅与表面能 γ_s 有关。因此

$$J=2\gamma_s \tag{7.16}$$

则式(7.15)变为

$$\sigma_c=\left(\frac{2\gamma_s E}{\pi a}\right)^{1/2} \tag{7.17}$$

式(7.17)即为著名的脆性固体断裂的 Griffith 能量判据方程。式(7.17)中并未出现尖端半径，即它适用于尖端无曲率半径的“线裂缝”的情况。该式表明，σ_c 正比于 $\sqrt{\gamma_s}$ 和 $\sqrt{E}$，而反比于$\sqrt{a}$。它指出，对于长度为 $2a$ 的某裂缝，只要外应力 $\sigma\leqslant\sigma_c$，裂缝能稳定，材料有安全的保证。

将式(7.17)改写为

$$\sigma_c(\pi a)^{1/2}=\sqrt{2\gamma_s E} \tag{7.18}$$

即对于任何给定的材料，$\sigma(\pi a)^{1/2}$ 应当超过某个临界值才会发生断裂，$\sigma(\pi a)^{1/2}$ 叫做应力强度因子，记为 K_{I}(下标 I 表示张开性裂纹)

$$K_{\mathrm{I}}=\sigma(\pi a)^{1/2} \tag{7.19}$$

由式(7.19)可知，材料的断裂与外应力和裂纹长度的平方根的乘积有关。而材料断裂时的临界应力强度因子记作 K_{Ic}

$$K_{\mathrm{Ic}}=\sigma_c(\pi a)^{1/2} \tag{7.20}$$

K_{Ic}是材料抵抗脆性破坏能力的一个韧性指标，在一定实验条件下是材料常数。而 K_{I} 不是材料常数。

Griffith 方程的正确性已广泛地为脆性聚合物的实验所证明。

例题 7.1 临界应力强度因子的应用

一块 PMMA 试样的中央开有一个直径 2.0cm 的圆孔，其 K_{Ic} 为 $0.80\text{MPa}\cdot\text{m}^{1/2}$，问裂缝扩展的临界应力为多少？

解答：

由式(7.20)

$$K_{Ic}=\sigma_c(\pi a)^{1/2}$$

可得裂缝扩展的临界应力为

$$\sigma_c=\frac{K_{Ic}}{(\pi a)^{1/2}}$$

其中，临界应力强度因子 $K_{Ic}=0.80\text{MPa}\cdot\text{m}^{1/2}$，圆孔半径 $a=1.0\text{cm}=0.01\text{m}$，所以

$$\sigma_c=\frac{0.80}{(3.14\times0.01)^{1/2}}=4.5(\text{MPa})$$

7.3.3.3 断裂的分子理论

Griffith 理论本质上是一个热力学理论，它只考虑了为断裂形成新表面所需要的能量与材料内部弹性储能之间的关系，没有考虑聚合物材料断裂的时间因素，这是该理论的不足之处。断裂分子理论考虑了结构因素，认为材料的断裂也是一个松弛过程，宏观断裂是微观化学键断裂的热活化过程，即当原子热运动的无规热涨落能量超过束缚原子间的势垒时，会使化学键离解，从而发生断裂。

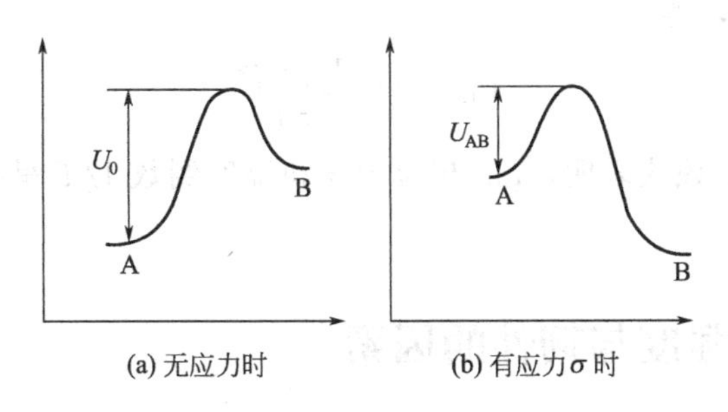

图 7.13 化学键的势垒

A—未断裂键的势能状态；B—已断裂键的势能状态

若以状态 A 和状态 B 分别表示未断键和已断键，如图 7.13 所示。由于无规热涨落引起热能或动能随时间而变化，当它超过势垒时，发生 A→B 或 B→A 的转变，转变时的频率 ν 为

$$\nu=\nu_0\exp\left(-\frac{U}{kT}\right) \tag{7.21}$$

式中，ν_0 为原子热振动的频率，其值为 $10^{12}\sim10^{13}\text{s}^{-1}$；$U$ 为势垒，即活化能；k 为玻尔兹曼常数；T 为热力学温度。

在无应力状态下，如图 7.13(a)所示，由于断裂状态 B 的势能高于未断裂状态 A，B→A 的概率大于 A→B 的概率，故实际上不发生 A→B 转变，即不发生键的断裂。但是，在应力状态下，即试样受到外力作用时，A 状态的势能将提高，并大于 B 状态，如图 7.13(b)所

示，使 A→B 的势垒(活化能)降低。于是，A→B 的概率显著增加，B→A 的概率则显著减少，过程由 A→B，即发生键的断裂。在这种情况下，键断裂的净频率 ν^* 可近似表示为

$$\nu^* = \nu_0 \exp\left(-\frac{U_{AB}}{kT}\right) \tag{7.22}$$

式中，U_{AB}为应变下 A→B 的势垒。

U_{AB}与外应力有如下关系

$$U_{AB} = U_0 - \beta\sigma \tag{7.23}$$

式中，U_0为未应变时 U_{AB}的值；β 为常数，具有体积因次，称为活化体积，它与聚合物的分子结构和分子间力有关，其值大致与原子键离解的活化体积相当。

将式(7.23)代入式(7.22)，得

$$\nu^* = \nu_0 \exp\left(-\frac{U_0 - \beta\sigma}{kT}\right) \tag{7.24}$$

为了衡量材料的强度，规定必须有一定数目的键(N)断裂，以致剩余的完整键失去承载的能力。这样，得到材料由承载至断裂所需的时间，即材料的承载寿命(τ_f)为

$$\tau_f = \frac{N}{\nu^*} = \frac{N}{\nu_0} \exp\left(\frac{U_0 - \beta\sigma}{kT}\right) \tag{7.25}$$

由式(7.25)看出，材料所受的应力与温度对材料的承载寿命有着重要影响。从($U_0 - \beta\sigma$)项可看出，应力的作用在于降低了键的离解能，促进了热涨落的离解效应。温度的作用体现在 kT 项，该项为体系的热能。比值($U_0 - \beta\sigma$)/kT 的大小表示热涨落引起键离解的难易程度。

将式(7.25)取对数，得

$$\ln\tau_f = C + \frac{U_0 - \beta\sigma}{kT} \tag{7.26}$$

式中，$C = \ln N/\nu_0$。该式表明，$\ln\tau_f$与应力 σ 和温度倒数 $1/T$ 呈线性关系。其正确性已为实验所证实。

7.4　影响聚合物强度与韧性的因素

聚合物的强度和韧性不仅受结构因素的影响，而且外界条件对它也有很大的影响，下面详细讨论影响聚合物强度的内因和外因。

7.4.1　聚合物的链结构

7.4.1.1　分子间作用力

由于聚合物材料的强度上限取决于主链化学键力和分子链间的作用力，在一般情况下，增加聚合物的极性或形成氢键可以使其强度提高，它们对聚合物材料的影响见表 7.3。例如，高密度聚乙烯的拉伸强度只有 21.6～38.2MPa；聚氯乙烯因有极性基团，拉伸强度为 50～60MPa；尼龙 610 有氢键，拉伸强度为 58.8MPa。在某些例子中，极性基团或氢键的密度越大，则强度越高。如尼龙 66 的拉伸强度比尼龙 610 还大，达 83MPa。值得注意的是如果极性基团过密或取代基团过大，不利于分子运动，材料的拉伸强度虽然提高，但冲击强度下降，呈现脆性。

表 7.3 氢键和聚合物的极性对聚合物强度的影响

聚合物	拉伸强度/MPa	结构特征
高密度聚乙烯	21.6～38.2	无氢键，无极性
聚丙烯	约 30	无氢键，无极性
聚氯乙烯	50～60	有极性基团
尼龙 610	58.8	有氢键(密度低)
尼龙 66	83	有氢键(密度高)

7.4.1.2 刚柔性

主链含有芳杂环的聚合物，其主链的刚性大，强度和模量都比脂肪族的高。芳杂环的引入对聚合物材料的影响见表 7.4。因此，新颖的工程塑料大都是主链含芳杂环的。例如，芳香尼龙的强度和模量比普通尼龙的高，聚苯醚的比脂肪族聚醚的高，双酚 A 聚碳酸酯的比脂肪族聚碳酸酯的高。侧基为芳杂环时，强度和模量也较高，但韧性一般较差。例如，聚苯乙烯的强度和模量比聚乙烯高，但呈脆性。

表 7.4 引入芳杂环对材料强度的影响

聚合物	拉伸强度/MPa	结构特征
尼龙 66	80	无芳杂环
尼龙 6	75	无芳杂环
芳香尼龙	80～120	有芳杂环
低密度聚乙烯	10	无芳杂环
高密度聚乙烯	30	无芳杂环
聚苯乙烯	50	有芳杂环侧基

某些有明显次级松弛的聚合物，T_β很低，$T_\beta \sim T_g$范围可较宽。此聚合物具有比较高的韧性。

许多研究者发现，在比玻璃化温度低的温度下出现的次级转变现象和冲击强度之间有密切关系。例如，β转变内消耗峰的大小和冲击强度相对应，即某些具有低温β松弛的刚性链聚合物，在$T_\beta \sim T_g$之间表现出高度韧性。

从大量的实验结果可得出许多有使用价值的结论。①在低温出现内消耗峰的材料，室温下有较高的冲击强度，如聚乙烯、聚碳酸酯、聚四氟乙烯、聚酰胺等聚合物就是这样的例子。②在 100～300K 之间不出现内消耗峰的材料在室温下冲击强度低，如聚苯乙烯、聚甲基丙烯酸甲酯等。③若在低温下出现的内消耗峰是由于侧基的松弛运动引起的，这种材料在室温下冲击强度不高，如聚甲基丙烯酸甲酯就是其中一个例子。

7.4.1.3 支化

分子链支化程度增加，分子之间距离增加，作用力减小，拉伸强度降低，但冲击强度可能提高。例如，低密度聚乙烯由于支化度高，故其拉伸强度比高密度聚乙烯低，当然，后者的结晶度高也是一个重要原因，但低密度聚乙烯的冲击强度比高密度聚乙烯高。支化度对聚乙烯材料强度的影响见表 7.5。

表 7.5 支化度对聚乙烯材料强度的影响

聚合物	机械强度/MPa	伸长率/%	支化度
高压聚乙烯	17	300	大
中压聚乙烯	26	250	中
低压聚乙烯	33	60	小

7.4.1.4　交联

交联对分子量高且坚硬的聚合物材料的强度几乎没有什么影响，这是由于分子的缠结和相互穿透与交联一样可以有效地提高强度。

对于分子量低的聚合物来说，适度的交联可以有效地增加分子链间的联系，使分子链不易发生相对滑移。随着交联度的增加，往往不易发生大的形变，同时材料强度增高。例如，对许多热固性树脂，如果不进行交联，由于分子量低，它们几乎没有什么强度。

对于一般分子量的聚合物材料，适度交联后，拉伸和冲击强度均可提高。例如，聚乙烯交联后，拉伸强度可提高1倍，冲击强度可提高3～4倍，在−40℃时，甚至提高18倍之多。但是交联过程中，往往会使聚合物结晶度下降或结晶倾向减小，因而，过分的交联反而使强度下降。

绝大多数橡胶使用时都要经过交联，交联对橡胶的力学性能有显著影响。交联度增大时，聚合物的模量增大，但断裂伸长率减小。拉伸强度在低交联度时，有一个明显的极大值，然后随交联度的增加而急剧下降，见图7.14，这是由于交联度增大时交联间隔的不均匀性造成的。交联间隔的不均匀性会使大部分应力加在少数网链上，这些受高应力作用的网链首先断裂，这些分子链上所承受的载荷就分散到其他分子链上，于是引起其他分子链的断裂或相互滑动。

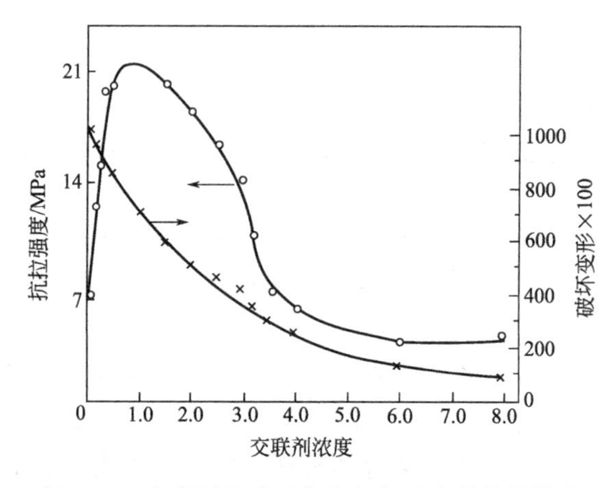

图7.14　交联剂浓度对橡胶应力-应变特性的影响

7.4.1.5　分子量

一般来说，聚合物材料的强度随分子量的增大而增加，这是由于分子量增大到20000以上时，聚合物就会发生缠结，缠结点越多，拉伸强度越大。但当分子量超过一定的数值以后，拉伸强度变化不大(如图7.15所示)，而冲击强度继续增大，如超高分子量聚乙烯($M=5\times10^5\sim4\times10^6$)的冲击强度比普通的低压聚乙烯提高3倍多，在−40°C时甚至可提高18倍之多。

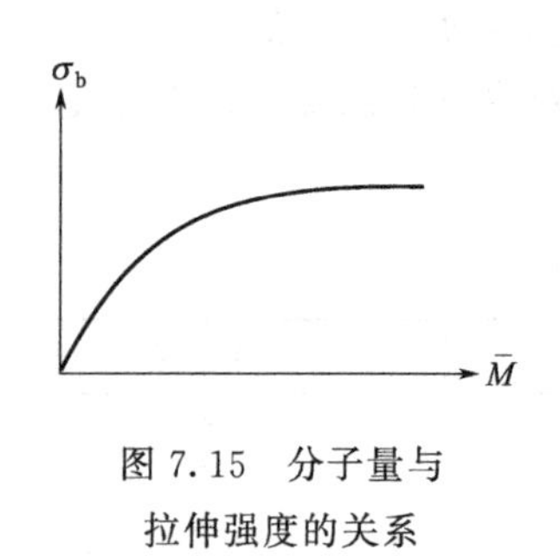

图7.15　分子量与拉伸强度的关系

分子量对聚合物脆性断裂强度的影响可用式(7.27)表示

$$\sigma_b = A - B/\overline{M}_n \tag{7.27}$$

式中，A、B为常数，A可看作$\overline{M}_n\rightarrow\infty$时的$\sigma_b$。

在某一$\overline{M}_n$以下，σ_b随$\overline{M}_n$减小而急剧下降；在该$\overline{M}_n$以

上，σ_b随$\overline{M}_n$增加而逐渐增大，最后趋于恒定。将σ_b-$\overline{M}_n$曲线中σ_b外推至零，可得$\overline{M}_0$值。该值与聚合物流体中开始出现稳定缠结分子量的$\overline{M}_e$值有关。PS、PMMA、PC等的σ_b-$\overline{M}_n$关系基本上服从此规律。分子量提高到一定程度后，对断裂强度的改善就不明显了，但是冲击强度则继续增加。

分子量对结晶聚合物的应力-应变特性的影响和非结晶聚合物的情况类似，但不像非结晶聚合物那样明显，这是因为微结晶类似于分子链缠结所起的作用。又因为在分子量增高的同时结晶度一般下降，所以，结晶聚合物的各种力学性质和分子量的关系更加复杂。低分子量的结晶聚合物材料脆，强度也低，这是由于球晶之间连接分子相对减少而造成的。结晶形态的类型和球晶结构的大小也可能随分子量的大小而变化，因此，结晶聚合物的特性受分子量和随分子量变化的结晶两个因素的影响。

7.4.2 结晶与取向

7.4.2.1 结晶度与结晶状态

晶态聚合物中的微晶与物理交联相似。结晶度增加，拉伸强度、弯曲强度和弹性模量均有提高。例如，等规聚丙烯中的无规结构含量增加，其结晶度下降，拉伸和弯曲强度也随之下降。然而如果结晶度太高，一般韧性会有所下降，材料将发脆。

结晶聚合物除结晶度对聚合物的强度有影响之外，晶型、结晶的大小也有影响。例如微晶有利于提高聚合物的冲击强度，而大的球晶会使冲击强度降低，所以，成型加工温度和后处理的条件对结晶聚合物的强度有直接关系。球晶的结构对强度的影响更大，它的大小对聚合物的力学性能以及物理、光学性能起着重要作用。大球晶使试样的强度和韧性都降低。而球晶是聚合物流体结晶的主要形式。所以，成型加工的温度、成核剂的加入以及后处理条件等，对结晶聚合物的力学性能有很大的影响。

由伸直链组成的纤维状晶体，其拉伸性能较折叠晶体优越得多。因此，可以以较刚硬的链或采用冷冻纺织新工艺制成高强度的合成纤维。

7.4.2.2 取向状态

取向状态对应力-应变曲线图的影响见表7.6。

表7.6 取向聚合物的拉伸情况

聚合物	取向晶态聚合物	取向非晶聚合物
拉伸//取向时	ε_b很小，不出现缩颈	取向度较高者可能不出现屈服伸长，σ_b较大
拉伸⊥取向时	可出现缩颈者与未取向时相似，最后使取向单元沿拉伸方向取向	分子链可再取向者，ε_b、σ_b较大
	不出现缩颈者呈脆性，ε_b、σ_b较小	不能发生强迫高弹形变者呈脆性，ε_b、σ_b较小

取向可以使材料的强度提高几倍甚至几十倍，这在合成纤维工业中是提高纤维强度的一个必不可少的措施。因为单轴取向后，聚合物链顺着外力方向平行排列。故沿取向方向断裂时破坏主价键的比例大大增加，而主价键的强度比范德华力的强度高50倍左右。对于薄膜和板材，也可以利用取向来改善其性能。这是因为双轴取向后在长、宽两个方向上强度和模量都有提高，同时还可以阻碍裂缝向纵深发展，冲击强度明显提高。表7.7列出了几种高度取向的聚合物纤维的模量、强度和比模量、比强度，并与其他材料进行对比，充分显示了这些聚合物材料质轻、刚度高、强度大的特点。

表7.7 各种高度取向聚合物纤维的力学性能

材料	相对密度	拉伸模量/GPa	比模量/GPa	拉伸强度/GPa	比强度/GPa
高倍率拉伸聚乙烯	0.966	68	71	>0.3	>0.3
高模量挤出聚乙烯	0.97	67	69	0.48	0.49
聚双乙炔单晶纤维	1.31	61	50	1.7	1.3
聚芳酰胺	1.45	128	88	2.6	1.8
玻璃纤维	2.5	69～138	28～55	0.4～1.7	0.15～0.7
碳钢	7.9	210	27	0.5	0.07
碳纤维	2.0	200～420	100～210	2～3	1.0～1.5

注：比模量和比强度是模量和强度与相对密度的比值。

7.4.3 增强填料与助剂

高分子材料的强度和模量远低于金属和陶瓷，在作为结构材料使用时需要增强，最常用的方法是加入增强填料。另外，聚合物在使用时，常常要加入各种各样的添加剂，如增塑剂、填料、抗氧剂、稳定剂、润滑剂、阻燃剂、抗静电剂、防雾剂、抗菌剂、荧光增白剂、着色剂等等，这些添加剂赋予聚合物制品特定的性能，同时对聚合物的强度和韧性也有不可忽略的影响。

7.4.3.1 增塑剂

增塑剂的加入，对聚合物来说起了稀释作用，减小了分子间作用力，使玻璃化温度下降，结晶度也稍有降低，因而拉伸强度、屈服应力和模量都趋于降低，降低的程度与增塑剂的加入量有关，但可使冲击强度和断裂伸长率增大，即改善了聚合物的韧性。

7.4.3.2 粉状填料

粉状填料如木粉、炭黑、轻质二氧化硅、碳酸镁、氧化锌等，它们与某些橡胶或塑料复合可以显著改善其性能。如表7.8所示，非结晶性橡胶加入炭黑可以使拉伸强度提高一个数量级，硅橡胶中加入胶体二氧化硅，拉伸强度甚至可提高40倍。结晶性橡胶(如天然橡胶)由于拉伸诱导结晶形成的晶区可以起物理交联点的作用，本身的强度较高，但加入炭黑仍可使拉伸强度提高一倍左右。可见活性填料对橡胶的补强效果非常显著。

活性填料的作用，可用填料的表面效应来解释。如橡胶的补强，活性填料粒子的活性表面较强烈地吸附橡胶的分子链，通常一个粒子表面上联结有几条分子链，形成链间的物理交联。吸附了分子链的这种粒子能起到均匀分布负荷的作用，降低了橡胶发生断裂的可能性，从而起到增强作用。

表7.8 炭黑或白炭黑对橡胶的补强作用

橡 胶		拉伸强度/MPa	
		未增强	增强
非结晶性	硅橡胶	0.34	13.7
	丁苯橡胶	1.96	19.0
	丁腈橡胶	1.96	19.6
结晶性	天然橡胶	19.0	31.4
	氯丁橡胶	14.7	25.0
	丁基橡胶	17.6	18.6

注：硅橡胶为白炭黑补强，其他为炭黑补强。

填料增强的效果受到粒子和分子链间结合的牢固程度所制约。两者在界面上的亲和性越好，结合力越大，增强作用就越明显。在许多情况下，这种结合力可采用一定的化学处理方法或加入偶联剂加以强化，甚至使惰性填料变为活性填料。如在30％～60％玻璃微珠填充的高密度聚乙烯中加入TTS(三异十八烷基异丁基钛酸酯)高效活化剂，即可使填充聚乙烯的力学性能和加工性能接近或优于未填充的纯聚乙烯的水平。又如，亲油的炭黑对橡胶的补强作用要比普通炭黑好得多；天然橡胶中含有脂肪酸、蛋白质等表面活性物质，故惰性的碳酸镁、氯化锌等对其产生补强作用，但这些填料对不含表面活性剂的合成橡胶不起补强作用。

7.4.3.3 增强纤维

高分子材料的强度和模量远低于金属和陶瓷，在作为结构材料使用时需要增强，最常用的方法是加入增强纤维。

纤维填料中使用最早的是各种天然纤维，如棉、麻、丝及其织物等。后来发展了玻璃纤维，近年来又开发了许多特种纤维填料，如碳纤维、石墨纤维、硼纤维、超细金属纤维和单晶纤维即晶须，在航天、电信、化工等领域获得应用。

橡胶制品通常采用纤维的网状织物，俗称帘子布。纤维填料在橡胶轮胎和其他橡胶制品中，主要作为骨架，以帮助承担载荷。

热固性塑料常以连续纤维织物(俗称玻璃布)为增强体，得到连续纤维增强复合材料(其中玻璃纤维层压板俗称玻璃钢)，强度可与钢铁媲美。而且由于其密度低，比强度(强度与相对密度的比值)和比模量甚至超过了高级合金钢，从而在航空航天领域得到广泛的应用。

表 7.9 几种结构材料的力学性能

材料	相对密度	拉伸强度/MPa	弹性模量/GPa	比强度/MPa	比模量/GPa
钢	7.8	1030	210	130	27
铝合金	2.8	470	75	170	26
钛合金	4.5	960	114	210	25
玻璃纤维/不饱和聚酯	2	1060	40	530	20
高强度碳纤维/环氧树脂	1.5	1500	140	1030	97
高模量碳纤维/环氧树脂	1.6	1070	240	670	150
芳纶纤维/环氧树脂	1.4	1400	80	1000	57
硼纤维/环氧树脂	2.1	1380	210	660	100
硼纤维/铝	2.7	1000	200	380	57

纤维填充塑料增强的原因是依靠其复合作用，即利用纤维的高强度以承受应力，利用基体树脂的塑性流动及其与纤维的黏结性以传递应力。

连续纤维增强复合材料的极限强度为

$$\sigma_{cu}=\sigma_{fu}V_f+\sigma_{m(\varepsilon_f^*)}(1-V_f) \tag{7.28}$$

式中，σ_{fu}为纤维的拉伸强度；V_f为纤维的体积分数；$\sigma_{m(\varepsilon_f^*)}$为纤维断裂应变时基体所承受的应力。

热塑性塑料也可用连续纤维增强，但更多的是采用短纤维增强，用短玻璃纤维增强的热塑性塑料，其拉伸、压缩、弯曲强度和硬度一般可提高 100%～300%，但冲击强度一般提高不多，甚至可能降低。

7.4.4 共聚与共混

用共聚或共混的方法改善聚合物力学性能的例子很多。实用的橡胶材料很多是共聚物，如丁苯橡胶、丁腈橡胶、乙丙橡胶等等。耐冲击聚苯乙烯和 ABS 则是橡胶增韧塑料最成功的例子。

7.4.4.1 弹性体增韧塑料

对一些脆性较大的塑料，可用少量橡胶或其他弹性体与之共混，或采用接枝共聚方法，来改善塑料的韧性。起增韧作用的弹性体应与塑料呈宏观均相、亚微观异相的织态结构，且相界面黏结良好。可加入增容剂、偶联剂等物质来提高相界面的黏结性。但弹性体增韧塑料通常使塑料的刚度和强度下降。

目前被人们普遍接受的弹性体增韧塑料理论有多重银纹化理论、剪切屈服理论、微孔及空穴化理论等。

多重银纹化理论的主要观点是：橡胶增韧塑料中，橡胶相以微粒状分散于塑料相中。塑料连续相使材料弹性模量和硬度不致过分下降。分散的橡胶微粒作为大量的应力集中物存在，当材料受到冲击时，橡胶微粒附近引发许多银纹，有银纹的塑性变形能吸收大量的冲击能量。因大量银纹之间应力场相互干扰，使银纹端部应力下降，银纹不进一步扩展。橡胶微粒本身也可阻止银纹扩展和破裂。因此，凡能在塑料连续相中引发大量银纹产生同时又能有效阻止银纹破裂的因素，都可产生增韧效果。

剪切屈服理论的主要观点是：橡胶粒子在周围的基体相中产生了三维静张力，由此引起体积膨胀，使基体的自由体积增加，玻璃化温度降低，产生塑性变形。

在早期增韧理论的基础上，Bucknall 等在 20 世纪 70 年代逐步建立了橡胶增韧塑料机理的银纹-剪切带理论。该理论认为：橡胶颗粒在增韧体系中发挥两个重要的作用。其一是作为应力集中中心诱发大量银纹和剪切带，其二是控制银纹的发展并使银纹及时终止而不致发展成破坏性裂纹。银纹尖端的应力场可诱发剪切带的产生，而剪切带也可阻止银纹的进一步发展。银纹或剪切带的产生和发展消耗能量，从而显著提高材料的冲击强度。进一步的研究表明，银纹和剪切带所占比例与基体性质有关，基体的韧性越高，剪切带所占的比例越大。由于这一理论成功地解释了一系列实验事实，因而被广泛采用。但该理论未能从分子水平上对材料形态结构进行定量研究，又缺乏对材料形态结构和韧性之间相关性的研究。

当橡胶增韧塑料时，为了起到增韧的效果，体系通常呈“海-岛”状结构，橡胶呈微粒状分散于塑料连续相中，宏观似均相，亚微观为异相。同时必须要注意：①橡胶颗粒尺寸应适当(一般为 0.1～1μm)，粒径分布不宜过宽。②橡胶含量应适当(一般为 10%～15%)。③橡胶相本身的交联度应适当。④两相界面的黏结力应较好。

专栏 7.8 ABS 树脂

ABS 树脂是丙烯腈、丁二烯和苯乙烯的三元共聚物，ABS 是其英文全称“acrylonitrile-butadiene-styrene copolymer”的首字母缩写，A 代表丙烯腈，B 代表丁二烯，S 代表苯乙烯。

ABS 有两种主要的工业生产方法：①将丙烯腈-苯乙烯共聚物与聚丁二烯混合，或将这两种胶乳混合后再共聚；②在聚丁二烯胶乳中加入丙烯腈及苯乙烯单体进行接枝共聚。

ABS 树脂兼有三种组分的特性，其中丙烯腈组分有腈基，能使聚合物耐化学腐蚀，提高制品的拉伸强度和硬度；丁二烯组分使聚合物呈现橡胶状弹性，这是制品冲击强度提高的主要因素；苯乙烯组分的高温流动性好，便于成型加工，且可改善制品的表面光洁度。

ABS 塑料一般是不透明的，外观呈浅象牙色、无毒、无味，兼具韧、硬、刚相均衡的优良力学性能。有极好的冲击强度、尺寸稳定性、电性能、耐磨性、抗化学药品性、染色性，成型加工和机械加工较好。ABS 树脂耐水、无机盐、碱和酸类，不溶于大部分醇类和烃类溶剂，而易溶于醛、酮、酯和某些氯代烃中。

ABS 树脂是目前产量最大、应用最广泛的一种聚合物合金材料，应用广泛，适于制作电器外壳、机械零件、减磨耐磨零件、传动零件和电信零件等。

7.4.4.2 非弹性体增韧塑料

刚性粒子增韧理论是在橡胶增韧理论基础上的一个重要飞跃。弹性体增韧可使塑料的韧性大幅度提高，但同时又使基体的强度、刚度、耐热性及加工性能下降。为此，近年来人们提出了刚性粒子增韧聚合物的新思想，希望在提高增韧性的同时保持基体的强度和耐热性，为聚合物材料的高性能化开辟新的途径。

图 7.16 显示了 ABS 和 AS(丙烯腈-苯乙烯共聚物)对聚碳酸酯(PC)应力应变行为的影响。在韧性的 PC 中加入含有橡胶粒子的 ABS 使 PC 的韧性进一步提高，但强度有所下降。有意思的是，在 PC 中加入刚性和脆性更大的 AS 不但可以起增强作用，还能起增韧作用，使断裂伸长率明显提高。

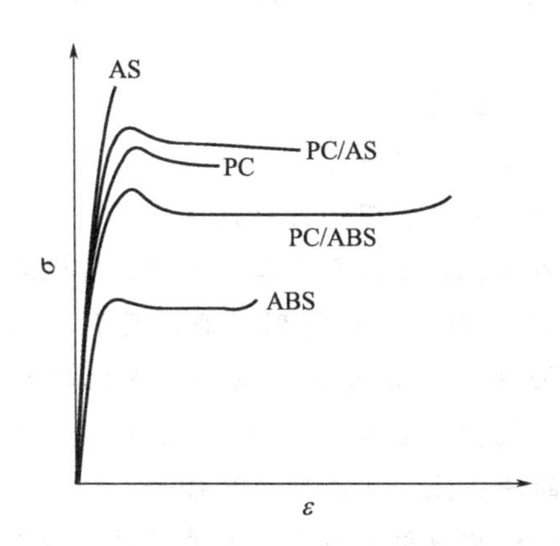

图 7.16 AS 和 ABS 对 PC 的增韧作用

这里，AS 被称为刚性有机粒子(ROF)。当 PC 受外力作用变形时，如果两相黏结力强，而基体又不产生银纹，则给 ROF 颗粒很大的静压力，使颗粒随之变形。不论颗粒本身是脆性的还是韧性的，在巨大的静压力下均表现为韧性。由于 ROF 的刚性很大，变形时要吸收很大的能量，从而提高了材料的断裂能。

ROF 增韧有两个重要前提：其一，基体本身必须是韧性的；其二，基体与 ROF 之间必须有足够强的界面黏结力。否则基体变形时产生银纹，或者界面出现裂纹，就无法给 ROF 带来静压力，ROF 就不会变形，起不到增强增韧的作用。

7.4.4.3 液晶聚合物增强塑料

随着聚合物液晶的商品化，20 世纪 80 年代后期开辟了液晶聚合物与热塑性塑料共混制备高性能复合材料的新途径。这些液晶聚合物一般为热致型主链液晶，在共混物中可形成微纤而起到增强作用。而微纤结构是加工过程中由液晶棒状分子在共混物基体中就地形成的，故称作“原位”复合增强。随着增强剂用量增加，复合材料的弹性模量和拉伸强度增加，断裂伸长率下降，发生韧性向脆性的转变。表 7.10 为两种聚合物的液晶增强效果。

表 7.10 聚酯液晶增强聚醚砜和聚碳酸酯

材料		拉伸强度/MPa	伸长率/%	拉伸模量/GPa	弯曲强度/MPa	弯曲模量/GPa	缺口冲击强度/(J/m)
聚醚砜	未增强	63.6	122	2.50	101.9	2.58	77.4
	增强	125.5	3.8	4.99	125.9	6.11	35.2
聚碳酸酯	未增强	66.9	100	2.32	91.3	2.47	—
	增强	121	3.49	5.72	132	4.54	14.8

例题 7.2　韧性与链结构的关系

下列几种高聚物 $T<T_g$ 时的抗冲击性能如何？为什么？

（1）聚异丁烯；（2）聚苯乙烯；（3）聚苯醚；（4）聚碳酸酯；（5）ABS 树脂；（6）线形聚乙烯。

解答：

（1）不好。因为柔性太好的链在 $T<T_g$ 时，分子链堆积比较紧密，所以材料呈脆性。

（2）不好。因为侧基体积过大。

（3）不好。因为主链上含有刚性基团。

（4）好。因为主链中的酯基具有强的 β 松弛。

（5）好。A 代表丙烯腈单体，B 代表丁二烯单体，S 代表苯乙烯单体。聚苯乙烯很脆，引进 A 后使其抗张强度和冲击强度得到提高，再引进 B，进行接枝共聚，使其冲击强度大幅度提高。因 ABS 树脂中具有多相结构，支化的聚丁二烯相当于橡胶微粒分散在连续的塑料中，相当于大量的应力集中物，当材料受到冲击时，它们可以引发大量的银纹，从而能吸收大量的冲击能，所以冲击性能好。

（6）不好。由于聚乙烯结构规整和对称，容易结晶，限制了链段的运动，使其柔性不能表现出来。

7.4.5　温度和应变速率

聚合物链运动的特点是有明显的时间和温度依赖性，即松弛特性，所以外力作用速度(拉伸速率)和温度对聚合物的应力-应变曲线有明显的影响。

7.4.5.1　温度

温度不同，同一聚合物的应力-应变曲线形状也不同，如图 7.17 所示。当温度很低时（$T\ll T_g$），应力随应变成正比的增加，最后，应变不到 10%就发生断裂，如曲线 1 所示。当温度略为升高以后，应力-应变曲线上出现一个转折点 Y，即屈服点，应力在 Y 点处达到最大值，过了 Y 点，应力反而降低，试样应变增大，但由于温度仍然较低，如继续拉伸，试样便发生断裂，总的应变也不超过 20%，如曲线 2 所示。如果温度继续升高到 T_g 以下十几摄氏度的范围内时，拉伸的应力-应变曲线如曲线 3 所示，屈服点之后，试样在不增加外力或者外力增大不大的情况下，能发生很大的应变（甚至可能有百分之几百），在最后阶段，应力又出现较明显的上升，直到最后断裂。当温度升高到 T_g 以上时，在不大的应力作用下，试样形变显著增大，直到断裂前，应力才又出现一段急剧的上升，见曲线 4。

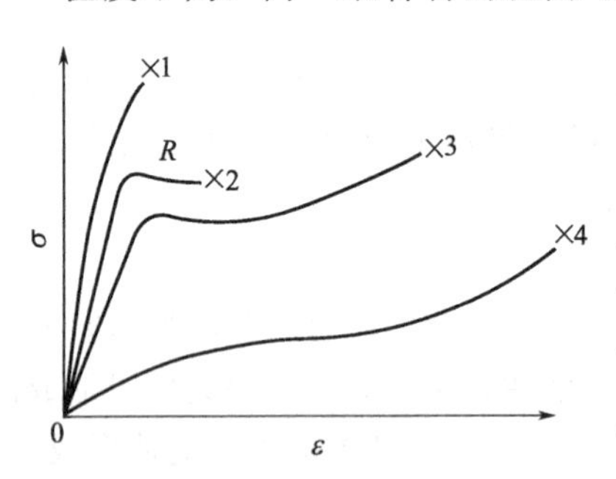

图 7.17　玻璃态聚合物不同温度时的应力-应变曲线(拉伸速率固定)

总之，温度升高，材料逐步变得软而韧，断裂强度下降，断裂伸长率增加；温度下降时，材料逐步转向硬而脆，断裂强度增加，断裂伸长率减小。

7.4.5.2　应变速率

同一聚合物试样，在一定的温度和不同的拉伸速率下，应力-应变曲线形状也发生很大变化，如图7.18所示。随着拉伸速率提高，聚合物的模量增加，屈服应力、断裂强度增加，断裂伸长率减小。其中，屈服应力对应变速率具有更大的依赖性。由此可见，在拉伸试验中，增加应变速率与降低温度的效应是相似的。

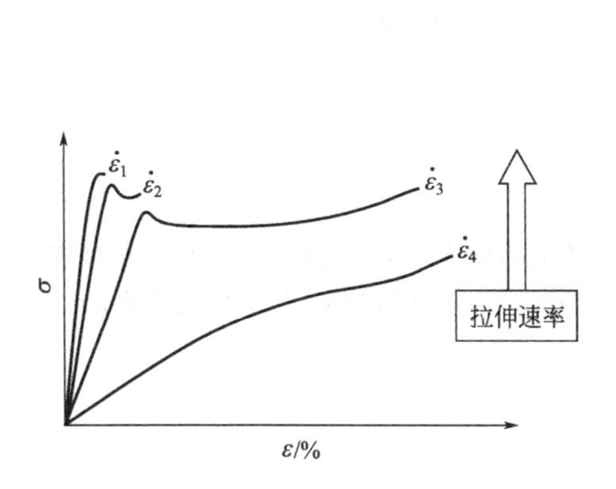

图7.18 不同应变速率下聚合物的应力-应变曲线(温度固定)

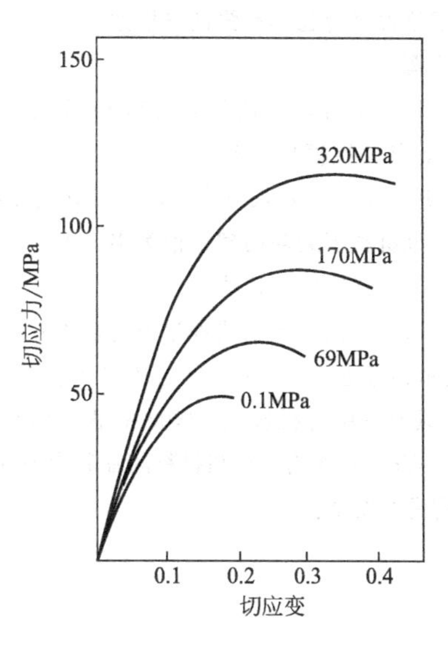

图7.19 不同压力下聚甲基丙烯酸甲酯的应力-应变曲线

7.4.5.3 流体静压力

流体静压力不仅对聚合物的屈服有很大影响，也对整个应力-应变曲线有很大的影响。随着静压力的增加，聚合物的模量显著增加，阻止“颈缩”发生。这可能是由于静压力减少了链段的活动性，松弛转变移向较高的温度。为此，在给定的温度下增加压力与给定压力下降低温度具有一定的相似效应。

图7.19为静压力对PMMA应力-应变曲线的影响。由图看出，模量和屈服应力随静压力增加而增大。这种现象与聚合物的自由体积有关。静压力一方面使自由体积减小或填充密度增加，另一方面还有利于使裂纹保持闭合状态，结果使断裂伸长率 ε_b 和拉伸强度增加。

习题与思考题

概念题

1. 解释以下概念：应力，真应力，拉伸强度，屈服强度，脆性断裂，韧性断裂，冲击强度，银纹，裂缝，剪切屈服，冷拉，强迫高弹形变，脆韧转变点，应力强度因子，比强度，比模量。

问答题

2. 玻璃态高聚物及结晶高聚物的拉伸应力-应变曲线一般可分为哪几个形变特征区段？强迫高弹形变为何又称为表观塑性形变？

3. 玻璃态高聚物塑性形变有哪两种形式或机理？它们之间有何不同？

4. 什么是银纹化？银纹与裂纹有何不同？

5. 高聚物的宏观断裂形式有哪些？从哪些方面可以区分脆性断裂和韧性断裂？实验条件如何影响这两种断裂形式的相互转变？

6. Griffith理论的基本观点和断裂判据是什么？什么是应力强度因子和临界应力强度因子？$K_I < K_{Ic}$ 时材料发生断裂吗？

7. 橡胶增韧塑料的增韧机理是什么？

8. 高聚物的理论强度与实际强度相差巨大，试分析其原因。

9. 试解释：(1) 为何高压聚乙烯的冲击强度好于低压聚乙烯的冲击强度？(2) 聚苯醚和聚碳酸酯都是主链上含有芳环的高聚物，为何在冲击强度上后者好于前者？[提示：(1) 考虑支化对冲击强度的影响。(2) 考虑哪种聚合物具有强的β松弛。]

计算题

10. 用10N的应力拉伸长100cm宽1.0cm厚0.1cm的一种新塑料样品，若该样品伸长至长度为100.1cm，其弹性模量是多大？

11. 理论上，聚乙烯可完全取向并达到100%结晶。在完全取向情况下，

(1) 该材料断裂功的理论值为多大？

(2) 拉伸强度的理论值为多大？

(3) 取向方向上模量的理论值为多大？

[提示：考虑C—C键强度与势阱形状。]

12. 现有一块有机玻璃(PMMA)板，内有长度10mm的中心裂纹，该板受到一个均匀的拉伸应力$\sigma=450\times10^6\,N/m^2$的作用。已知材料的临界应力强度因子$K_{Ic}=84.7\times10^6(N/m^2)\cdot m^{1/2}$，安全系数$n=1.5$，问板材结构是否安全？

第 8 章　聚合物的其他性能

材料按照其主要用途可以分为结构材料和功能材料两大类。结构材料的使用主要取决于其力学性能，特别是强度。而功能材料则主要利用其光、电、磁、热、表面等性能。近年来，具有各种特殊功能的聚合物材料(包括光、电、磁功能聚合物，生物医用聚合物，聚合物分离膜，吸附与分离树脂，智能凝胶等)及其器件的研究与开发得到迅速发展。这得益于人们对聚合物结构与性能关系的深刻理解，同时也为高分子物理提供了新的内容。

8.1　聚合物的电学性能

聚合物的电学性能是指在电场作用下聚合物所表现出来的各种物理现象，如在交变电场中的介电性、弱电场中的导电性、强电场中的击穿以及发生在聚合物表面的静电现象等。

绝大多数聚合物不具有自由电子和离子，导电能力很差，所以广泛用作电绝缘材料，但近年来对聚合物半导体、导体和超导体的研究也取得了不同程度的进展。由于聚合物特殊的电学性能，因此被广泛应用于电工仪表、电子器件、家用电器、航空航天工业等领域。

聚合物的电学性能往往非常灵敏地反映材料内部结构的变化和分子运动状况，电学性能的测量已成为研究聚合物结构和分子运动的一种有力的手段，因此研究聚合物的电学性能有着非常重要的理论和实际意义。

8.1.1　聚合物的导电性能

根据电导理论，决定电导的主要参数是载流子的数目和迁移率。载流子可以是电子和空穴，也可以是正、负离子。聚合物是由许多原子以共价键连接起来的长链分子，在聚合物中既没有自由电子，也没有可流动的自由离子，即聚合物本身没有传递电荷的载流子。而链与链之间的堆砌是依靠范德华力，分子间距离较大，电子云的交叠很差，即使分子内有载流子，也很难从一个分子传递到另一个分子，因此，聚合物一般都是电绝缘体。一些材料的电导率如图 8.1 所示。

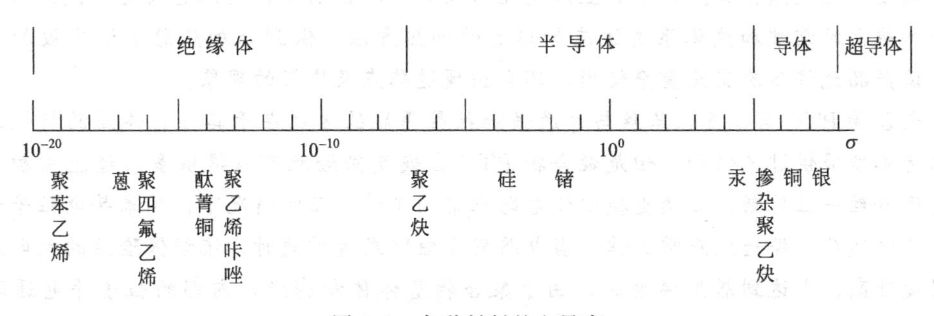

图 8.1　各种材料的电导率

饱和的非极性聚合物具有最好的电绝缘性，如聚苯乙烯、聚四氟乙烯、聚乙烯等，电阻率为 $10^{16}\sim10^{18}\Omega\cdot m$。极性聚合物的电绝缘性稍差，如聚氯乙烯、聚酰胺、聚丙烯腈、聚砜等，电阻率为 $10^{12}\sim10^{15}\Omega\cdot m$，这是因为极性聚合物中的极性基团可能发生微量的本征解离，提供本征的导电离子，提高了载流子浓度。

具有共轭结构的聚合物，由于双键中的π电子可以从一个C═C键转移到另一个C═C键，就像金属导体中的自由电子，因此，这类聚合物具有一定的导电性。如聚乙炔、聚二乙炔苯等，都具有半导体的性质。若其中含有金属原子，则导电性还要增加。1977年，白川英树(Shirakawa)发现掺杂聚乙炔具有金属导电性，聚合物不能作为导电材料的概念被彻底改变。此外，电荷转移络合物也具有半导体的性质。

除了分子结构外，聚合物的聚集态结构也会影响其导电性。如结晶和取向使分子堆砌紧密，自由体积减小，而使离子迁移率下降，所以，离子电导方式的聚合物的电导率随结晶度或取向度的增加而下降。但是，分子的紧密堆砌有利于分子间电子的传递，所以，电子电导方式的聚合物的电导率随结晶度或取向度的增加而增加。

影响聚合物导电性的外因很多，如杂质、温度、湿度、外加电压等。杂质使绝缘聚合物的绝缘性能下降，按理论计算聚合物绝缘体的电导率应为$10^{-23}\Omega^{-1}\cdot m^{-1}$，而实际测得的数据则大得多。这是由于聚合物在合成和加工过程中总会有少量没有反应的单体、残留的引发剂和各种助剂等，它们在外电场的作用下会发生电离，从而为聚合物绝缘体提供了载流子来源。

各种添加剂对聚合物也属外来杂质，添加剂的种类很多，影响也各不相同。如增塑剂的加入使聚合物链段的活动性增加，自由体积增加，从而提高了离子载流子的迁移率使导电性增加。导电填料的加入会较大程度地提高聚合物的导电性，如在聚乙烯中加入3%的炭黑能使其电导率提高几个数量级，采用这种方法已开发了一大批聚合物基的导电材料，如绝大多数导电胶黏剂是在胶黏剂中掺入适量的金属粉（银粉或铜粉）而制成的。

专栏8.1　聚合物基PTC材料

聚合物基PTC材料是以聚合物为基体，加入导电微粒，无机添加剂和助剂，经过分散复合等多种方式处理后形成的复合导电体系，其电阻随温度作非线性变化，具有正温度系数(positive temperature coefficient)，即所谓PTC特性，当温度上升到某一值(居里温度)时，电阻急剧增加。

利用PTC特性做出的自控温电热带(自控温伴热电缆)以聚合物基PTC材料作发热体，它通电发热，能自动调整、控制自身各点温度并保持恒温。该产品能自动限制加热时的温度，且能随被加热体系的温度变化自动调节输出功率，因此它改变了使用传统恒功率加热器时需被加热体系去适应加热器的加热方法，做到让加热器去适应被加热体系，该产品允许多次交叉重叠使用，不会出现过热点及烧毁的现象。

聚合物PTC自恢复保险丝与普通保险丝最明显的区别在于其可自恢复的特性，尽管两者都能提供过流保护，但是聚合物PTC自恢复保险丝可以提供多次过流保护，而普通保险丝一旦熔断，必须更换以使电路正常的工作。正常情况下，纳米导电粒子形成链状导电通路，保险丝正常工作。当电路发生短路或者过载时，流经保险丝的大电流使其温度升高，当达到居里温度时，由于聚合物基体体积膨胀，内部的粒子导电通路断裂，保险丝呈阶梯式跃迁到高阻态，电流被迅速掐断，从而对电路进行快速、准确地限制和保护，其微小的电流使保险丝一直处于保护状态。当断电和故障排除后，其温度降低，链状导电通路恢复，自恢复保险丝恢复为正常状态，无需人工更换。

8.1.2 聚合物的介电性能

聚合物的介电性是指聚合物在电场的作用下，对静电能的储蓄和损耗的性质，当聚合物作为绝缘材料或电容器的介电材料使用时，介电性是非常重要的性能。通常用介电常数和介电损耗两个指标来衡量。

介电常数定义为充满电介质时的电容和真空电容之比，是描述介质在电场中极化程度的宏观物理量。介电常数反映了介质储蓄电能的能力，同时也反映了介质的极化能力。常见聚合物的介电常数见表 8.1。

表 8.1 一些聚合物的介电常数（60Hz，ASTM150）

聚合物名称	ε	聚合物名称	ε
聚四氟乙烯	2.0	聚氯乙烯	3.2～3.6
聚丙烯	2.2	聚甲基丙烯酸甲酯	3.3～3.9
聚三氟氯乙烯	2.24	聚酰亚胺	3.4
聚乙烯	2.25～2.35	环氧树脂	3.5～5.0
聚苯乙烯	2.45～3.10	聚甲醛	3.7
聚苯醚	2.58	尼龙 6	3.8
硅橡胶	2.75～4.20	尼龙 66	4.0
聚碳酸酯	2.97～3.17	聚偏氯乙烯	4.5～6.0
乙基纤维素	3.0～4.2	酚醛树脂	5.0～6.5
聚酯	3.0～4.36	硝酸纤维素	7.0～7.5
聚砜	3.14	聚偏氟乙烯	8.4

聚合物的介电常数与其极性密切相关，一般分子的极性越大，其介电常数也越大。聚合物的极性通常用链节的偶极矩 μ 来表示。根据极性大小，可把聚合物分为四类：

非极性聚合物，$\mu=0$，如聚乙烯、聚丙烯、聚四氟乙烯、聚丁二烯等。

弱极性聚合物，$\mu=0\sim0.5$，如聚苯乙烯、聚异丁烯、聚异戊二烯等。

极性聚合物，$\mu=0.5\sim0.7$，如聚氯乙烯、聚酰胺、聚甲基丙烯酸甲酯等。

强极性聚合物，$\mu>0.7$，如聚酯、聚乙烯醇、聚丙烯腈、酚醛树脂、氨基塑料等。

不论极性还是非极性聚合物，一般情况下都呈电中性。如果将聚合物放在两块电极板之间，在电场作用下，电子倾向于正极，原子核倾向于负极，从而使分子中的电荷分布发生变化，产生新的偶极矩，这就是电子极化；而分子中的某些骨架在电场作用下也会发生形变，即各原子之间发生相对位移，导致原子极化；对于极性分子，还会使原来不规则排列的分子沿电场方向规则排列，产生永久偶极的取向极化。

介电损耗是指在交变电场中，介质消耗一部分电能，使其本身发热的现象。产生介电损耗有两个原因：

① 电介质含有能导电的载流子，在外电场的作用下，产生电导电流，消耗掉一部分电能，转化为热能，这称为电导损耗。

② 电介质在电场作用下的极化过程中，与电场发生能量交换，特别是取向极化过程，无规排列的分子转动要消耗部分电能以克服介质的内黏滞阻力，转化为热能，发生松弛损耗。

介电损耗依赖于外加交流电压和电流之间的相位差。理想的电介质（如真空）电容器，其电流的相位比电压领先 90°，功率损耗为零；如果电流与电压同相，则全部的电能转化为热能，功率输出为零。实际的电介质电容器中，电流的相位比电压领先了相位角 φ。损耗功

率 P_r 与输出功率 P_c 之比为

$$\frac{P_r}{P_c}=\frac{UI_r}{UI_c}=\frac{UI\cos\varphi}{UI\sin\varphi}=\frac{UI\sin\delta}{UI\cos\delta}=\tan\delta \tag{8.1}$$

δ 被称为介电损耗角。由式(8.1)可知，损耗角正切 $\tan\delta$ 反映了电介质损耗的能量与储存的能量之比，故又被称为电介质的损耗因子，它是一个无量纲量，其数值与电场无关，是物质本身的一种特性。$\tan\delta$ 越大，能量损耗也越大。常见聚合物的介电损耗因子见表8.2。

表8.2　一些聚合物的介电损耗因子（20℃，50Hz）

聚合物名称	$\tan\delta$	聚合物名称	$\tan\delta$
聚四氟乙烯	<2	聚氯乙烯	70～200
聚丙烯	2～3	聚甲基丙烯酸甲酯	400～600
聚三氟氯乙烯	12	聚酰亚胺	40～150
聚乙烯	2	环氧树脂	20～100
交联聚乙烯	5	聚氨酯	150～200
聚苯乙烯	1～3	聚甲醛	40
聚苯醚	20	天然橡胶	20～30
硅橡胶	40～100	丁苯橡胶	30
聚碳酸酯	9	丁腈橡胶	500～800
尼龙6	100～400	氯丁橡胶	300
尼龙66	140～600	酚醛树脂	600～1000
聚对苯二甲酸乙二酯	10～20	硝酸纤维素	900～1200
聚砜	6～8	氟橡胶	300～400

固体聚合物，当频率固定时在某温度范围内，或当温度固定时在某频率范围内观察其介电损耗情况，可以得到一特征的图谱，称为聚合物的介电松弛谱，前者为温度谱，后者为频率谱。在这些图谱中，聚合物的介电损耗一般都出现一个以上的极大值，分别对应于不同尺寸运动单元的偶极子在电场中的松弛损耗。习惯上按照这些损耗峰在图谱上出现的先后，在温度谱上从高温到低温，在频率谱中从低频到高频，依次用希腊字母 α、β、γ 命名，见图8.2。

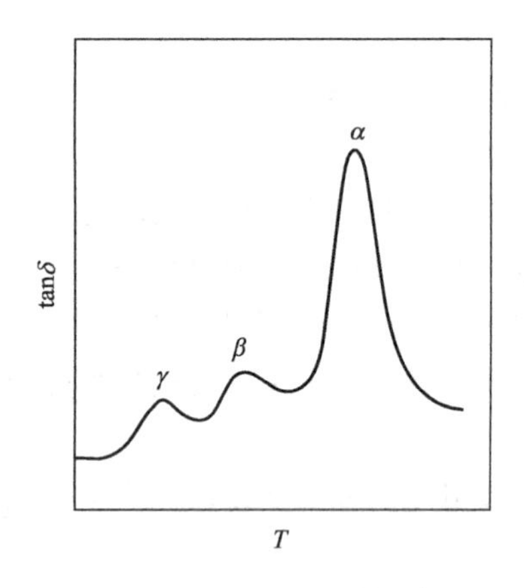

图8.2　介电损耗温度谱示意图

在完全非晶态的均相聚合物的介电松弛谱上，α 松弛总是与聚合物的链段运动相联系的。β、γ 等次级松弛过程则对应于较小运动单元的运动，其主要机理有：①极性侧基绕C—C键的旋转；②环单元的构象振荡；③主链局部链段的运动。

在部分结晶的聚合物中，晶区与非晶区共存，使介电松弛谱变得更复杂。其中与晶区相联系的松弛过程主要有：①晶区中聚合物的链段运动；②结晶表面上的局部链段运动；③晶格缺陷处的基团运动等。

对部分结晶聚合物的介电松弛谱上损耗峰的命名，有时以下标c和a分别表示晶区和非晶区的松弛过程。在一部分结晶聚合物的介电松弛谱上，可能同时出现 α_c、α_a 两个 α 峰，分别对应于晶区和非晶区的 α 松弛过程。

由于聚合物的各种介电松弛过程与不同尺寸运动单元的分子运动相关，而聚合物的分子运动是其内部结构特征和物理状态的反映，所以，介电松弛谱的测量广泛地应用于聚合物分子运动和结构的研究。例如，支化会引起与在支化点处分子运动有关的松弛过程；交联抑制链段的运动，从而使 α_a 峰移向高温并变宽；结晶度的变化使与晶区和非晶区的分子运动相关的松弛峰高度改变；增塑提高了链段的活动性使 α_a 峰移向低温等等。此外，其他添加剂、杂质、共混、老化、降解等也都在聚合物的介电松弛谱上有各自的特征表现。

8.1.3 聚合物的介电击穿

在强电场中($10^6 \sim 10^8$ V/m)，随着电压的升高，聚合物的电绝缘性能下降，以致产生局部导电，绝缘体变成导体，在高压下大量的电能迅速地释放，使电极之间的材料局部被烧毁，这种现象称为介电击穿。

聚合物的介电击穿有多种形式，如本征击穿、热击穿、放电击穿、化学击穿、电机械击穿等。前三种击穿破坏的机理如下。

①本征击穿　聚合物中可能有部分电子处于受激态或很容易活化到受激态，在高压电场的作用下，这类电子从外电场获得足够的能量，与聚合物碰撞产生新的电子或离子，这些新生的载流子又撞击聚合物而产生更多的载流子，如此继续，载流子雪崩似地产生，以致电流急剧上升。同样，聚合物内的杂质在高压电场的作用下也会电离产生离子，并撞击聚合物，发生类似的载流子雪崩现象，使电流急剧上升而导致材料被击穿。本征击穿是聚合物本身的特性，主要决定于聚合物的结构和电场的强度，与冷却条件、外加电压的方式和时间、试样的厚度等无关。但是对于本征击穿与聚合物结构的关系，到目前为止还知道得很少。

②热击穿　在高压电信号作用下，由于介电损耗所产生的热量来不及散发出去，热量的积聚使材料的温度上升，而随着温度的升高，聚合物的电导率按指数规律急剧增大，电导损耗产生更多的热量，又使温度进一步升高，如此循环，导致聚合物氧化、熔化、焦化以致被击穿。热击穿与环境温度及散热条件有关，温度升高，击穿电压按指数规律下降；散热系数越小，击穿电压越低。

③放电击穿　在高压电场的作用下，聚合物表面和内部气泡中的气体发生电离放电，放电时被电场加速的电子和离子轰击聚合物表面可以破坏聚合物表面；放电产生的热量可能引起聚合物的热降解；放电产生的臭氧和氮氧化物可使聚合物氧化老化。特别是当外加电场是交变电场时，这种放电过程的频率随电场频率而成倍增加，反复放电使聚合物所受的侵蚀不断加深，最后导致材料击穿。

在实际应用中，聚合物的介电击穿一般既不是单纯的本征击穿，也不是典型的热击穿，而往往是气体放电引起的击穿，特别是当较低电压长时间作用时，气体放电引起的结构破坏更为突出。

聚合物材料最大能承受电场作用的能力可用介电强度 E_b 来表示，其定义为击穿电压 U_b 与材料厚度 h 之比

$$E_b = \frac{U_b}{h} \tag{8.2}$$

由于聚合物常作为绝缘材料用于电气设备和器件，发生介电击穿而被破坏的现象是时常遇到的，因此介电强度是聚合物绝缘材料的又一项重要的电学指标。

纯粹的固体聚合物的本征介电强度是很高的，通常超过 100MV/m。然而，实际测得的聚合物材料的介电强度一般要小得多。这主要是因为介电强度的测量时常受各种因素的影响而偏低，这些因素包括试样的纯度、物理状态、环境介质、温度、加压方式和速度、电场频

率等等，而且它们对测量结果的影响往往比聚合物结构本身的影响还大。表8.3给出了若干聚合物的介电强度工程数据，从表中可看出，同一种聚合物，薄膜试样比固体试样的数值要高得多，这是因为薄膜试样比较均匀，而固体试样含有较多缺陷之故。

表8.3 一些聚合物的介电强度

聚合物名称	E_b/(MV/m)	聚合物名称	E_b/(MV/m)
聚乙烯	18～28	环氧树脂	16～20
聚丙烯	20～26	聚乙烯薄膜	40～60
聚甲基丙烯酸甲酯	18～22	聚丙烯薄膜	100～140
聚氯乙烯	14～20	聚苯乙烯薄膜	50～60
聚苯醚	16～20	聚酯薄膜	100～130
聚砜	17～22	聚酰亚胺薄膜	80～110
酚醛树脂	12～16	芳香聚酰胺薄膜	70～90

8.1.4 聚合物的静电现象

任何两种物质互相接触或摩擦时，只要其内部结构中电荷载体的能量分布不同，在它们各自的表面就会发生电荷的再分配，重新分离后，每一种物质都将带有比其接触或摩擦前过量的正(负)电荷，这种现象称为静电现象。

由于一般聚合物的电绝缘性能很好，它们一旦带有静电则消除很慢，故静电现象更为常见。塑料、橡胶、纤维在加工和使用过程中都会产生静电，例如，塑料从金属模具中脱出来时会带电；干燥天气下脱去合成纤维的衣服时，经常可以听到放电的响声，在暗处还可看到闪光。

通常，在聚合物的加工和使用过程中静电现象是不利的。合成纤维带静电后使梳理、纺纱、牵伸、加捻、织布等工序难以进行。绝缘材料的生产中，由于表面静电很容易吸附灰尘和水汽，致使产品的绝缘性能大大下降。更严重的是，因摩擦而产生的高压静电有时还会影响人身和设备的安全，由摩擦静电引起的火花放电在有易燃易爆气体或液体存在的场合极易引起火灾、爆炸等重大事故。因此，消除静电危害是聚合物加工和使用中必须解决的实际问题。

防止静电的发生，可以从抑制静电的产生和及时消除产生的静电两方面考虑。

由于摩擦产生的静电电量和电位决定于摩擦材料的性质、接触面积、摩擦速度等因素，可以通过选择适当的材料或设法减小接触面积、接触压力和摩擦速度来减小静电的产生或使之相互抵消。

绝缘体表面的静电可以通过三条途径消失：①通过空气（雾气）消失；②沿着表面消失；③通过绝缘体内部消失。目前比较常用的方法是将抗静电剂涂在聚合物表面，以提高材料表面的导电性，使电荷迅速释放以避免静电积聚。这些抗静电剂是一些阳离子或非离子型的活性剂，如胺类、季铵盐类、吡啶衍生物和羟基酰胺等。

水是一种导体，如果聚合物表面吸附水分子形成一层水膜，静电也能沿水膜泄漏，为此纤维纺丝工序中采取了上油的措施，给纤维表面涂上一层油剂，这种油剂常含有各种羟基化合物，或是一种含三乙醇胺或少量乙二醇等的乳液，它吸收空气中的水分而增加了纤维的导电性，达到去静电的效果。

静电作用虽然有一定的危害性，但掌握其规律后也可合理利用，如已广泛应用的静电复印、静电喷涂、静电植绒等，均是对静电的利用。

专栏 8.2 静电纺丝

静电纺丝法即聚合物喷射静电拉伸纺丝法，其纺丝工艺与传统的纺丝方法截然不同。在静电纺丝工艺过程中，将聚合物流体或溶液加上几千至几万伏的高压静电，从而在毛细管和接地的接收装置间产生一个强大的电场力，随着电场力的增大，在毛细管末端呈半球状的液滴在电场力的作用下被拉伸成圆锥状，这就是 Taylor 锥。当电场力足够大时，聚合物液滴克服表面张力形成喷射细流。细流在喷射过程中溶剂蒸发或固化，最终落在接收装置上，形成类似非织造布状的纤维毡。

目前静电纺丝技术已经用于几十种不同的聚合物，如聚酯、聚酰胺、聚乙烯醇、聚丙烯腈等柔性聚合物的静电纺丝，也包括聚氨酯弹性体的静电纺丝以及液晶态的刚性聚合物聚对苯二甲酰对苯二胺等的静电纺丝。

用传统的纺丝方法很难纺出直径小于 500nm 的纤维。而静电纺丝方法则能够纺出超细的纤维，直径最小可至 1nm。这一技术可开拓纳米纤维的潜在应用，例如，纳米非织造布可用于屏障和分离膜、超净纳米丝的过滤材料、医用敷料非织造布、新型的轻质复合材料和智能纤维等。

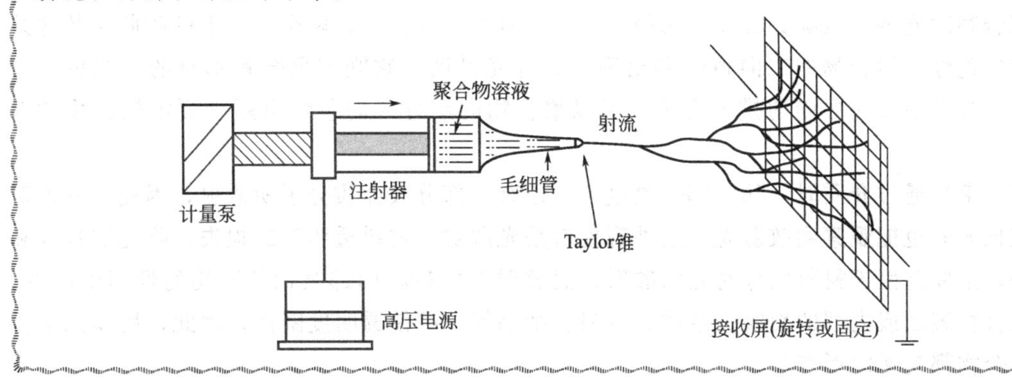

8.2 聚合物的光学性能

当光线射入一种材料时，总要发生折射、吸收、反射和散射。材料的透明性取决于反射、吸收和散射三者之间的关系，如果吸收和散射相对于反射可以忽略不计，则此材料是透明的；高度吸收或高度散射的材料则几乎不透明。

除了普通的光学性能外，聚合物还具有一些特殊的光学性能，利用这些特殊性能已制备了相应的光学功能聚合物材料，如非线性光学材料、有机光导纤维、光致色变聚合物等。

8.2.1 光的吸收、散射和透射

当光线通过一物体时，透射光强度 I 与入射光强度 I_0 之比为

$$\frac{I}{I_0}=\exp(-\alpha d) \tag{8.3}$$

式中，d 为样品厚度；α 为吸收系数，它由物质的本性所决定，通常是波长的函数。大多数聚合物在可见光波长范围内没有特殊的吸收，吸收系数 α 很小，因此基本上是透明的。如聚甲基丙烯酸甲酯、聚苯乙烯、聚碳酸酯等在 360～1000μm 波长范围内的透过率均达 90%左右，与光学玻璃相近。

与玻璃相比，塑料的耐冲击强度高、相对密度小、成型方便，能满足制造和使用光学零件的一些特殊要求，可制造各类透镜、棱镜、眼镜、光盘等产品。目前光学塑料已在航空、航天、兵器、通信、家用电器、医疗器械、照相、激光等技术领域得到广泛应用，成为三大基本光学材料(玻璃、晶体、塑料)之一。表 8.4 列出了一些主要的光学塑料及其性能参数。

表 8.4　一些主要光学塑料的性能

名称	英文缩写	折射率	透光率/%	色散系数
聚甲基丙烯酸甲酯	PMMA	1.492	92	57.5
聚苯乙烯	PS	1.592	88～92	30.8
聚碳酸酯	PC	1.584	80～90	29.9
苯乙烯-丙烯酸酯共聚物	NAS	1.533	80～88	42.4
聚 4-甲基-1-戊烯	TPX	1.465	90	56.2
聚烯丙基二甘醇碳酸酯	CR-39	1.504	92	57.8

然而，所有聚合物在红外光谱区都有一定的吸收，这些红外吸收来自聚合物中原子和基团的振动，不同聚合物具有各自不同的红外吸收，因此红外光谱被称为聚合物的指纹，是分析、鉴别聚合物的重要方法之一。

聚合物对光的吸收除具有波长选择性外，还有方向选择性，两个方向上的吸收系数之差称为二向色性。聚合物的二向色性多出现在红外光谱区，它既与聚合物本身的二向色性有关，也与分子沿某一方向的排列有关，所以聚合物的红外二向色性可用于测定聚合物的取向度。

当一束光通过介质时，除一部分透过外，还有一部分被介质分子所散射，因此，在入射光的其他方向也能观察到散射光，这种现象就是光散射。材料透明度的损失，除光的吸收和反射外，主要起因于材料内部对光的散射，而散射是由材料内部结构的不均匀性而引起的，例如聚合物表面或内部的裂纹、杂质、填料、结晶等，都使透明度降低。因此，用作光学材料的聚合物都是无定形态的。

对于聚合物溶液来说，散射光的强度及其对散射角和溶液浓度的依赖性与聚合物的分子量、分子尺寸以及分子形态有关，利用聚合物溶液的光散射可测定聚合物的分子量和分子尺寸，也可研究聚合物链的形态。此外，光散射还可用于研究聚合物的聚集态结构，尤其是球晶的尺寸和形态。

8.2.2　光的折射和反射

当光从一种介质进入另一种介质时，在两种介质的界面处，一部分光进入后一种介质中，并且改变了原来的传播方向，这种现象就是光的折射。设入射角为 α，出射角为 β，则折射率 n 定义为

$$n=\frac{\sin\alpha}{\sin\beta} \tag{8.4}$$

理论和实验都证明，介质的折射率等于光在真空中的速度与光在这种介质中的速度之比。由于光在真空中的速度总是大于光在其他介质中的速度，所以任何介质的折射率都大于 1。

聚合物的折射率由其分子的电子结构因辐射的光频电场作用发生形变的程度所决定。折射率可以通过实验测定，也可通过化学结构进行计算。聚合物的折射率一般都在 1.5 左右。

结构上各向同性的材料，如无应力的非晶态聚合物，在光学上也是各向同性的，因此只

有一个折射率。结晶、取向及其他各向异性的材料，折射率沿不同的主轴方向有不同的数值，这种现象称为双折射，双折射是研究聚合物形变微观机理的有效方法之一。

照射在透明物体上的光除被折射外，还有一部分被反射。反射光强 I_r 与入射光强 I_0 之间的关系符合 Frensnel 方程

$$R=\frac{I_r}{I_0}=\frac{1}{2}\left[\frac{\sin^2(\alpha-\beta)}{\sin^2(\alpha+\beta)}+\frac{\tan(\alpha-\beta)}{\tan(\alpha+\beta)}\right] \tag{8.5}$$

式中，α 为入射角；β 为折射角。当光垂直入射时，式(8.5)可改写为

$$R=\frac{(n-1)^2}{n^2+1} \tag{8.6}$$

大多数聚合物的折射率 n 均在 1.5 左右，所以 R≈8%。

由折射定律可知，当光线从光密介质(其折射率为 n_1)进入光疏介质(其折射率为 n_2)时，折射角大于入射角，若入射角增加，折射角也随之增加。当入射角增加至某一程度，使折射角达到 90°时，折射光消失，入射角继续增加，光线将全部折回，这一现象就是全反射。使折射角达到 90°时的入射角称为临界角 α_c

$$\sin\alpha_c=\frac{n_2}{n_1} \tag{8.7}$$

光导纤维就是利用全反射原理生产的，塑料光纤由鞘材和芯材所构成，如图 8.3 所示，鞘材的折射率必须小于芯材的折射率。常用的芯材有聚丙烯酸酯类和硅橡胶类，常用的鞘材为聚氟代烯烃。与无机玻璃光纤相比，塑料光纤的柔韧性好、加工方便、价格低廉、质量轻，但传输损耗大、耐热性和耐环境性能较差。

塑料光纤的用途很广，其应用范围主要取决于光损耗的大小。高损耗光纤一般用于灯具、玩具、广告牌、舞台和橱窗装饰等；中损耗光纤一般用于短距离信号、信息、数据和图像传输系统；低损耗光纤则可用于长距离通信、彩色电视信号传输等方面。

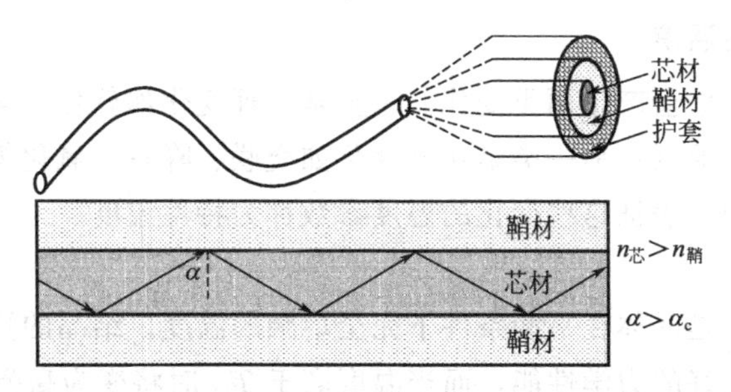

图 8.3 聚合物光导纤维结构及原理示意图

8.2.3 非线性光学性能

非线性光学是研究介质在强辐照下的光学参数随辐照强度变化的光学现象及其理论。一般情况下，介质的光学参数(如折射率、吸收系数等)是与辐照强度无关的常数，这种范畴属于线性光学。但是，在高能流密度的激光束照射下，介质的光学特性与线性光学所反映的规律大不相同，其光学参数不再是与辐照强度无关的常数。

非线性光学中常见的现象有：光变频，如入射频率为 ω 的强光束经过介质后，出射光可以有 2ω、3ω 等倍频；自聚焦，强光束在均匀介质中传播时会产生光束直径自动收缩的现象，犹如光束经过透镜聚焦一样；感应透明，某些不透明的介质在强光照射下转变成透明介质。

由光电场诱发的非线性光学效应可用下式表示

$$P=\chi^{(1)}E+\chi^{(2)}E\cdot E+\chi^{(3)}E\cdot E\cdot E+\cdots \tag{8.8}$$

式中，P 为宏观电极化；E 为入射光电场；$\chi^{(1)}$ 为线性极化率；$\chi^{(2)}$、$\chi^{(3)}$ 分别为二阶和三阶非线性极化率。

有机化合物的非线性光学效应主要来自非定域的 π 电子，因此二阶非线性有机光学材料均为含 π 电子的共轭分子，主要有以下几种：硝基苯胺体系，苯乙烯衍生物体系，联苯体系，1,2-二苯乙烯体系，杂环芳香体系等。由于 π 电子在分子内部易于移动以及不易受晶格振动的影响，因而不仅非线性光学效应比无机化合物大，而且响应速度也快得多。但是，有机化合物的低缺陷的大晶体生长技术及晶体的切割和研磨十分困难，成为有机材料器件化的主要障碍。而聚合物材料的加工性好，以它们与具有非线性光学效应的有机化合物复合，则很有希望得到可用于器件研究的材料。目前研究得比较多的二阶非线性聚合物材料大致可分为三类：①聚合物与生色基小分子的主客复合物；②侧链生色基团的聚合物；③LB 膜的聚合物化。

三阶非线性聚合物的研究目前还处于基础研究阶段，研究的主要对象是以聚双炔为代表的共轭聚合物，如聚乙炔、聚噻吩等。由于在主链上具有长的 π 共轭体系的聚合物往往是一维的刚性分子，既难以溶解又难以熔融，加工成薄膜比较困难。可在聚合物的侧链上带长的烷基，使形成的聚合物可溶于溶剂。

8.3　聚合物的热性能

聚合物虽然有许多优良性能，但也存在一些不足之处。与金属相比，聚合物的耐热性和热稳定性要低得多，这使聚合物的使用范围受到很大的限制。

8.3.1　聚合物的特性温度

聚合物在受热过程中会产生两类变化。一类是物理变化如软化、熔融等，它们是聚合物受热后产生形变的主要原因；另一类是化学变化如交联、降解、氧化等，它们是聚合物受热后性能劣化的主要原因。表征这些变化的温度参数称为特性温度。

(1) 熔点 T_m

晶态聚合物的熔点是晶体在平衡条件下完全熔融的温度。结晶的塑料和纤维在 T_m 以下保持有固定的形状和良好的力学性能，而当温度高于 T_m 时将变为高弹态或黏流态，从而失去原有的形状、尺寸及力学性能。所以 T_m 是结晶聚合物作为塑料的最高使用温度，常用 T_m 来表征结晶聚合物耐热性的好坏。

(2) 玻璃化温度 T_g

在无定形聚合物或结晶聚合物的非晶区中，链段开始作协同运动时的温度称为玻璃化温度。它是非晶态聚合物作为塑料的最高使用温度，也是作为橡胶的最低使用温度。非结晶塑料的玻璃化温度一般比室温高得多，例如聚氯乙烯、聚苯乙烯、聚甲基丙烯酸甲酯的 T_g 分别为 78℃、100℃和 105℃，故在室温下可作为塑料使用。橡胶的 T_g 通常远低于室温，如聚异丁烯、聚丁二烯、聚异戊二烯的 T_g 分别为 −70℃、−85℃和 −73℃，故在室温下可作为橡胶使用。对于结晶聚合物，即使其 T_g 低于室温，只要 T_m 高于室温，则在室温下仍可作为塑料使用，例如聚乙烯的 T_g

和 T_m 分别为－120℃和 120℃左右，室温下尽管其非晶区处于高弹态，但由于高度结晶，所以仍然是塑料。

(3) 黏流温度 T_f

黏流温度是非晶态聚合物高弹态和黏流态之间的转变温度，也是非晶态或晶态聚合物产生黏性流动的温度。聚合物只有处于 T_f 之上的温度时才能流动，因此 T_f 是热塑性塑料加工的最低温度。同时 T_f 也是橡胶的最高使用温度，对于橡胶而言，通常希望其 T_g 与 T_f 之间的温差要大，以使之能在较宽的温度范围保持良好的弹性。

(4) 软化温度 T_s

在指定的条件(应力大小、施力方式、升温速度、试样尺寸等)下，聚合物试样达到一定形变值时的温度称为软化温度。软化温度的测定方法视实际使用条件而定，纯属条件试验，它可以作为产品质量控制的一个参数。最常见的有热变形温度、维卡耐热温度和马丁耐热温度。需要指出的是，在不同的指标之间、或在不同条件下测得的同一指标之间没有可比性。

(5) 脆化温度 T_b

聚合物材料从韧性断裂转变为脆性断裂的温度称为脆化温度 T_b。T_b 与强迫高弹性有关，它把聚合物的玻璃态分为强迫高弹态和脆性玻璃态两部分。

(6) 热分解温度 T_d

T_d 是聚合物材料开始发生热分解的温度。热塑性聚合物的加工温度应在 T_f 和 T_d 之间。某些聚合物的 T_d 和 T_f 比较接近，甚至有 T_f 高于 T_d 的情况，如聚氯乙烯。需要在配方中加入增塑剂和稳定剂，以降低 T_f 和提高 T_d，防止成型加工中发生聚合物的降解。

8.3.2 聚合物的耐热性

在三大类材料(金属材料、无机非金属材料、有机聚合物材料)中，从使用的角度讲，聚合物材料的耐热性是最差的，通用塑料的最高使用温度仅 100℃左右，一些耐高温塑料的长期使用温度也不超过 300℃，与无机材料相去甚远，使聚合物材料的应用受到不同程度地限制。

从聚合物链本身的结构考虑，有利于提高聚合物 T_g 和 T_m 的因素，如增加链的刚性、引入极性基团、交联等，将有利于提高耐热性。

刚性是影响 T_g 和 T_m 的重要因素。在聚合物主链中引入共轭双键、三键或环状结构对提高聚合物的耐热性极为有效，如表 8.5 所示，许多耐高温聚合物材料都具有这类结构特点。

表 8.5 共轭双键、三键和环状结构对聚合物熔点的影响

结构单元	T_m/℃
$—CH_2—CH_2—$	137
—CH═CH—	>800
—C≡C—	>2300
$—Ph—CH_2—CH_2—$	400
$—Ph—CH_2—$	>400
—Ph—	530(T_d)

链中含强极性或可以形成氢键的基团的聚合物一般具有较高的耐热性。大多数耐高温聚合物的主链中含有醚键、酰胺键、酰亚胺键等，或侧基上带有羟基、氨基、硝基、腈基或氟原子，见表 8.6。

表 8.6 带有强极性基团的几种聚合物的熔点

结构单元	T_m/℃
—CH_2—O—	175
—NH—$(CH_2)_5$—CO—	215～223
—CH_2—CHCN—	317
—CF_2—CF_2—	327

结晶度与聚合物的耐热性也有很大的关系。由定向聚合制得的等规聚合物的结晶度和耐热性都明显高于普通聚合物，如高密度聚乙烯的熔点一般比低密度聚乙烯高15℃左右。

8.3.3 聚合物的热物理性能

热塑性塑料的热物理性能在成型过程中起着重要作用，决定温度或热量在塑料中传递速度的参数为塑料的热扩散系数，它与热导率、定压比热容以及密度之间有如下关系

$$\alpha=\frac{\lambda}{C_p\rho} \tag{8.9}$$

式中，α为热扩散系数；λ为热导率；C_p为定压比热容；ρ为密度。

热导率越大，材料内热传导越快；定压比热容越小，升高温度所需热量也越小。热导率大、定压比热容小的材料，热扩散系数大，这样材料的加热就快。表8.7为一些材料的热物理性能。

表 8.7 一些材料的热物理性能

材料	α /(10^{-4} cm^2/s)	λ /[10^{-3} W/(m·K)]	C_p /[J/(g·K)]
聚苯乙烯	10	12.6	13.3
ABS	11	20.9	15.9
硬聚氯乙烯	15	20.9	10.0
软聚氯乙烯	6.0～8.5	12.6～16.7	12.5～20.5
低密度聚乙烯	16	33.5	23.0
高密度聚乙烯	18.5	48.1	23.0
聚丙烯	8	13.8	19.3
聚酰胺	12	23.0	16.4
聚碳酸酯	13	19.3	12.6
聚甲醛	11	23.0	14.7
聚砜	16	26.0	12.6
聚甲基丙烯酸甲酯		29.3	14.7
聚三氟氯乙烯		20.9	9.21
聚四氟乙烯		25.1	11.7
醋酸纤维素	12	25.1	16.7
酚醛树脂(木粉填充)	11	23.0	14.7
酚醛树脂(矿物填充)	22	50.2	12.6
脲醛树脂	14	35.6	16.7
蜜胺树脂	8	18.8	16.7
铜	1200	418680	3.8
钢	950	4605	4.6
玻璃	37	83.7	8.4

聚合物主要是靠分子间作用力结合的材料，导热性一般较差，热导率小，是优良的绝热保温材料。在实际应用中常用微孔发泡塑料，其热导率更低。

习题与思考题

概念题

1．解释以下概念：比表面电阻，比体积电阻，介电常数，介电损耗，介电损耗因子，介电松弛谱，介电击穿，介电强度，二向色性，双折射，全反射，非线性光学效应，熔点，玻璃化温度，黏流温度，软化温度，脆化温度，热分解温度。

问答题

2．把下列聚合物按照电导率大小排序并简述理由：聚苯乙烯，聚乙炔，聚氯乙烯，聚乙烯。

3．如何用聚合物的介电松弛研究分子运动？可以得到哪些参数？为什么说聚合物的介电松弛与力学松弛的本质是相同的？

4．聚合物的介电击穿主要有哪几种机理？

5．高密度聚乙烯与低密度聚乙烯相比，何者透明度更高？为什么？

6．用于眼镜片的塑料具有哪些基本特点？

7．简述光导纤维的工作原理。

8．塑料和橡胶的使用温度分别在何区间？

9．热塑性塑料的加工温度在何区间？聚氯乙烯加工时为什么要加入热稳定剂和增塑剂？

附录：符号及其物理意义

符号	物理意义	出现章节
A	无扰尺寸(特征比)	2
A_2	第二 Virial(维里)系数	3
a_{T}	移动因子	6
B	挤出胀大比	6
C_p	比热容	
d	多分散指数	1
E	杨氏模量	6，7
E'	储存模量	6
E''	损耗模量	6
E_{b}	介电强度	8
f	取向函数	4
$\bar{h}^2$	均方末端距	2
K	刚性比(极限特征比)	2
K_{I}	应力强度因子	7
$\bar{M}_{\mathrm{c}}$	网链分子量；临界缠结分子量	6，7
$\bar{M}_{\mathrm{n}}$	数均分子量	1
$\bar{M}_{\mathrm{w}}$	重均分子量	1
$\bar{M}_{\mathrm{z}}$	Z 均分子量	1
$\bar{M}_{\eta}$	黏均分子量	1
N_1	第一法向应力差	6
N_2	第二法向应力差	6
n	Avrami 指数	5
n	折射率	8
$\bar{R}_{\mathrm{g}}^2$	均方旋转半径	2
R_{θ}	Rayleigh 比	3
T_{b}	脆化温度	8
T_{d}	热分解温度	7，8
T_{f}	黏流温度	6，8
T_{g}	玻璃化温度	2，4，7，8
T_{ll}	液-液相转变温度	4
T_{m}	熔点	2，8
T_{m}^*	平衡熔点	5
T_{s}	软化温度	8
U_{b}	击穿电压	8

V_e	淋出体积	3
X_c	结晶度	5
α	吸收(光)系数；入射角；热扩散系数	8
β	折射角	
$\dot{\gamma}$	切变速率	6
δ	溶解度参数(溶度参数)；损耗角	3，6，8
ε	应变	6，7
ε_b	断裂伸长率	7
$\dot{\varepsilon}$	拉伸应变速率	6
$\bar{\eta}$	拉伸黏度(特鲁顿黏度)	6
η_r	相对黏度	3
η_{sp}	增比黏度	3
$[\eta]$	特性黏数	3
λ	拉伸比；热导率	6，8
μ	偶极矩	8
$\Delta\mu_1^E$	过量化学位	3
π	渗透压	3
σ	刚性因子(空间位阻参数)；应力	2，6，7
σ_b	断裂强度	7
σ_y	屈服强度	7
σ_i	拉伸强度	7
τ	切应力；松弛时间	6
τ_f	材料的承载寿命	7
τ'	推迟时间	6
φ	相位角	8
χ_1	聚合物-溶剂相互作用参数(Huggins 参数)	3
χ_{12}	聚合物-聚合物相互作用参数	3